U0261412

教你做职场加分的幻灯片

孙绍涵■著

中国铁道出版社有限公司
CHINA RAILWAY PUBLISHING HOUSE CO., LTD.

内容简介

本书深入地介绍了PPT设计的常用思路和手法，揭示了PPT设计的原理和逻辑思维，展示了PPT的排版布局手法和技巧，并配合大量典型实用的示例，能够非常好地帮助读者建立一套真正属于自己的PPT设计体系和思维逻辑。

全书共8章，分别介绍了PPT设计新意识、重设空间相对关系、紧扣焦点增加说服力、拒绝多乱，消减视觉噪声、搜索优质素材、整齐版面摆放、像大师一样布局、用活五大设计思维。

本书适用于各个层次的PPT用户，既可以作为新手的入门手册，又可以作为中高级用户的参考借鉴书籍。书中大量的思路、技术和实例可直接运用在设计工作中。

图书在版编目（CIP）数据

PPT设计思维蜕变:教你做职场加分的幻灯片/孙绍涵著.—北京:中国铁道出版社有限公司，2020.6

ISBN 978-7-113-26482-6

Ⅰ.①P… Ⅱ.①孙… Ⅲ.①图形软件 Ⅳ.①TP391.412

中国版本图书馆CIP数据核字（2019）第276515号

书　　名：PPT设计思维蜕变：教你做职场加分的幻灯片
作　　者：孙绍涵

责任编辑：张亚慧　　**读者热线电话：**010-63560056
责任印制：赵星辰　　**封面设计：**MXK DESIGN STUDIO

出版发行：中国铁道出版社有限公司（100054，北京市西城区右安门西街8号）
印　　刷：北京铭成印刷有限公司
版　　次：2020年6月第1版　2020年6月第1次印刷
开　　本：787 mm×1 092 mm　1/16　**印张：**13　**字数：**284千
书　　号：ISBN 978-7-113-26482-6
定　　价：69.00元

版权所有　侵权必究

凡购买铁道版图书，如有印制质量问题，请与本社读者服务部联系调换。电话：（010）51873174

打击盗版举报电话：（010）51873659

Preface

前言

当你拿起这本书的时候，不妨问问自己：

与那些可以做出很棒 PPT 作品的“大神”比起来，你认为自己的差距在哪里？

PPT 可以、应该、有能力在我们工作和生活中发挥什么样的作用？

演示文档，也就是我们通常说的 PPT，已经是现代办公中必不可少的一个常用工具，它的使用并不难，经过简单学习，甚至是打开软件试一试，很多朋友也可以做出简单的 PPT 作品。

但设计制作出好的 PPT 作品则非常困难，90% 以上的 PPT 使用者，在没有经过系统学习或者训练的情况下，即使使用 PPT 十几年，作品也是乱七八糟，完全谈不上美观、舒适，更谈不上视觉表达的积极辅助作用和视觉体验感——尽管很多朋友的 PPT 软件操作技术已经相当熟练。

这实际上是一个长久以来的误区，PPT 做得好不好，关键并不在于软件操作技术的熟练程度，而是在于你的思维，如果你拥有正确的 PPT 设计观，能够理解和掌握视觉体验的基本规律，只需要动动位置、改改大小，做一点加减法和调整，就可以让 PPT 华丽变身。

一个很有意思的事实是：用你会的那点技术——哪怕只会很基础的技术，专业的设计师也可以做出非常棒的作品——实际上很多专业的作品都没有使用太过复杂的技术，甚至写点文本，只是用不同的大小搭配起来……同时，就算你掌握了比肩“大神”“达人”的 PPT 技术，也很容易想到现在的你，仍然只能做出非常糟糕的作品。

这种差异的关键就是想法和思维。具体来讲，就是你对于“PPT 做成什么样是好的”几乎属于完全空白，并且本能的、潜意识里的想法几乎都是错的。这需要你懂得一些基本的视觉体验规律，掌握一些基本的视觉设计方法论。这样的内容，就是我们常说的设计思维。

Preface

前言

要想制作设计出好的 PPT 作品，首先要解决设计思维的问题，然后才是如何实现那些设想的方法和手段，也就是 PPT 的制作技术。如果想法是错的，方向就跟着错，如同南辕北辙，做得越多错得越多。

当你拥有了很好的设计思维，会发现媲美专业的作品简直唾手可得。到那时，你也可以被他人羡慕和依赖。

当然，正确的想法还需要有相应的技术手段来实现，所以 PPT 技术依然是重要的基础。不过基于设计思维的学习，在实践中发现自己技术上的欠缺，会更容易倒逼和引领我们在技术上的进步，这样的学习无疑会高效很多。

在多年的 PPT 教学培训中，笔者常常感慨于当前 PPT 教学和学习上的本末倒置，所以才有了分享这样一些经验和心得的想法。于是就有了这本书的写作和整理，希望它能够帮助大家又快又好地转变设计思维，尽可能快速、高效地做出视觉体验更好的 PPT，真正地发挥让 PPT 助力职场加分的作用。

感谢您选择本书，希望它可以让您收获满满！

编　者

2019 年 11 月

目录

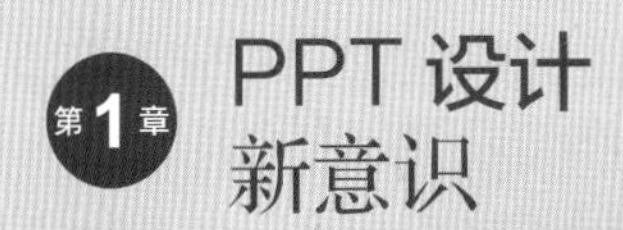

第1章 PPT 设计新意识

第2章 重设空间相对关系

第3章 紧扣焦点增加说服力

第4章
拒绝多乱
消减视觉噪声
一起加油变得更美好吧
CHAP 04
Less is more
单纯一点，少就是多

少量的个性字体
2017
2018
2019

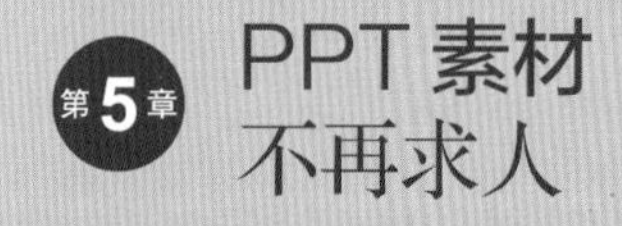
第5章
PPT 素材
不再求人

一起加油变得更美好吧
CHAP 05
玩转搜索

一起加油变得更美好吧
CHAP 05
2015
——专业的获取各类PPT素材

Piqsels
免版税图库！ www.piqsels.com/zh

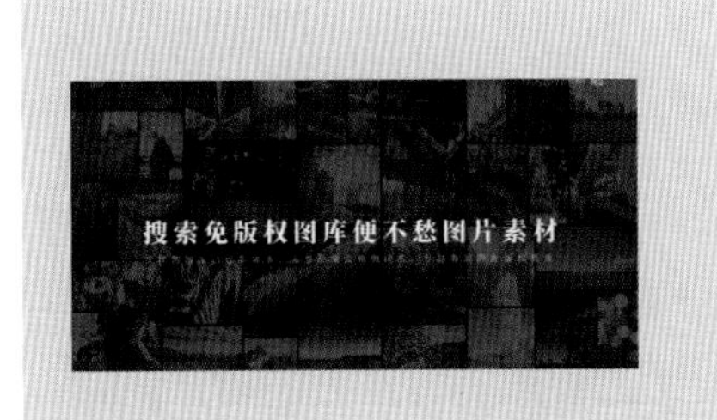

第6章 整齐版面摆放

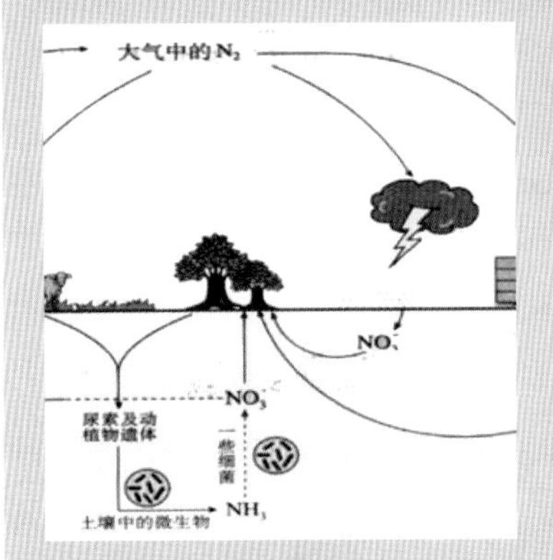

第7章 排版布局的若干基本思路

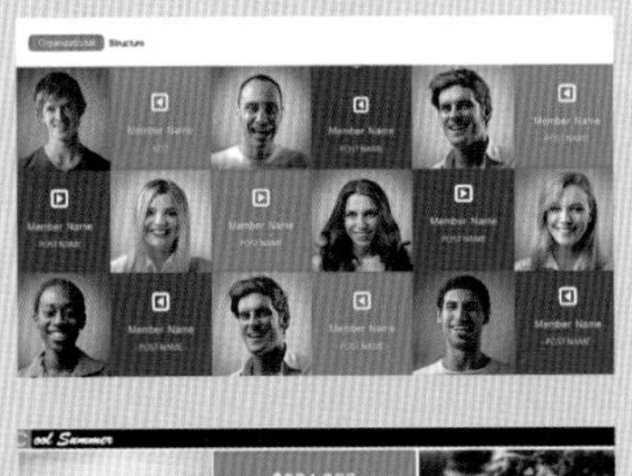

第8章 PPT 设计的五大基本思维

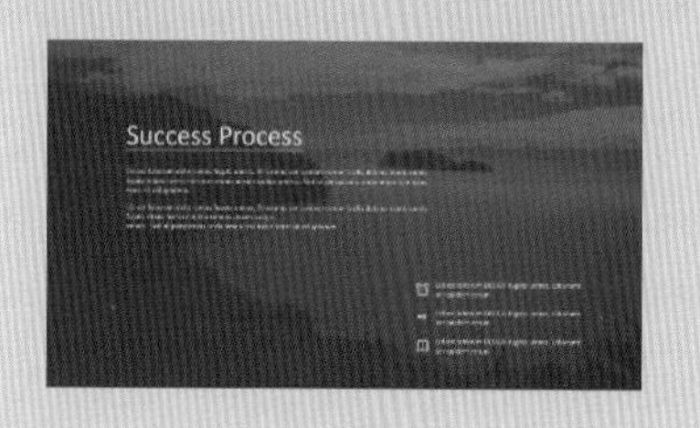

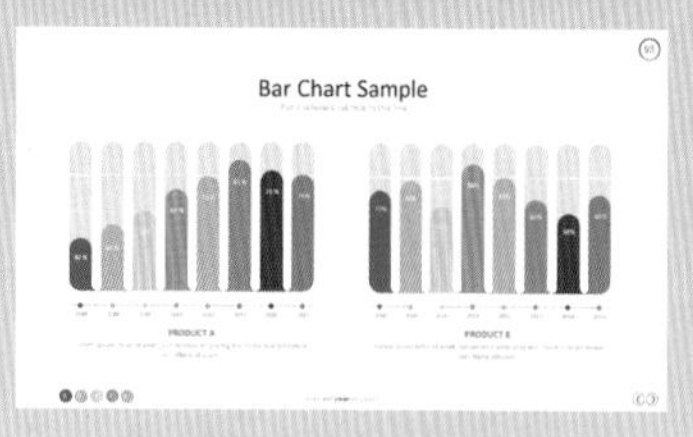

PPT 设计新意识

对PPT而言，做成什么样，可以算作“好”呢？

很多朋友误以为美观、漂亮、好看，是PPT的衡量标准，也有朋友认为简洁、重点突出、主题鲜明，才是PPT“好不好”的衡量标准。它们都对，但又都不对。

PPT是一种演示文档，主要用于演说过程，辅助演讲者进行信息的表达和呈现，通过人的视觉影响受众。它对我们制作PPT原本目的的辅助程度，才是评价究竟有多“好”的标准。

鉴于此，大多数朋友对PPT有误解，在本书的第一章，为大家纠正“旧”意识，重塑PPT设计新意识。

1.1 增加PPT说服力和感染力

90%的朋友已掌握PPT技术。不过，设计的PPT总是缺少说服力和感染力。究其根本：差一点思路和方法，也就是差一点视觉体验设计思维，怎样改善弥补呢？可以从下面几点做起。

1.1.1 将受众理解当成第一要务

演讲最终追求的是什么？是大家能听懂，听众能掌握；如果幻灯片有助于理解都不能做到，再漂亮有什么用呢？所以，标准的、优秀的PPT，一定要把受众理解当成第一要务。

对于不易理解的复杂逻辑，哪怕自己手画一张很粗糙的示意图，也比精美排版的纯文字或无意义的图文混排版面要好。

如下面这组幻灯片：大气氮循环，排版精美的纯文字画面（左下图），也不如画一个很糙、很丑的示意图（右下图），更容易理解。

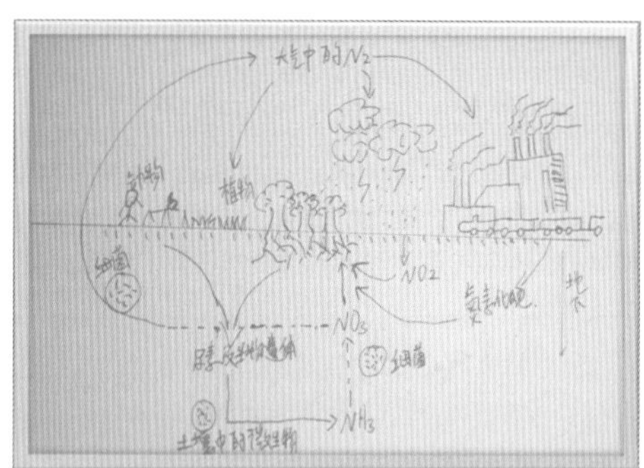

另外，很多东西只讲，听众看不到，很难理解。如某个物体的结构或者外观，单纯地讲述，一万个听众，就有一万个完全不同的理解。所以，作为演讲者，一定要将讲述直观化、图片化、图形化、具体化。

如讲述一部无边框的手机，可直接给一张图；编钟的声音很空灵，可直接放一段录音或是视频；讲述流程关系，可直接给一个逻辑流程图或是关系图。

真正让听众“看得到”“听得到”“感受到”，让他们自己更容易理解，让记忆更牢固和深刻。如下面几张介绍和宣传手机的幻灯片，就能让受众轻松理解。

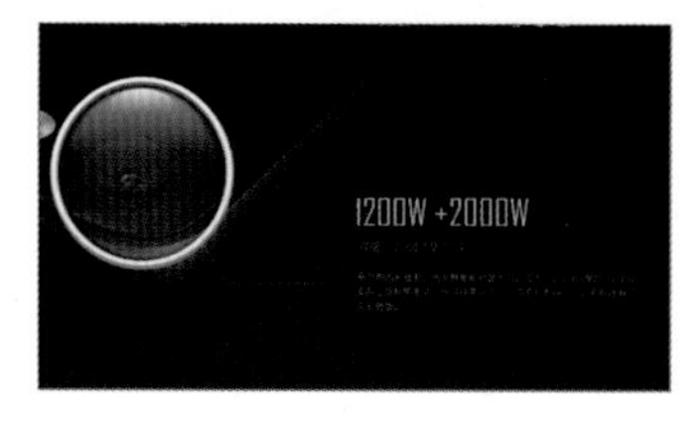

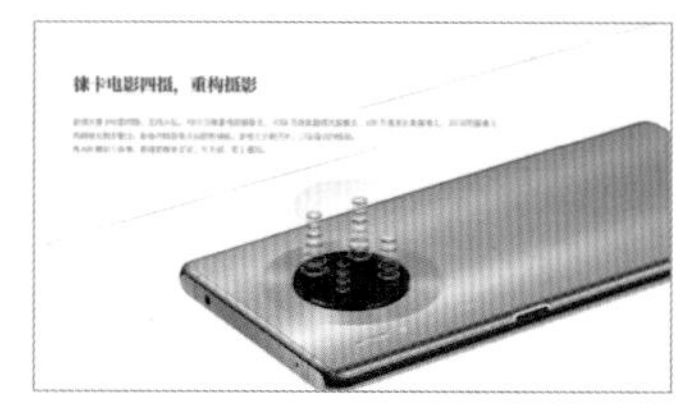

1.1.2 触动受众的情绪和感受

在演讲的过程中，另一个主要的追求是说服受众，让受众接受你的观点和建议，让他们喜欢你、理解你、认同你、欣赏你。因为很多时候，说服不是纯逻辑的，而是情绪、情感、潜意识在发挥作用。很多让人触动、感动、改变想法、震撼的内容，往往都不讲“道理”。在视觉上将视觉体验处理好，受众会被无形暗示和影响。

对比下面两张幻灯片，就能直接感受到被触动程度的差距。

1.1.3 抓住受众的眼球

通过不同的画面感，对受众产生吸引、产生兴趣，感受到美感，原意多看一会儿，让观者的视觉愉悦、震撼或是疑惑，抓取他们的眼球、吸引他们的注意、让他们在观赏的时候产生好感，让他们更期待或者更愿意听。

1.1.4 让视觉表达更有感染力

笔者培训过近 10 万名学员，看过无数的学员作品，可以负责任地告诉大家：相比那些体验很好、设计非常专业的作品，学员的差距主要不是产生在技术层面上，而是思维和认识的层面。具体而言：是审美和视觉体验规律把握上的不足。只需转变认识、掌握规律，就能让视觉表达更有力度。

很多幻灯片只需移移位置、改改距离、调调大小，增加或者减少一些修饰性元素，就可以脱胎换骨。

如左下面的幻灯片，只是动动位置、改改大小、色彩，再增加一点修饰性素材，瞬间实现脱胎换骨般的变化。

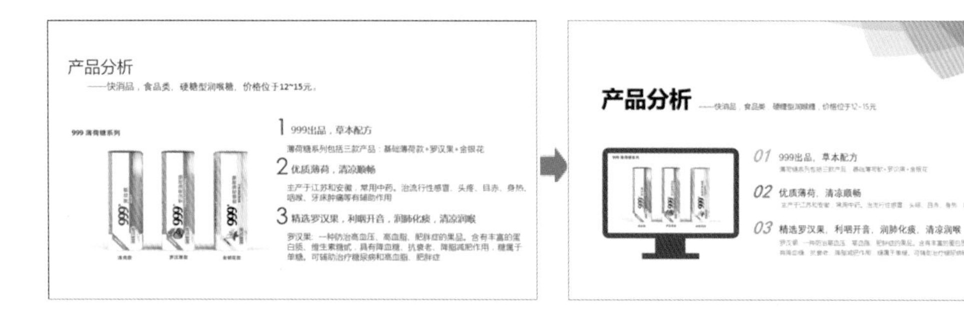

很多时候都是这样，只需要很简单的技术或者素材，就可以有很好的视觉体验，如下面这组幻灯片。

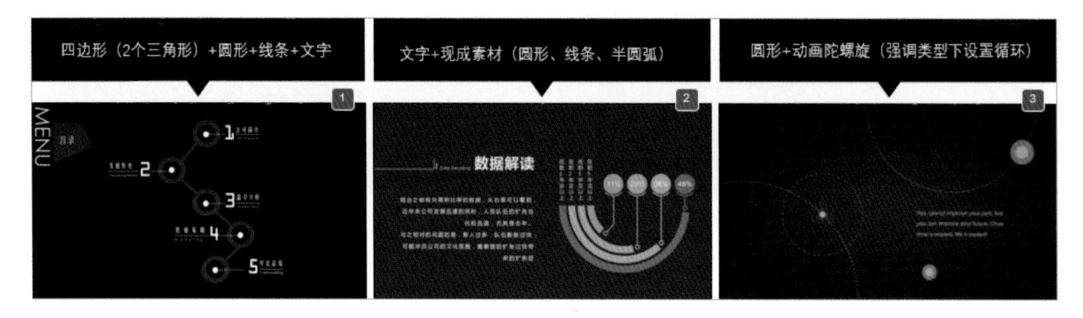

其中，1 号只有圆形、四边形和文字。2 号右边的图表是一个已有的素材，只需要再添加一点文字和线条就可以搞定，右边的素材，也只是一些圆形、半圆弧、线条；3 号是一个动态的幻灯片，只需将动画设置为循环的陀螺旋。

1.1.5 越是新版，越是强大和便利

PPT 越是新版，越是强大，因为它可以绘制出任意图形和画面，可以制作相当复杂和专业的动画效果，可以排版各种平面媒体。

很多人只知道 10% 不到的功能，虽然不需要大家学得很深入，只需再多掌握一点点，就足够做出相当不错的作品，就能抓住受众眼球。

1.2 培养四个新习惯

一个优秀的 PPT 设计者，不仅要掌握 PPT 功能、懂得 PPT 设计理念，还要养成一些好习惯，在此我们简单归纳了 4 种习惯：随时随地分析优秀作品、收藏和模仿优秀作品、不刻意使用复杂操作和多用能驾驭的素材。

1.2.1 分析优秀作品

遇见优秀的 PPT 作品，甚至不是 PPT 作品，比如你做 Word 文档、甚至自己做名片，都可以用已经学习过的方法、技巧、原则、知识等进行分析剖解，了解它的做法和元素等。

这里为大家示意解析 PPT 作品制作方法的一个思路和方法。

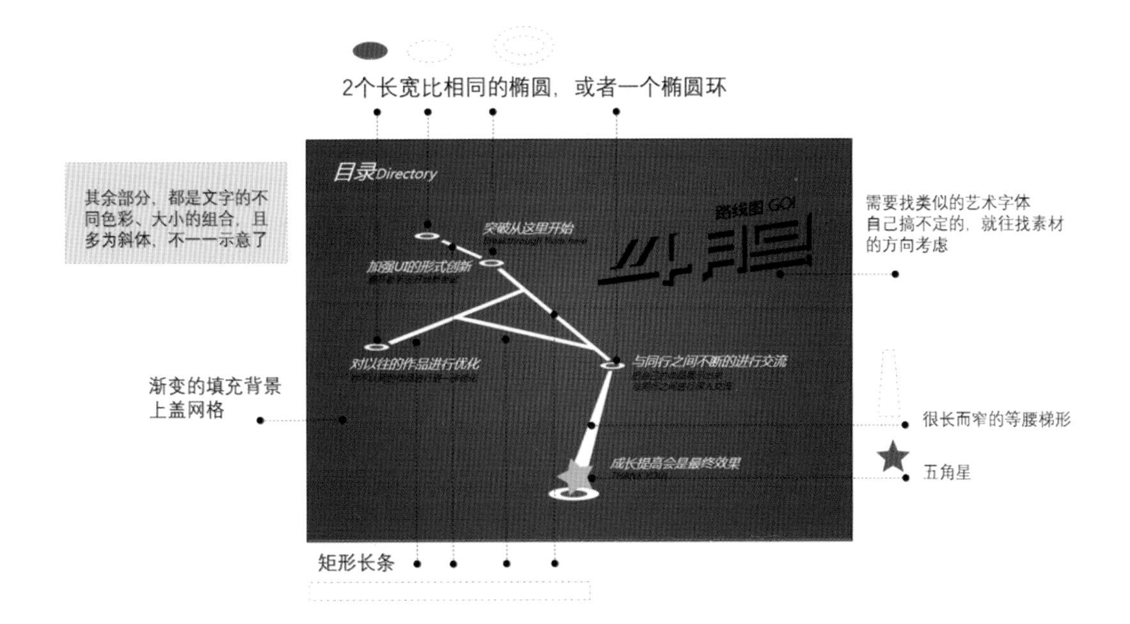

1.2.2 收藏和模仿优秀作品

随时收藏优秀作品，作为制作幻灯片的某种参考，随着收藏数量的增多，设计思路会很快地得到拓宽。

另外，仿制或者是“抄袭”某个优秀的作品，是最笨的办法，也是最快捷的方法。因为在仿制或是“抄袭”过程中，既能参考对比自己的不足，又能加深设计的心得体会。

收藏和模仿优秀作品是获得进步最笨也是最聪明的方法。

比如看过一张名片，就可以仿制出一个 3 项内容并列的版面。

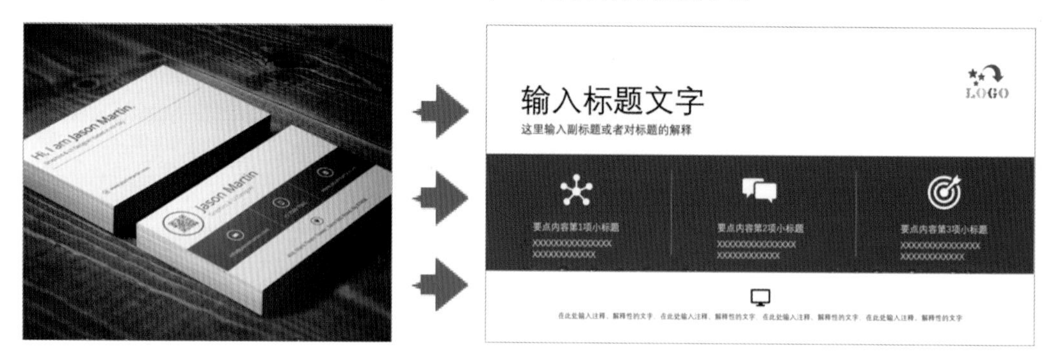

收藏和模仿优秀作品的小经验：

1. 随时收藏好东西，拍照、截图或是下载。
2. 不复制、不临摹，照抄着模仿制作。
3. 做完或者遇到问题的时候，对比仿制和原稿的差异。

1.2.3　一个提醒：优先掌握设计思维

大方向出错，再怎么做也好不了，越做越错。我们必须先知晓各类元素要怎么摆、做成什么样、尺寸多大，用什么色彩等，保证这种方向一定能做出符合视觉规律的、能够达成很“好”标准的幻灯片，然后才是各个细节怎么实现的技术和操作问题——怎么做出来，要什么素材等。

补充一点：遇到问题再去学习技术或者是找素材都来得及，不仅来得及，而且效果最好，关键是带着问题学技术才记得牢，带着问题找素材才恰当和适用。

1.2.4 一个告诫：围绕幻灯片的最初目的

幻灯片是工具，是辅助手段，不是目的；幻灯片的设计目的是“本”。无论在学习、还是设计 PPT 时，都不要本末倒置，忘了这个目的。

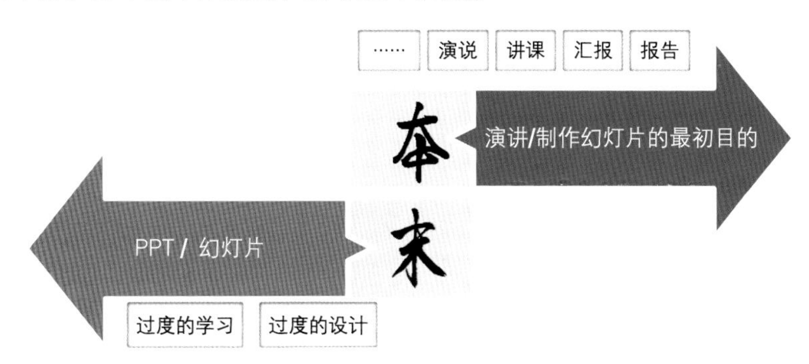

另外，制作 PPT 的时候，一定要记住：逻辑是 PPT 的核心！内容，是 PPT 的血肉！演说是 PPT 的归宿！

本章金句

1．PPT 的视觉体验可以有很重要的说服和感染力，这是使用 PPT 应该追求的效果。

2．八成的常见幻灯片都属于简陋和糟糕的，而让 PPT 档次高起来其实很简单。

3．PPT 很强大，很多人只知道 10% 不到的功能，再多掌握 30% 足够设计出相当不错的作品。

4．PPT 服务于演讲，工具服务于目标，不要本末倒置，没有必要过度的学习或者过度的设计。

5．PPT 是很有用而且重要的工具，很多时候，比我们的衣着打扮更有用和重要。

6．尽可能地使用新版本的软件，因为它更强大、更好用、更“傻瓜”。

7．积极的模仿，是获得进步最笨也是最聪明的做法。

鉴赏下面的案例，感受本节内容它们是如何运用的？也可以试着解析一下它们的做法是不是非常简单。

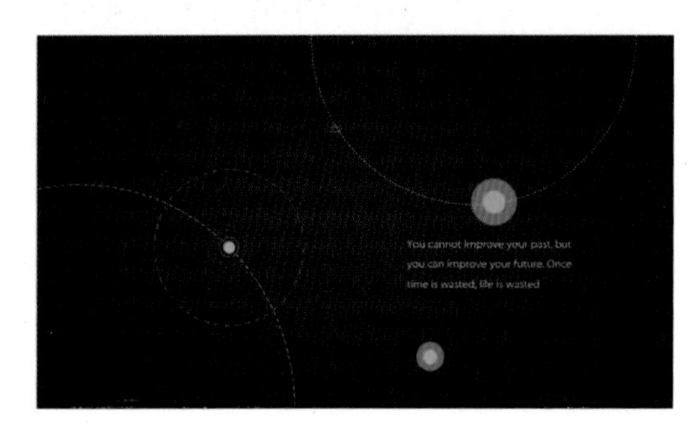

第2章 重设空间相对关系

PPT设计的第一个基本原则和建议是：去掉默认，重设空间相对关系。

在本章中，我们会明白为什么PPT先天做不好，大部分是默认样式太糟糕，让你一上来就错。

同时，在整个过程中，我们也可以感受、发掘和认识关于距离、空间以及单位之间的相对位置关系对幻灯片视觉体验的影响。

2.1 为什么要丢弃默认

什么是默认？就是那些缺省、内置，软件预先设定好的对象格式参数。当我们不加编辑地使用软件预设好的样式和格式，如默认的配色、尺寸、位置、字体、字号、默认的图表、图标和项目符号等的时候，就是在使用默认。

绝大部分的默认都非常糟糕，如下面的形状、文字、表格、单位等，视觉感受都非常差。

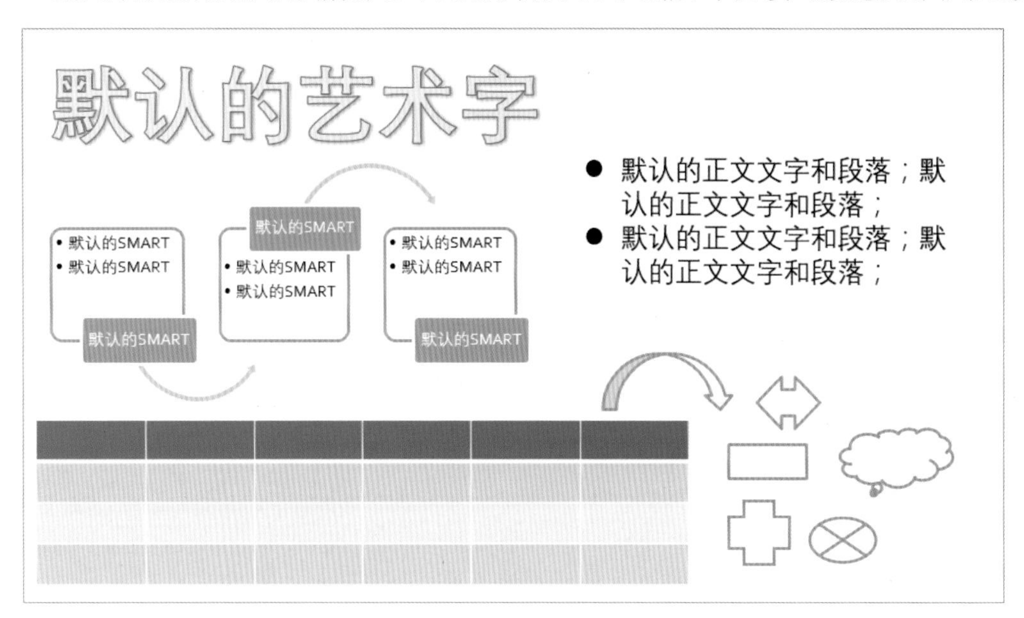

稍微对默认进行设置，就会得到一个明显的提高，下面通过一组案例带领大家一起感受一下。

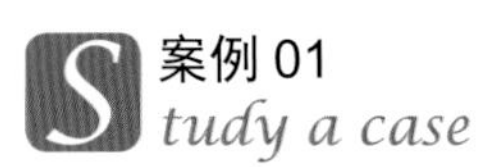

案例 01
Study a case

下面的案例是一个默认的形状，经过系列设置，丢掉默认实现蜕变。

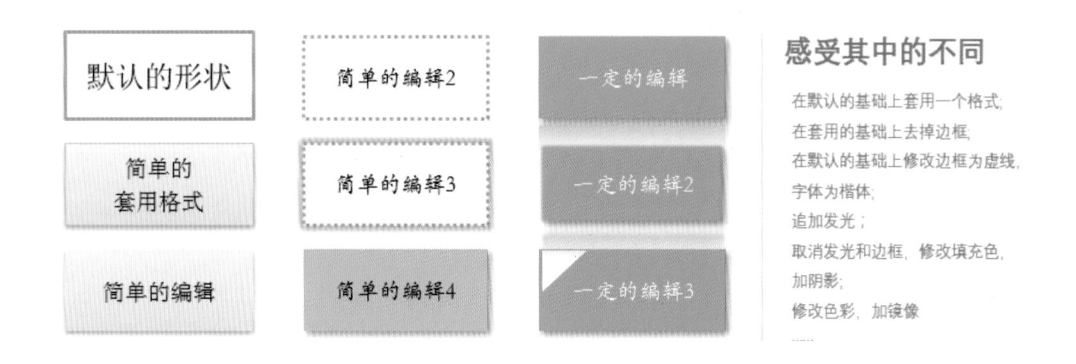

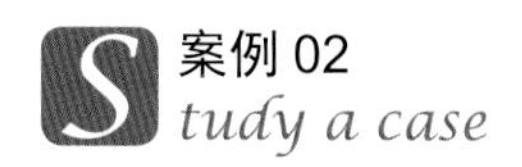

案例 02

tudy a case

左边默认的 SmartArt 图经过丢弃默认设置，转变成右边美观舒服的 SmartArt 图。

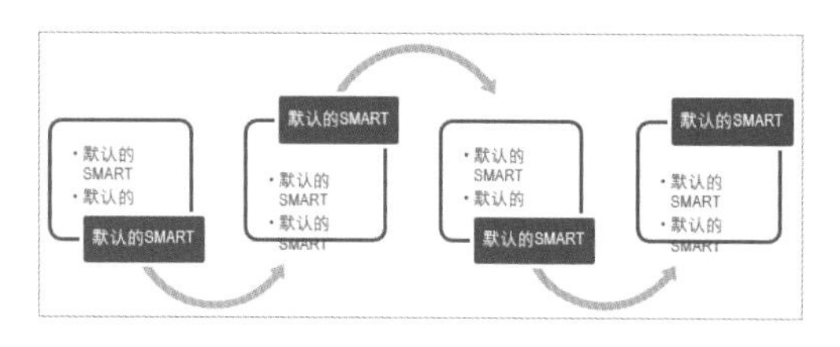

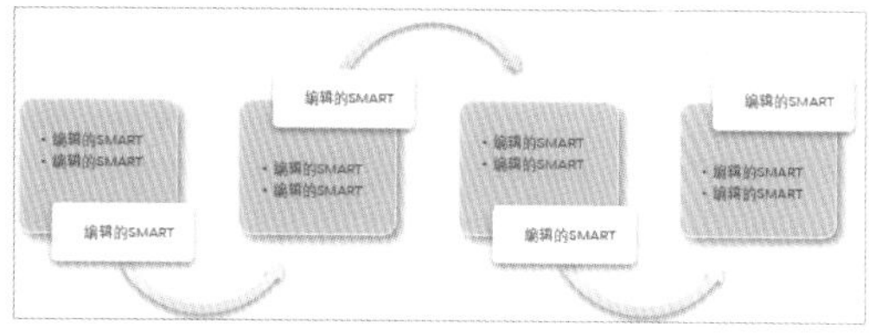

案例 03

tudy a case

左边默认的图表经过丢弃默认的操作，转变成右边美观舒服的图表，明显提升一个层次。

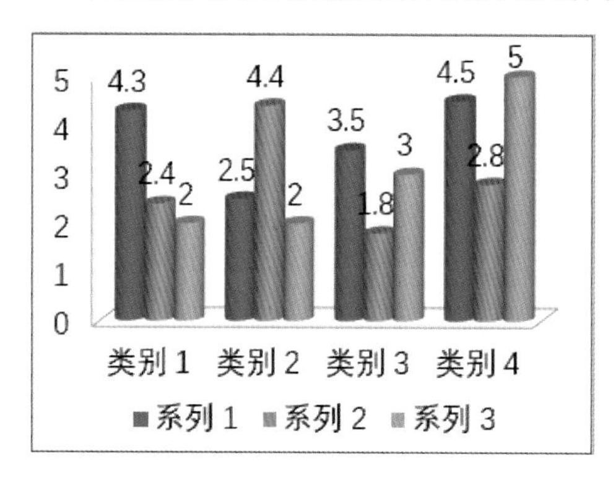

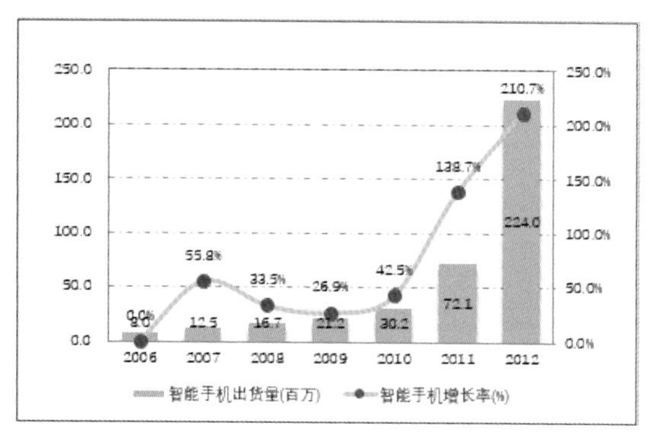

2.2 如何丢弃默认

通过上一节中内容，可以明显感受到丢弃默认的必要性。下面我们为大家介绍几个丢弃默认的小窍门，帮助大家迈出 PPT 颜值提升的第一步。

2.2.1 对页面恰当留白，以告别拥挤和憋屈

留白，是指内容距离幻灯片版面边界、不放任何东西的空白地带，不能太多、不能太少，需要刚刚好。

一般的默认版式，留白通常都太少，如下面左边的案例，是一个完全用使用默认版式和格式制作的幻灯片，其中标题、正文、位置、字体、字号和颜色等都是默认的。最明显的问题是：四周太满了，内容和边界太近了。

通过增加上下左右的留白，视觉感好了很多。

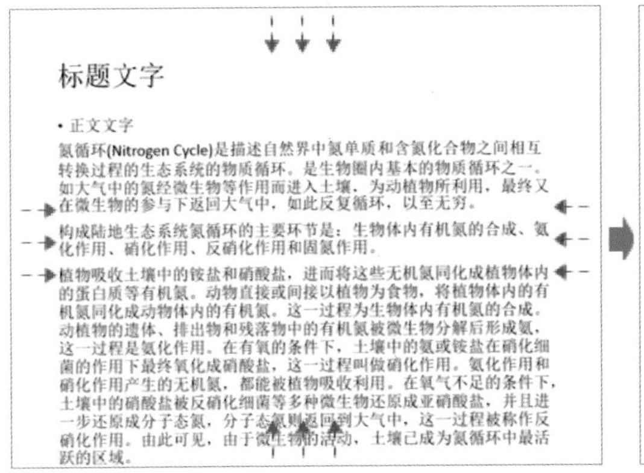

在宽屏的版面下对比结论也一样，下面左边的幻灯片由于是默认留白，有一种明显的“焦燥”感。经过简单留白处理后，感觉轻松了很多。

1. 留白要恰当（留白要恰当，不一定越大越好）

视觉体验舒适是唯一的标准，留白过大，可能会太空，我们可以感受下面这组案例。

A 和 B 是在 2 号的基础上做了进一步增加留白处理，但并没有 2 号的体验更好。B 明显不好。与默认原始（左上角的案例）的案例相比：都是半斤八两。

默

标题文字

• 正文文字

氮循环(Nitrogen Cycle)是描述自然界中氮单质和含氮化合物之间相互转换过程的生态系统的物质循环。是生物圈内基本的物质循环之一。如大气中的氮经微生物等作用而进入土壤，为动植物所利用，最终又在微生物的参与下返回大气中，如此反复循环，以至无穷。
构成陆地生态系统氮循环的主要环节是：生物体内有机氮的合成、氨化作用、硝化作用、反硝化作用和固氮作用。
植物吸收土壤中的铵盐和硝酸盐，进而将这些无机氮同化成植物体内的蛋白质等有机氮。动物直接或间接以植物为食物，将植物体内的有机氮同化成动物体内的有机氮。这一过程为生物体内有机氮的合成。动植物的遗体、排出物和残落物中的有机氮被微生物分解后形成氨，这一过程是氨化作用。在有氧的条件下，土壤中的氨或铵盐在硝化细菌的作用下最终氧化成硝酸盐，这一过程叫做硝化作用。氨化作用和硝化作用产生的无机氮，都能被植物吸收利用。在氧气不足的条件下，土壤中的硝酸盐被反硝化细菌等多种微生物还原成亚硝酸盐，并且进一步还原成分子态氮，分子态氮则返回到大气中，这一过程被称作反硝化作用。由此可见，由于微生物的活动，土壤已成为氮循环中最活跃的区域。

2

标题文字

• 正文文字

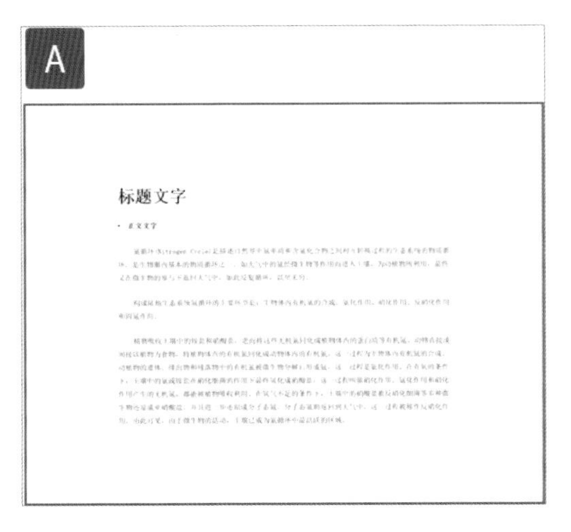

留白要恰当，不是越大越好，同样适用于宽屏版式。如下面的一组案例中，刻意使用了不同的留白的方式，无论是对称的留白（如案例 C），还是非对称的留白（如案例 D）。都不是很协调，而这中间唯一的变化就是留白太大了。相比较而言，还是 4 号案例的留白状态会好一些。

那么，留白恰当的这个“度”怎么把控、怎么找？这个并没有一定的标准。不过没关系，大家都是有审美的，知道留白是一个检查的点，只要动手尝试，总能找到一个相对比较合适的。

抽象和符号性质的内容，需仔细聚焦、扫描。字数少还好，字数多，那这种扫描和聚焦就非常频繁，于是就很累。

像文字这样的抽象符号，空白的地方应让眼睛放松，越需要仔细识别，视觉越厌恶和容易疲劳。

2．大留白更易驾驭

虽然留白不是越大越好，但通常大留白比较容易驾驭，尤其是内容不多的时候。这种不确定性主要是内容外形与版面外形的占位和位置关系。

读者朋友可暂时先掌握如下几点：

- 一切以视觉是否舒适为准，感觉别扭就要调整，总能找到一个相对舒适的位置，也就是相对舒适的留白状态。
- 内容多的场合，首先以不拥挤、不密集为基础进行修改（这是大部分新手的主流问题）。
- 是否过于空旷，以视觉体验是否舒适为准，不好就换位置，减少一点留白（增加占位）等。

下面为大家展示一组案例，帮助大家理解。

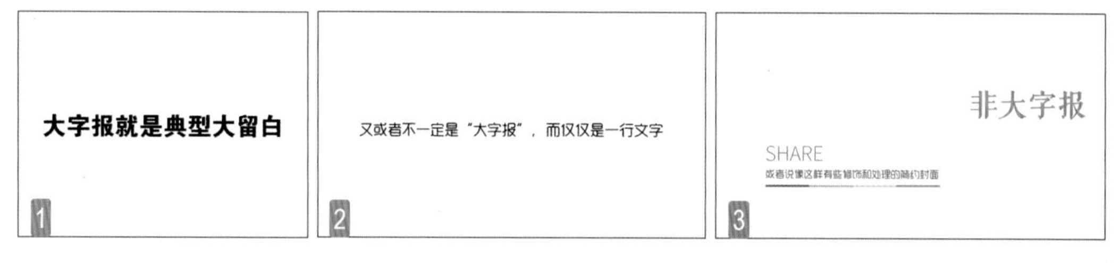

1 号这种最常见的大字报。2 号就一行简单的文字；3 号带有一些修饰和设计的封面。都是大留白。

3．大留白视觉更轻松

一个 PPT 作品，有足够的留白，视觉才有欣赏内容的空间和精力。尤其是大留白里展现少量内容时，视觉系统可以很放松和休闲地关注、识别、分析和理解内容。因为受众会处在一种很有余力的状态去欣赏和反馈。

反之，留白很少，内容很多，视觉系统就要频繁地、高负荷地观察、扫描、识别、分析和理解内容，加之内容较多，识别的难度也会加大。视觉系统和脑力消耗都会比较大。时间一长，视觉系统疲劳，就会“不高兴”，不太愿意看那么密集的设计，甚至会觉得烦躁。所以，多数情况下，往往都是空着比堆满要更美好。

从设计的角度考虑，空着比堆满要更容易处理。因为版面的相对空间越大，内容越有设计余地。越是让视觉轻松，越容易感受到欣赏；反之，越让视觉疲累，越容易觉得不好看。

因此，在设计 PPT 时，可采用如下两种大留白方式：

- 不要在一页幻灯片里堆砌很多的内容，不要让幻灯片看上去很“满”、很“挤”。
- 一页幻灯片的内容越少越容易设计，越空越容易排版，因为设计余地更多。

请看下面两组大留白案例

✔ 满篇都是留白，视觉舒服

✔ 留白稍微少一些，内容稍微多一点，但视觉感觉不错

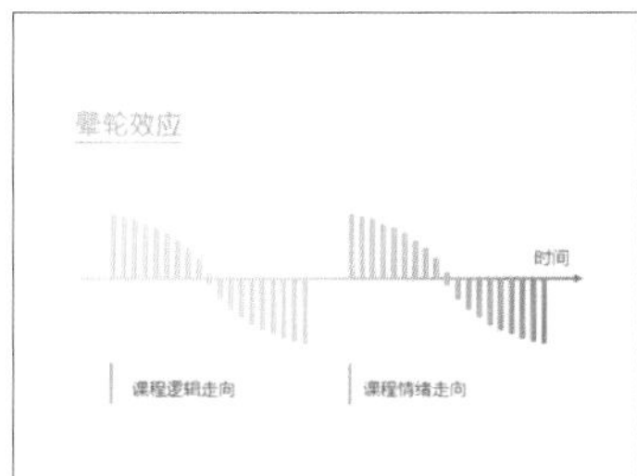

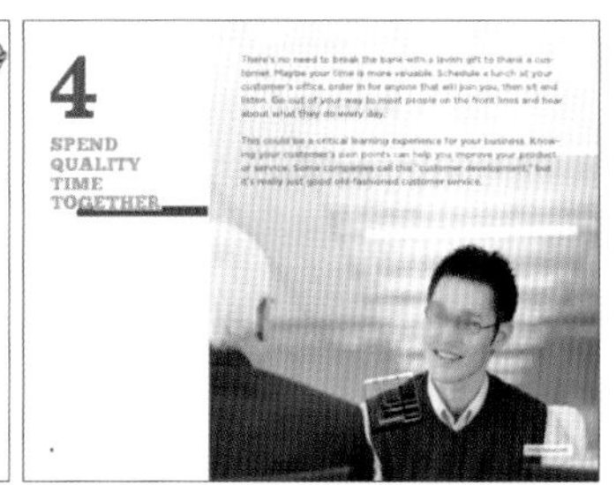

留白需要注意的点

所谓的空白，不是指白色，而是那些可以当作背景的空间，它们可能是纯色的、渐变的，甚至是图片——它们不用来表达内容，只用来衬托，相当于红花身后的绿叶，不会滞留和聚焦视觉，不会引起刻意的观察，让视觉和注意力放松。

留白，并不代表颜色，它其实更是在对距离提出要求：多一点空间和空隙。

2.2.2 恰当行距和段距让阅读更舒适

任何单位之间都存在距离，在看某个单位和对象的时候，它与相邻的单位和对象之间的距离就会被意识到。距离小本身没有问题，但如果很多的内容，导致距离过紧，则容易显得拥挤、密集和堆积，这往往是很不舒服的一种视觉状态，特别是大段文字。

1．行距

行距，是文字行与行的间隔。默认的间隔通常较窄，通常是单倍行距，容易产生拥挤和密集的焦躁感，手动把内容行距的参数增加到合适视觉上会舒服很多。

如下面的一组案例，将默认单倍行距调整到 1.5 倍行距。

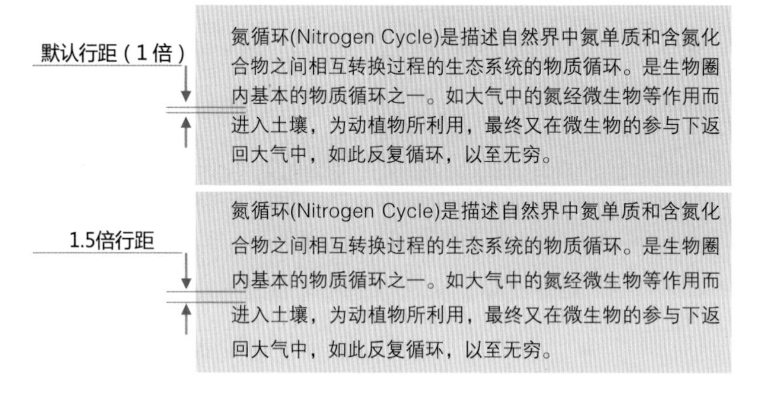

越是大量、大段的文字，识别越是费劲，视觉越容易疲劳，需要较为宽松的行距（1.2~1.5 倍行距）来舒缓和舒适视觉。

这里需要补充一点：行距加大，同样的占位空间下，字体就会小一点了，有些朋友可能会担心：字号太小，会不会看不清?

一般情况下，我们反对在幻灯片里面放很多文字，看不清是也一个特别忌讳的问题。此时只需记住一条：视觉体验比看清更重要。

如果不得不，视觉体验比看清更重要

如果必须有很多的文字，也要知道怎么处理是好的

已经肯定有很多人看不清了，就不用在意多一点还是少一点

更重要的是，与其追求看得清一个很糟糕的页面，不如去追求一个看不清的，很有视觉吸引力的页面

当然，吸引力与看清是能够兼顾的；吸引力、看清、还有演说者念稿的需求也是可以兼顾的，跟着课程学，你会知道怎么做

标题文字

• 正文文字

氮循环(Nitrogen Cycle)是描述自然界中氮单质和含氮化合物之间相互转换过程的生态系统的物质循环。是生物圈内基本的物质循环之一。如大气中的氮经微生物等作用而进入土壤，为动植物所利用，最终又在微生物的参与下返回大气中，如此反复循环，以至无穷。

构成陆地生态系统氮循环的主要环节是：生物体内有机氮的合成、氨化作用、硝化作用、反硝化作用和固氮作用。

植物吸收土壤中的铵盐和硝酸盐，进而将这些无机氮同化成植物体内的蛋白质等有机氮。动物直接或间接以植物为食物，将植物体内的有机氮同化成动物体内的有机氮。这一过程为生物体内有机氮的合成。动植物的遗体、排出物和残落物中的有机氮被微生物分解后形成氨，这一过程是氨化作用。在有氧的条件下，土壤中的氨或铵盐在硝化细菌的作用下最终氧化成硝酸盐，这一过程叫做硝化作用。氨化作用和硝化作用产生的无机氮，都能被植物吸收利用。在氧气不足的条件下，土壤中的硝酸盐被反硝化细菌等多种微生物还原成亚硝酸盐，并且进一步还原成分子态氮，分子态氮则返回到大气中，这一过程被称作反硝化作用。由此可见，由于微生物的活动，土壤已成为氮循环中最活跃的区域。

1

2

1 号是默认行距，2 号增加了一点默认的行距（字体也更小一点）。但 2 号宽松的行距，让视觉感受更加舒缓、舒适。

2. 段间距

在 PPT 设计中，当文字在两段或是两段以上时，一是需要考虑分开层次，二是注意不同文字段落的间距是否过于紧凑，是否需要重新再次调整，以舒缓视觉。

下面左边的案例虽然进行了优化（留白 + 段距），整体内容有明显的间隔，在一定程度上够舒缓视觉，但留白和段落间距明显不足，导致视觉体验不佳；相反，右边的案例进行片区之间的显著隔离，留白加大、段距加大，内容有了明显的层次感，视觉上更有美感。

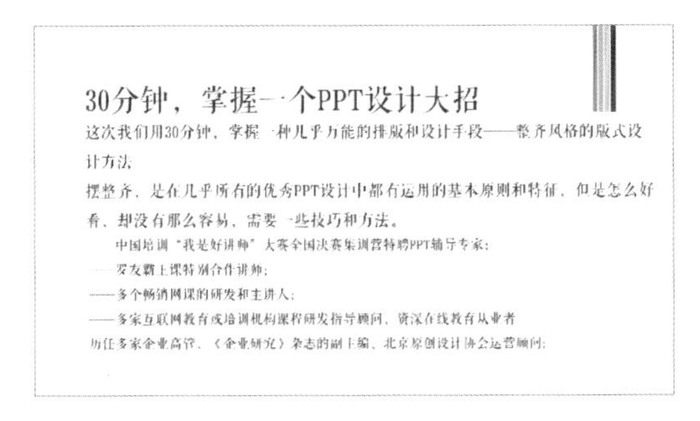

相应留白和间距的差别示意如下图所示。

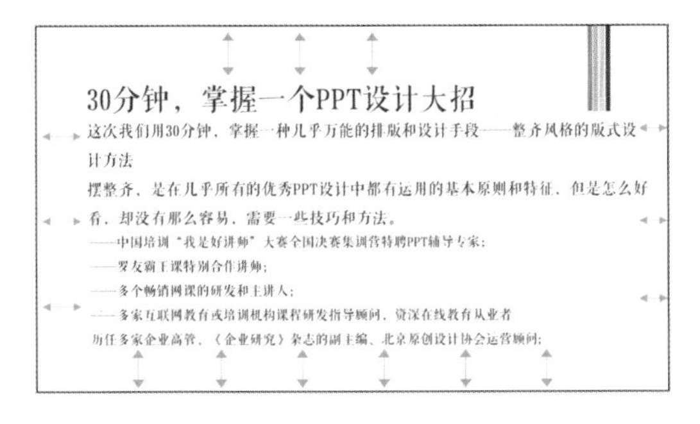

在图文混排的幻灯片中（实际上是任何一个版面里面），不同的单位、内容或者区域

之间，都存在同样的间隔问题。大家可先掌握下面 5 点。

（1）内容多时，分段、分层、分区或是分片都有助于让内容宽松和舒适。

（2）内容的分区和层次，需要通过不同的间隔实现视觉区别。所以，不同的分区和层次之间，通常都要比其他分区内部存在的间隔和距离要更明显一些，也就是要更大一点。

（3）如果有标题和内容的区分，标题部分和内容的部分通常间隔会大一些。让标题部分成为一个独立分区。

（4）分区内部也可以有分层和分区，如标题部分可以包括标题和正文。

（5）分区内部的间隔通常都要小于分区之间的显著间隔，但要大于分区内部的单位内间隔。通常情况下，文字段落的行间距是各个分区内部最小的间隔（它是平面设计里很重要的一个原则和规律：关系相近的内容在距离上紧密一点，在视觉上认为它们是同类、同主题）；让不同的内容，距离远一些，在视觉上自然营造分类和层次的感觉。

如下面这组案例（蓝色的箭头是不同内容层次和片区的间隔示意，黄色箭头表示内容的部分到版面边界的距离，也就是留白。红色的箭头是内部间隔示意也就是行距）。

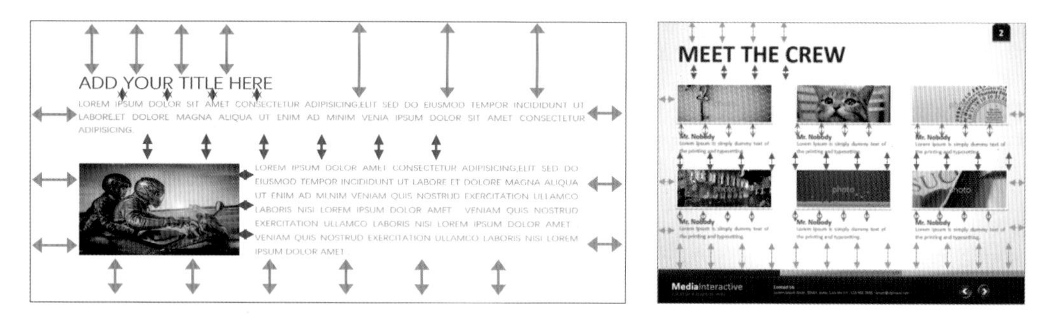

可以明显看出：“行间距＜分区内段落间距＜小标题到正文间距＜分区间距＜大标题到整体内容间距＜页面留白”。

2.2.3 如何解决版面的空、虚、远、薄问题

如果幻灯片中内容少，间距过大，导致版面显得很空旷、空虚，内容显得很疏远、单薄，我们可以进行如下方式处理。

增大字体　放大内容　增补内容　衬底补位　修饰补位

图片补位　内容图形化　……

下面通过案例具体分析。

增大字体　衬底补位　放大内容

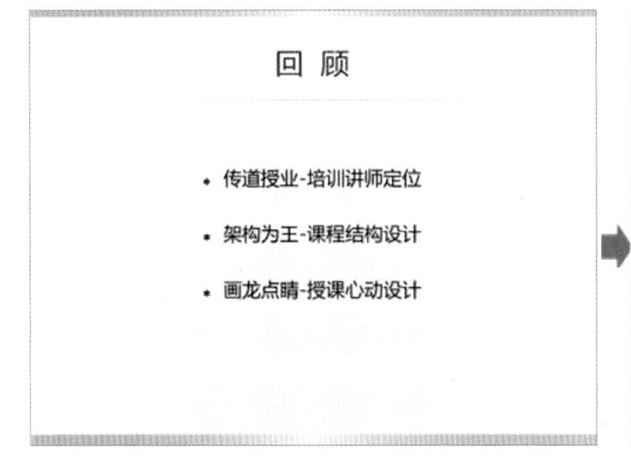

左边的案例通过：增大字体、衬底补位和放大内容等手段转换为右侧的案例效果。

主要是增补内容来增加内容占位、消减版面空白　放大内容（标题）

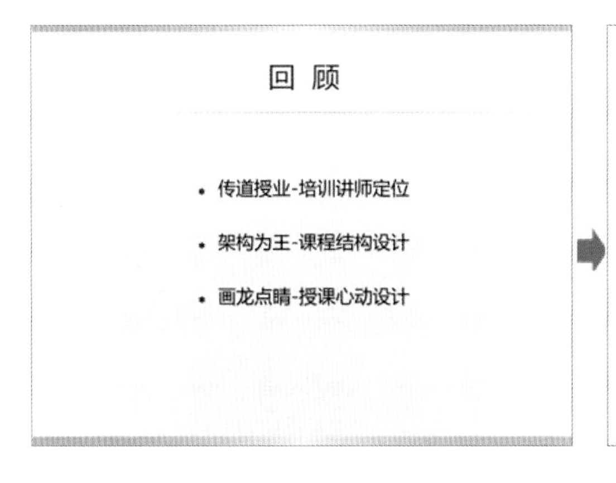

案例解析 03

ase resolution

主要是增补内容 | 放大内容（标题） + 修饰补位（LOGO）：LOGO、模板（一组修饰）

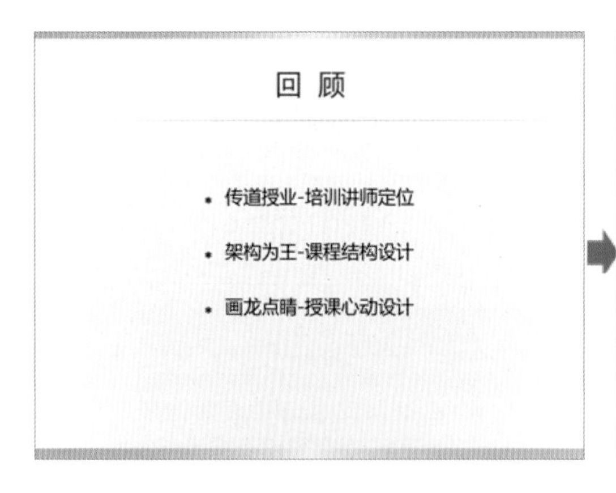

案例解析 04

ase resolution

图片补位 | 修饰补位 | 衬底补位

修饰补位（借助素材，内容图形化）

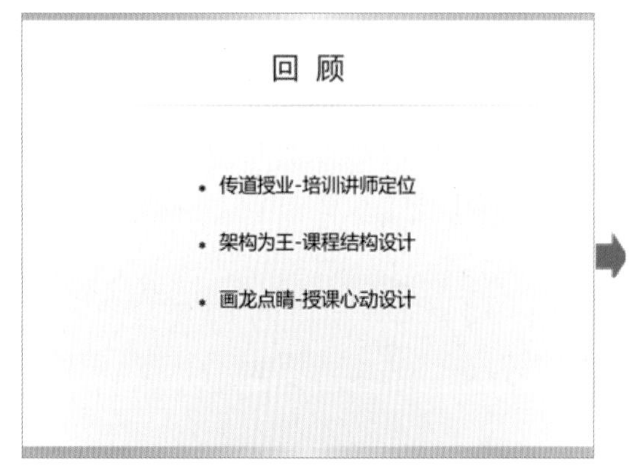

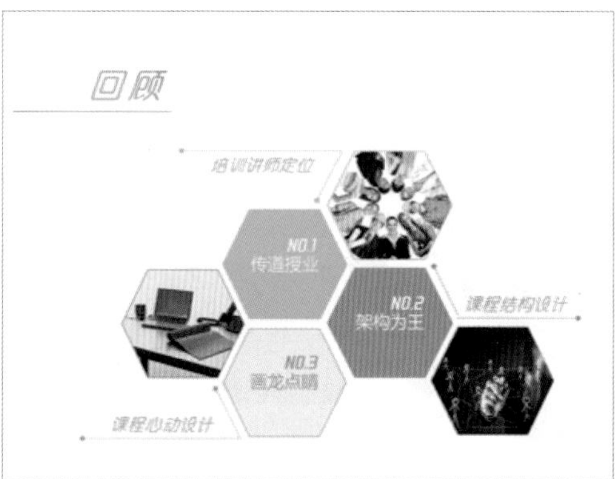

2.3 用对字体让场景意境升级

字体，是文字的外在形式特征，是文字的风格，是文字的外衣。通常带有情感、联想、暗示和情景意义。如“和谐”二字，应用不同的字体就会有不同的视觉体验。

1 号的和谐，没什么特别，2 号的和谐，有点可笑，3 号的和谐沉重到冰冷和讽刺，4 号的和谐比较人文。

因此，在 PPT 设计中，默认的字体通常不一定合适。要有审视和更换字体的意识，让其恰当地适合内容主题、素材和环境。

字体使用权限

在使用时，用户需要注意字体的授权问题，很多字体对个人使用无限制，但大部分字体都会对商用要求单独的授权和授权费，否则可能面临巨额的赔偿。在下载和使用字体时，一定要注意各类字体的版权提示。

同时，也可以直接百度搜索“免版权字体”，直接去获取那些商用上也免授权费的字体，这样比较省事和安全。

注意：并不是软件内置的字体就是免版权的！很多软件的内置字体都并不给予用户商用授权！典型的比如微软雅黑、等线，都是只在个人使用上免费授权，而并没有免费商用的许可。

1．字体特征

字体，在内容设计上使用的频率非常高，无论是大段文字的设置，还是单个文字的创意造型，都需要先对各类字体的特征进行了解和掌握，做到心里有数。

下面我们介绍几种常见的字体特征，帮助大家建立这样一种思维方式。

（1）宋体类

宋体是一种久经考验的印刷字体，非常适合海量文字的呈现，但正因为用得太多，所以若没有特别的设计和处理，直接用在幻灯片板书和演示媒体上往往会比较平淡和普通。

同时，它是一种衬线字体。一般认为，有衬线的中文字体更适合长篇文字，无衬线的字体更适合用于短篇和标题。所以，宋体在鼓励精练的幻灯片设计中并不是一个很好的选择。

但是宋体特别适合很多国风的设计，比如下面这样。

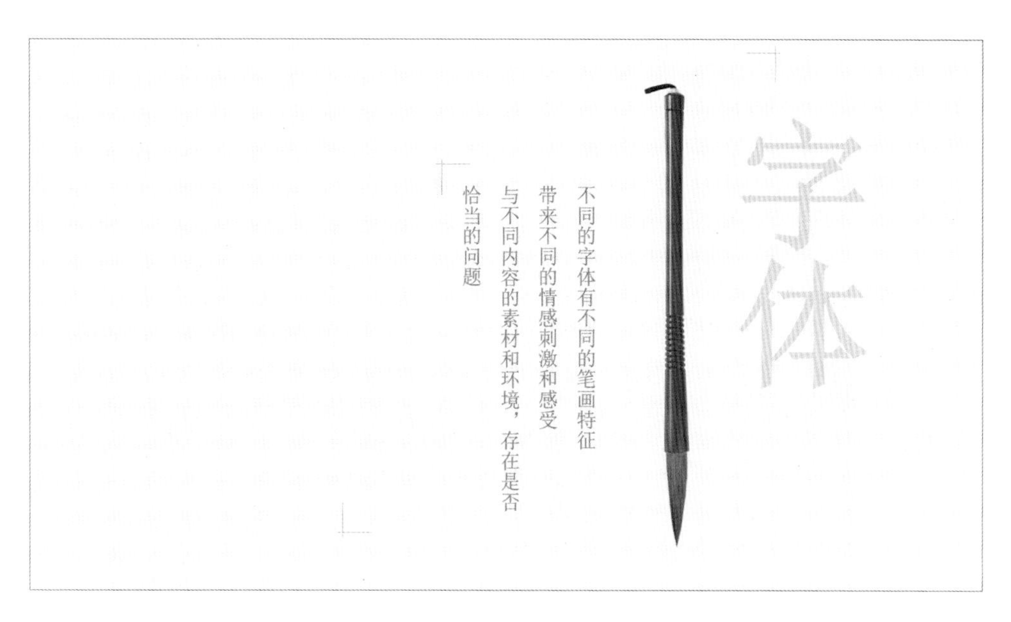

衬线字体，可简单理解为文字笔画末端带有修饰的字体，反之，则是非衬线字体。

● 思源宋体 heavy

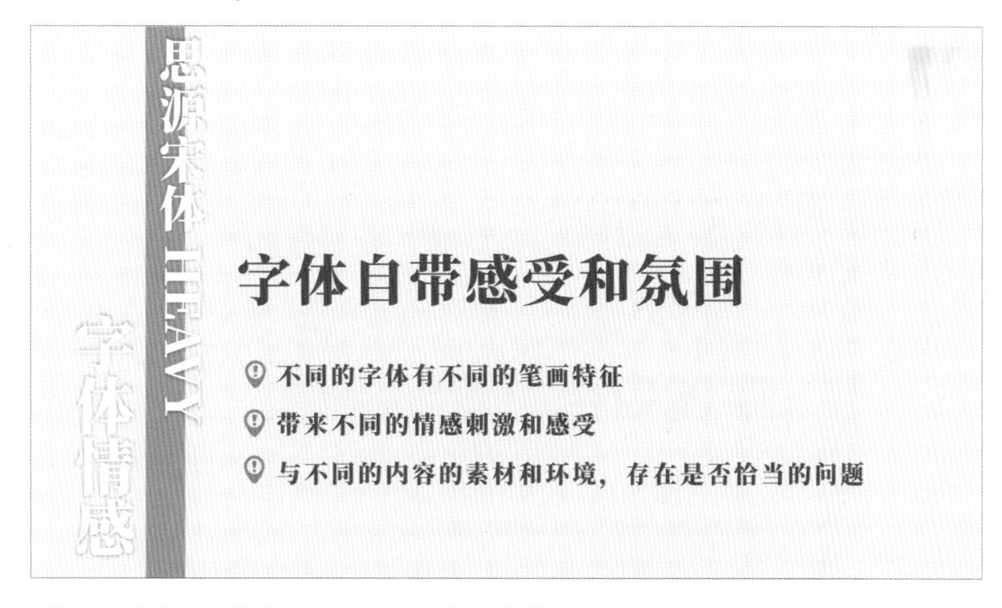

笔画非常粗的宋体字，因为笔画很粗，非常适合用在短而显著的文本上，比如页面的标题，反而不适合用在正文部分，因为大部分笔画很粗的字体都不是很适合用在大段的文

字中。

从这个角度讲，对初学者而言，感受比标准更重要，没有一定之规。我们可以实际尝试和比较，自己能看出是否合适。

（2）黑体类字体

黑体类字体家族，笔画较粗且直，有力量感，在展示上较为醒目、严肃和庄重。不过，稍显笨拙，其中黑体就是典型。同时，围绕黑体还有很多的变化，对照案例感受一下。

- 黑体

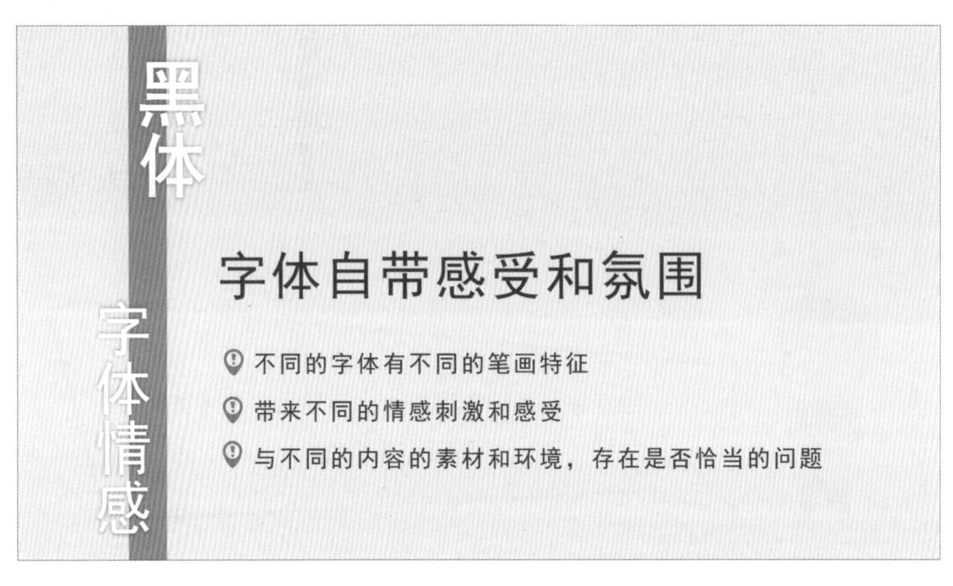

- 微软雅黑

它的常规体（如下案例的正文部分）比一般的黑体字更扁宽和圆润，相对更和谐和优美；它的粗体（如下案例的标题部分）又比黑体笔画更粗且棱角分明，所以其粗体又更为醒目。

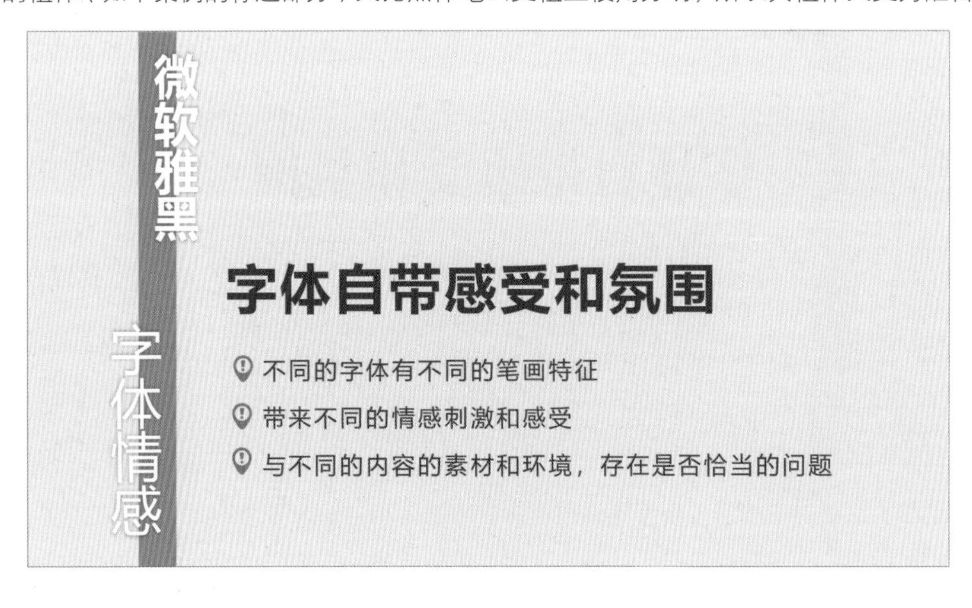

- 思源黑体 ExtraLight

非常纤细的黑体字，也比较扁宽和圆润，非常适合大段的使用，是很安全的字体，并且思源系列的字体都是免版权的。

- 思源黑体 heavy

比黑体更粗，更有力量感，是笔画非常粗的黑体字。适合用在短而显著的文本上。

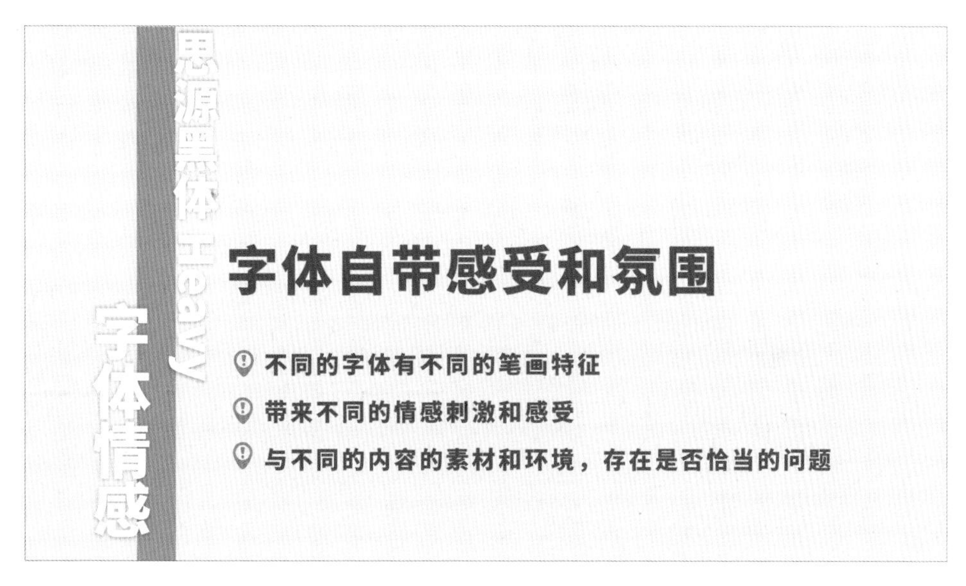

（3）楷体和隶书

楷体和隶书，都含有一定的文化气息，其中楷体更规则一些，是非常安全的字体，适合大量使用。隶书在初学者之间经常作为一种想要凸显文化气息的字体被使用，但随着个性书法字体的大量涌现，隶书的使用也比较少了。

✓ 楷体

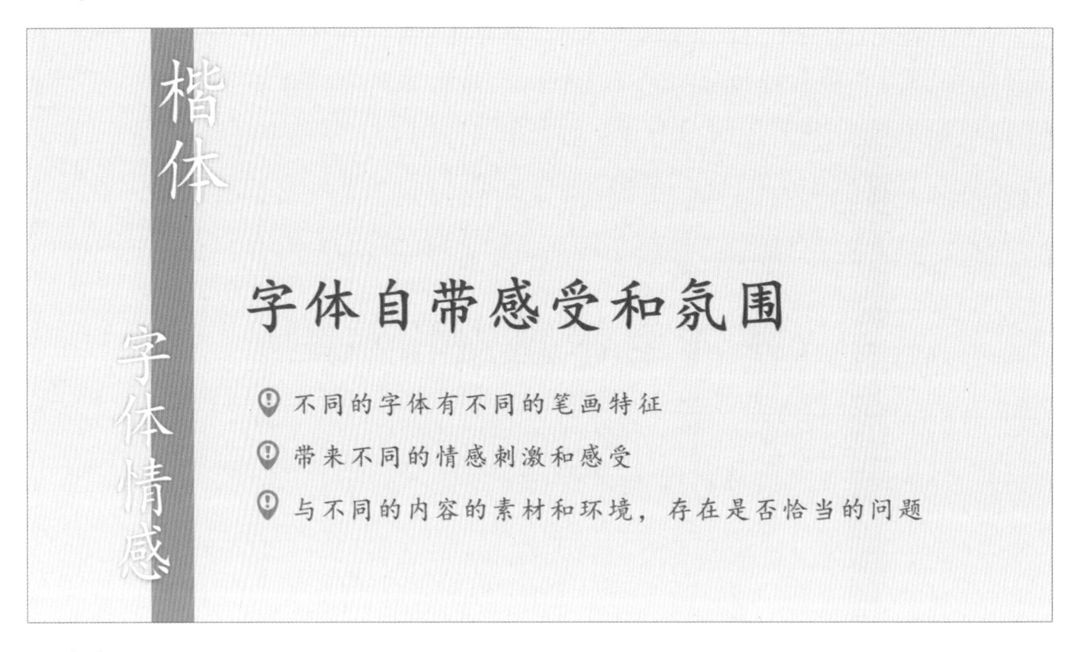

✓ 隶书

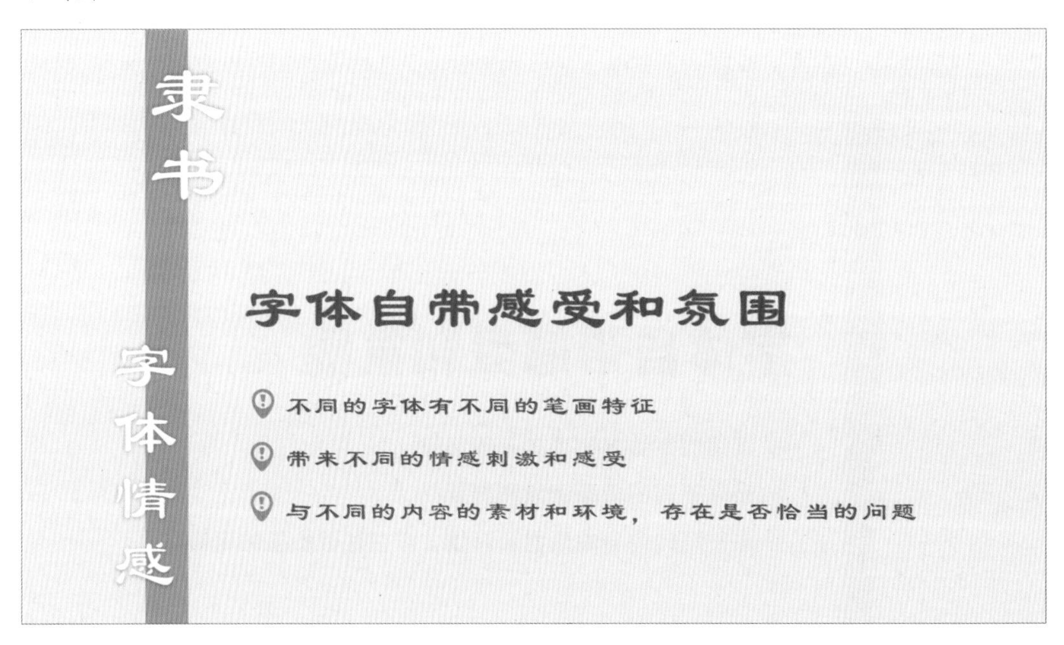

（4）时尚类字体

时尚感比较突出，不是一个规范的分类，很多字体都可能经过字体设计师的设计变得很有时尚感。

- 站酷小薇 LOGO 体

站酷小薇 LOGO 体是宋体的一种变体，非常优雅的字体。免版权字体。

字体自带感受和氛围

- 不同的字体有不同的笔画特征
- 带来不同的情感刺激和感受
- 与不同的内容的素材和环境，存在是否恰当的问题

● 造字工房朗宋

造字工房朗宋也是宋体的一种变体，是笔画非常粗，并且字形很“瘦”的宋体，优雅又醒目的字体。

字体自带感受和氛围

- 不同的字体有不同的笔画特征
- 带来不同的情感刺激和感受
- 与不同的内容的素材和环境，存在是否恰当的问题

● 汉仪良品线简

笔画直来直去的、非常简单的字体，一种黑体的变体。是非常简单爽利的字体。

● 造字工房悦黑体验版常规体

非常优雅温和，又不失时尚的黑体。

（5）手写类字体

手写字体，模拟真人书写的字体，既有个性又有较强的亲切感，加之各种风格都有，所以什么情感都有。但由于字体个性太强，反而不太适合大量使用。

✔ 新蒂下午茶体

✔ 方正静蕾（简体）

（6）卡通和少儿类字体

偏卡通和少儿风格的字体，通常都是活泼、可爱和萌萌哒，属于个性的字体，不太适合大面积使用。

▼ 迷你简卡通

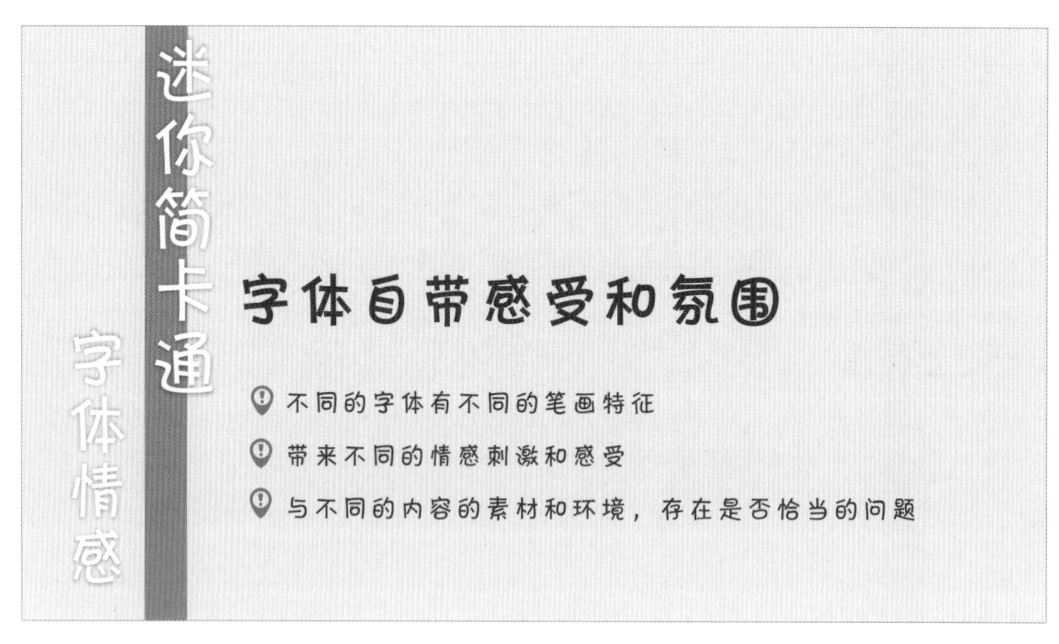

▼ 兰米旺你牛奶体

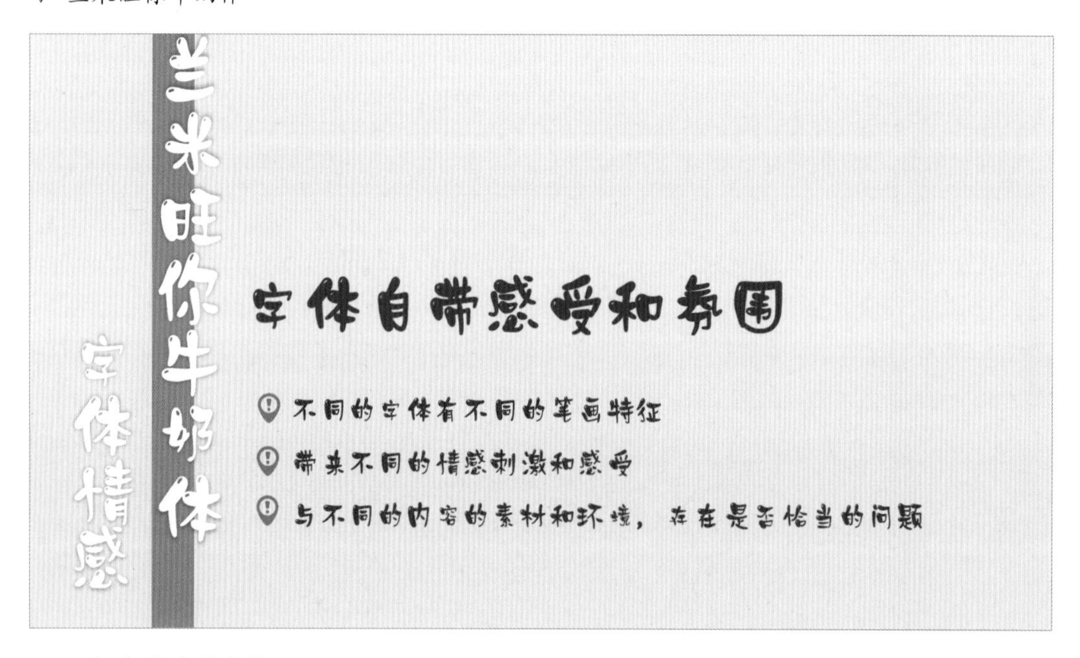

（7）书法类字体

毛笔或者硬笔的书法类字体则往往非常艺术和人文，常常有强烈的情感刺激，比如下面这些。

李旭科书法　书体坊颜体

叶根友行書繁　汉仪柏青体简

（8）粗体和斜体

同一字体的粗体或斜体，往往有着完全不同的特征。粗体一般更醒目，适合用来强调或是作为标题；斜体更活跃和动态，适合用来修饰和调剂。同时，一个字体的粗体、斜体如果字形差距很大，都可以认为是一种视觉上的新字体。各种艺术字变体，就更不用说了，每一个视觉完全不同的艺术字样式处理，在视觉上都应该算成一个新的字体。这种认知，有助于我们理解稍后要给大家的一个建议：不要在一个页面使用超过 2 种字体，一般标题一种粗一点，正文一种纤细一点，足够用了。

微软雅黑（常规）　**微软雅黑（粗体）**　*微软雅黑（斜体）*

微软雅黑（粗体+斜体）　微软雅黑（粗体的一种艺术字转换）　微软雅黑（粗体的另一种艺术字转换）

2. 初学者如何用好字体

在 PPT 设计中如何使用字体，是一个很大的话题，对于初学者，这里给大家的建议如下。

注意收集字体的素材，各种类型的字体都可以储备一些；
不确定什么样的字体合适，可以多换一下试试看

恰当的
字体

大段的文字，笔画规则纤细的、容易识别的、大段阅读不累的字体比较安全
思源黑体light、extralight、楷体、以及笔画状态类似的字体都很安全

一页幻灯片里不要使用过多的字体，最好就只用1～2种字体；
越是个性的字体，越是要谨慎的少量使用，大量使用一般会比较花

友情
提示

本章金句

PPT设计中，对于初级使用者最容易发生的默认问题，主要是字号过大，单位占位过大，导致版面留白或者内容内部的间隔过小，产生不协调的感受；当然也有可能恰恰相反，留白和间隔过大的情况。不管怎样，主要问题是在占位的大小和间隔上是否恰当。

另外，针对默认的优化，还有一些特别管用的方法，如排精练一点、单纯一点、整齐一点等，在后面章节中会详细讲解。下面列出了几类较为常见的处理默认的方法和心得。

字号小一点

缩小字号是为了有足够的间隙或者空白。尤其在系统内置的SmartArt、图表表格中更多见，因为它们大多都字体过大，以至于图形和文字的比例、间隙都不合理。

体积/占位 小一点

大部分默认的样式，都存在单位占位过大的问题，导致内容没有留白和间隔。
小一点的单位才有留白，才能有空隙、间隔，才有排版的余地。

留白间隔大一点

大部分的系统内置的默认模板、形状、都存在间隔过小的问题。
此外，当文字大到一定程度，作为标题或者大字报的时候，默认的文字间距也会显得过小。

配色简单一点

单纯一点

排列整齐一点

内容精练一点

再次强调，一般的多内容版面，层次之间的距离关系和规律如下。

通常都偏小

并不绝对，可以例外

行间距 < 小分区内的构成元素间距 < 小分区间距 < 大分区间距 < 页面的最大留白

- 内容多，分区或分层有助于增强层次感和宽松内容。
- 分区和分层，很重要的一个表现，是视觉上的显著差异，与距离相关的，就是显著的距离差异。
- 如果对内容进行分类、分层、片区，则这些分类、层次、片区之间的间隔，通常应该明显的大于其内部的间隔——分区内部靠紧一点，表示他们再关系上的相近。
- 标题部分和内容部分天然就是不同的层次，通常应该有明显的间隔区分 。

分层分区内部可以相对紧密　**分层分区之间应当显著间隔**

紧扣焦点增加说服力

精练原则是PPT设计的第2个基本原则，是非常重要和核心的基本原则。因为它是幻灯片内容图形化、逻辑视觉化的基础，也是幻灯片更有水准的重要基础和手段。

3.1 为什么要精练

精练，是 PPT 设计非常重要的基本原则，也可以说是核心原则。它是让幻灯片内容图形化、逻辑视觉化的基础（即使不考虑图形和视觉化，它也是幻灯片设计段位提高的重要基础和手段）。

很多 PPT 制作者或多或少有这样的潜意识：版面摆满、不留空白。其实，这样只会做出糟糕的作品，如下面的几张幻灯片。

为什么要做企业文化建设的工作？

- 什么是文化？
  - 一个中国的朋友结婚，我就知道要随份子。
  - “吃了么？”在中国和美国的不同。
  - 茶与酒的“讲究”。
  - 不同民族和国度的礼仪礼貌。
  - 文化是一种被固定的条件反射群、一种特定思维意识、心态和行为习惯群的集合
- 企业文化也是文化，只是其涉及的行为习惯、心态、思维模式等主要限定在企业内→其实就是一种“小圈子”的文化

什么是Agile Scrum？

- 用于复杂产品开发的管理框架
- 强调用迭代增量的方法优化管理开发，使开发更容易预测，开发风险更好控制
  - 工作流程和内容的透明性
  - 监管到位，确保及时发现偏差
  - 动态调整，降低未来的偏差
- Scrum的核心是Sprint, 一般一个Sprint是一个不超过1个月的迭代开发周期，通过多个Sprint（采用Scrum框架）实现增量迭代发布产品。

Nokia Internal Use Only

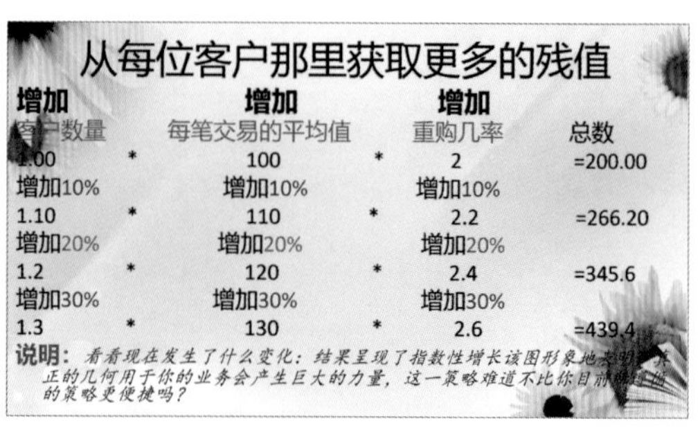

大量的文字经过排版，虽然也可以设计出很美观的样式，但不建议在幻灯片中堆积大量的文字，原因有如下几点。

1. 看不清

若是幻灯片中文字太多，一个很常见的问题就是文字不可能足够大，于是很多观众就可能看不清楚。他们也不会刻意跑去看板书，通常会分散注意力，漏听、漏记传递的信息，如下面的两张幻灯片。

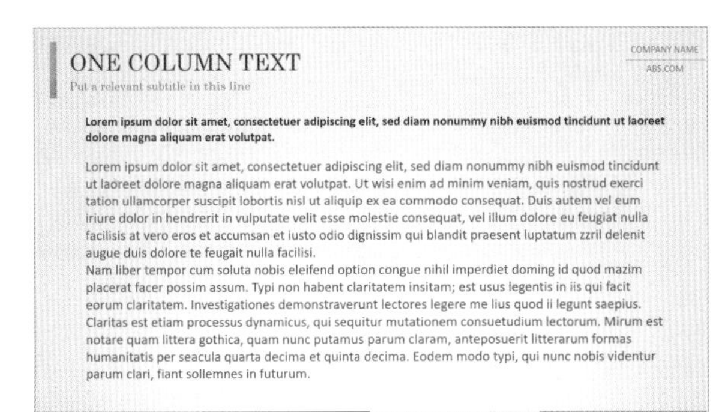

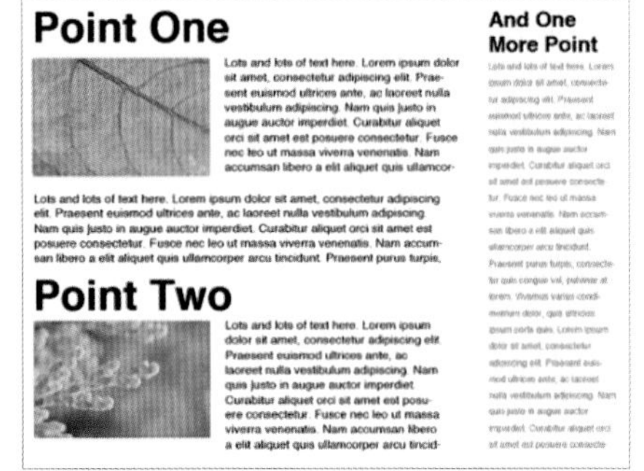

2. 观众自己看

若是观众能看清所有文字内容，他们更多的是会选择自己看，而不是听演讲者的解说。当然，这不是观众的态度问题，而是人类的感官特点：视觉的感受反应比听觉更快。

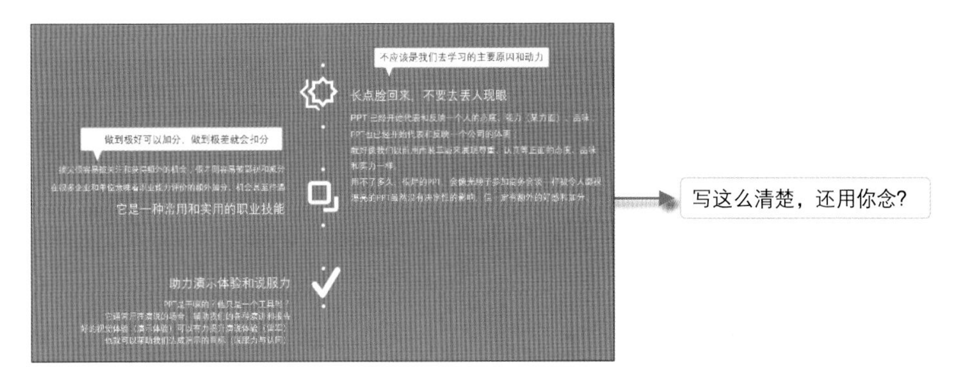

3. 听众感觉枯燥

一些缺少演讲能力的朋友（特别是紧张就忘词的朋友），会将大部分内容放在幻灯片里，以保证整个演讲内容不出事故或是重要信息不遗漏。但听众会觉得很枯燥，而且会留下刻板印象：主讲人在照本宣科。不仅接收到信息少、情绪引导弱、互动差以外，还会让听众对整个宣讲行为减分，甚至连累推广的产品、方案或是企业等。

4. 大部分的人不喜欢密密麻麻的文字

除非个别少数或是有密集恐惧症的听众。但是这样小部分的听众很少，如果不是针对这类人的专项宣讲，我们应该估计绝大多数的听众不愿做文字沙漠。

5. 设计感差

对于设计感不强的朋友，文字堆积的幻灯片，直接意味着幻灯片设计感差，不美观，导致听众“看”不下去、“听”不下去，严重怀疑主讲人的水准，顺手给一个“差评”。如下面的这两张幻灯片。

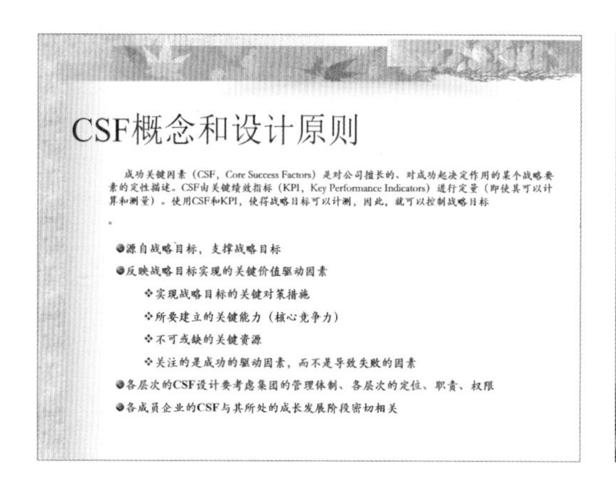

绩效管理循环的内容

- 关键绩效指标（KPI）
- 企业KPI分为常规KPI指标与改进KPI指标。
- 企业的常规KPI指标由上级绩效管理部门提出，经双方沟通确定。改进KIP指标通过对经营管理问题或短板的发现，再对经营管理问题和短板进行追根溯源性的追查，直至追溯到员工的行为。
- 部门KPI的确定：部门的KPI指标由上级主管提出，经双方沟通后确定。
- 员工KPI指标分为管理者和非管理者。管理者（企业长及部门长）的KPI指标与其负责的企业或部门的KPI指标一致。非管理者个人的KPI指标依据部门承担的KPI指标及员工所任职岗位的职责，由员工的直接主管与其沟通后确定。
- 组织有管理要项，个人有行为标准用为KPI指标的补充。
- 关键绩效指标设目标值及挑战值。目标值是在正常的环境条件和经营管理水平下，企业和部门应该达到的绩效结果或表现，是期望值。

6．焦点越少，聚焦越强

幻灯片空白较大、内容较少时，观众的视觉较为轻松，更容易感受到愉悦和欣赏，才有回味的时间。反之，文字内容太多观众阅读费劲，根本没有时间体会和触动。

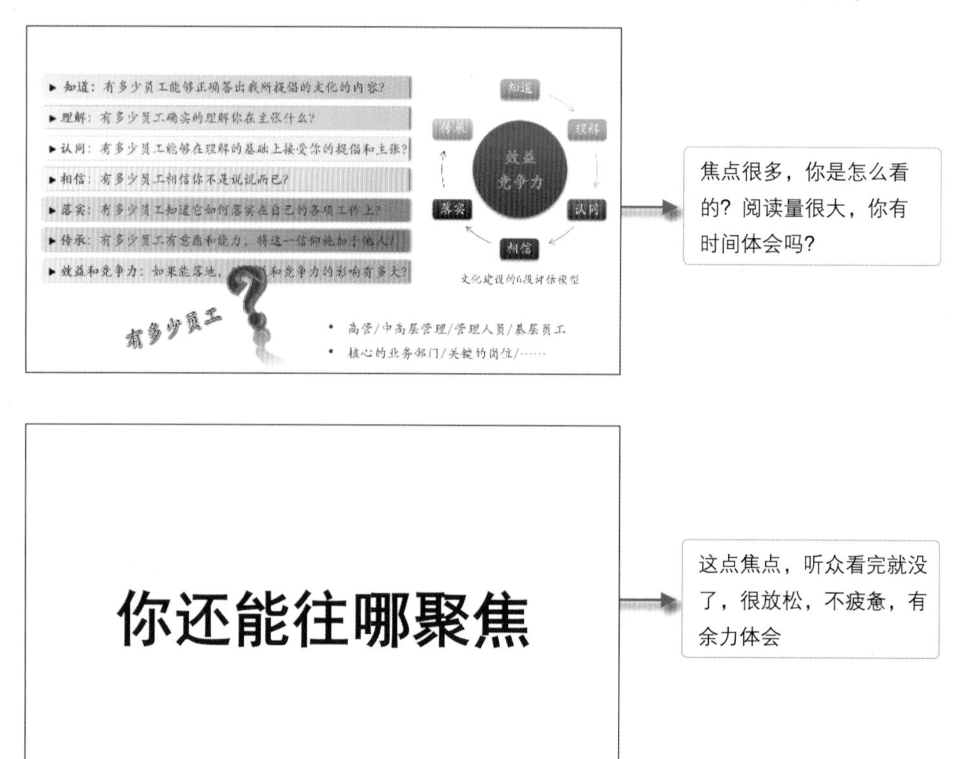

7．更好视觉体验的需要

视觉体验是 PPT 设计最重要的点，虽然有太多的方式和方法，但精练文字内容是最有效的途径之一，如下面的几组案例。

✔ 精练前

“一个被称为1%的规则正在浮现，它告诉我们——如果你的网站有100个人（一组）的在线量，那么它们里面大概只有1个会创建新的内容，有10个会与之交互（回复或提供改进），剩下的89个就仅仅只是浏览一下”

✔ 精练后：更聚焦、更美观、更有吸引力

1%

✔ 精练前

✔ 精练后

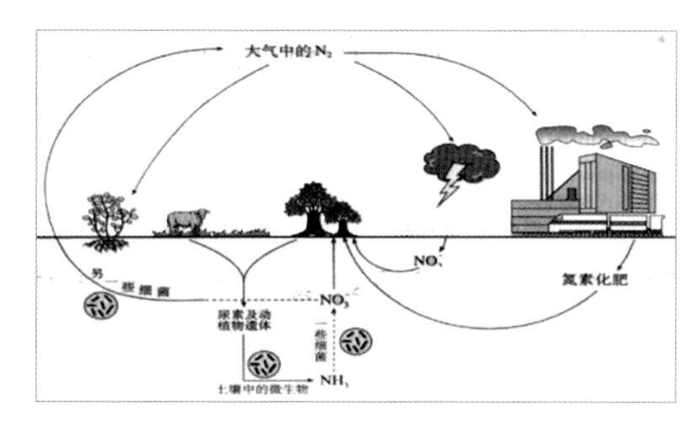

✔ 精练前

✔ 精练后

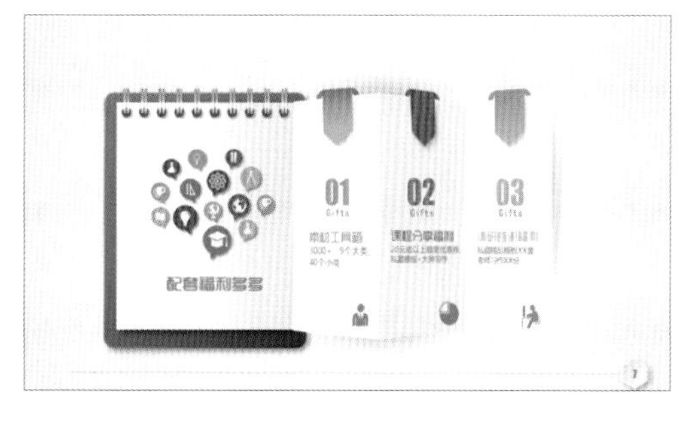

图形化的内容更容易理解和吸引视觉，而“精练”是图形化的基础。

3.2 如何精练和图形化幻灯片

在上一节中讲解了为什么要对幻灯片进行精练，为什么要拒绝文字堆砌。下面为大家介绍如何精练文字内容，也就是如何对幻灯片进行精练和图形化。

如何对幻灯片进行精练和图形化

3.2.1 聚焦核心三步就好

聚焦核心看似复杂，甚至一些朋友会觉得“老虎吃天、无从下口”。其实有规律可循，经过大量实例梳理论证后，我们将其简单归纳为以下三个步骤。

第 01 步：提炼核心要点

大段的文字材料，变成能够反映核心内容的关键词或者短句。

给大家一个参考：关键词不超过 6 个汉字；短句，不超过 10 个汉字。

第 02 步：整理条理和逻辑

根据关键词和短句梳理条理和逻辑，进行必要的调整，让逻辑清晰，最好能对接到某种图形化素材。

第 03 步：图形化

找到恰当素材，然后进行套用。在套用的过程中，调整内容和素材适配性。

NO.2 整理条理和逻辑

根据关键词和短句梳理条理和逻辑，并进行必要的调整，让逻辑明确，而且能够对接到某种图形化的素材

NO.1 提炼核心要点

形成关键词或者短句
关键词：不超过6个汉字；短句：一般不超过10个汉字的词组，特殊另议

NO.3 图形化（套用素材）

只要找到恰当的素材，然后套进去就好
套用的过程，常常需要一些让内容和素材适配的调整，这需要一点方法

逻辑关系的结果一般分为以下 7 种：并列、顺序、递进、循环、总分、因果、比较。一些新手朋友在选择套用图形时，不知道如何选择哪一类图形合适。为此，笔者把常用的关系图形展示给大家，在实际设计中可以直接对照选用。

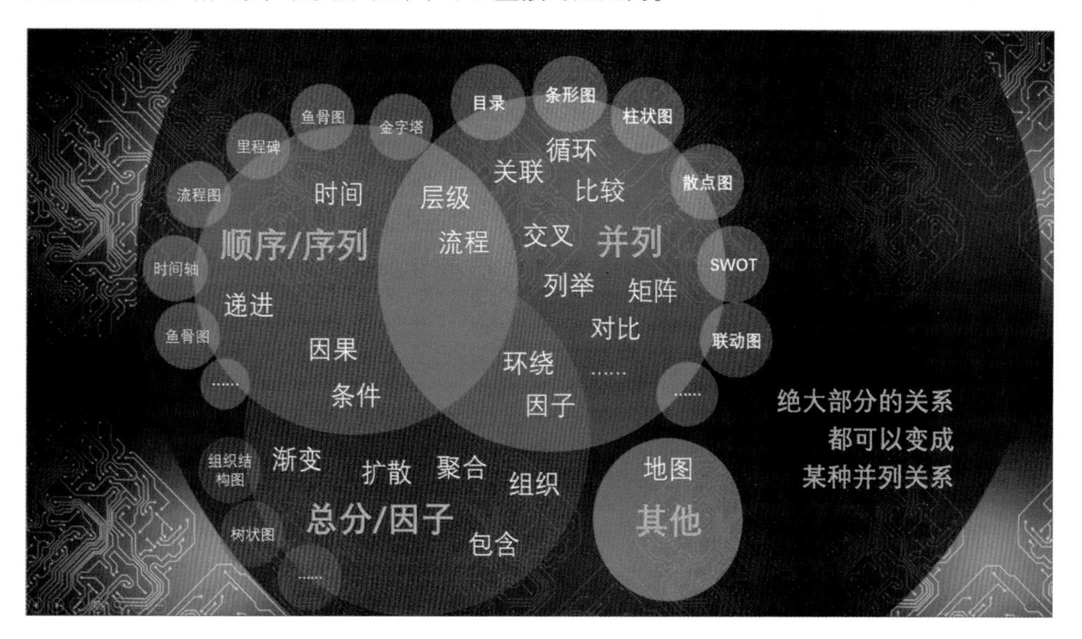

下面带大家感受两个图形化的具体设计案例。

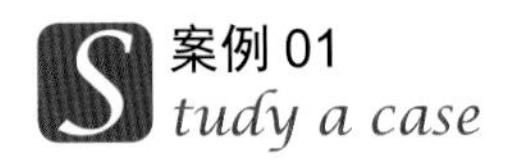

将城市发展大事记幻灯片由文字堆积精练成图形化，两组前后对比样式如下。

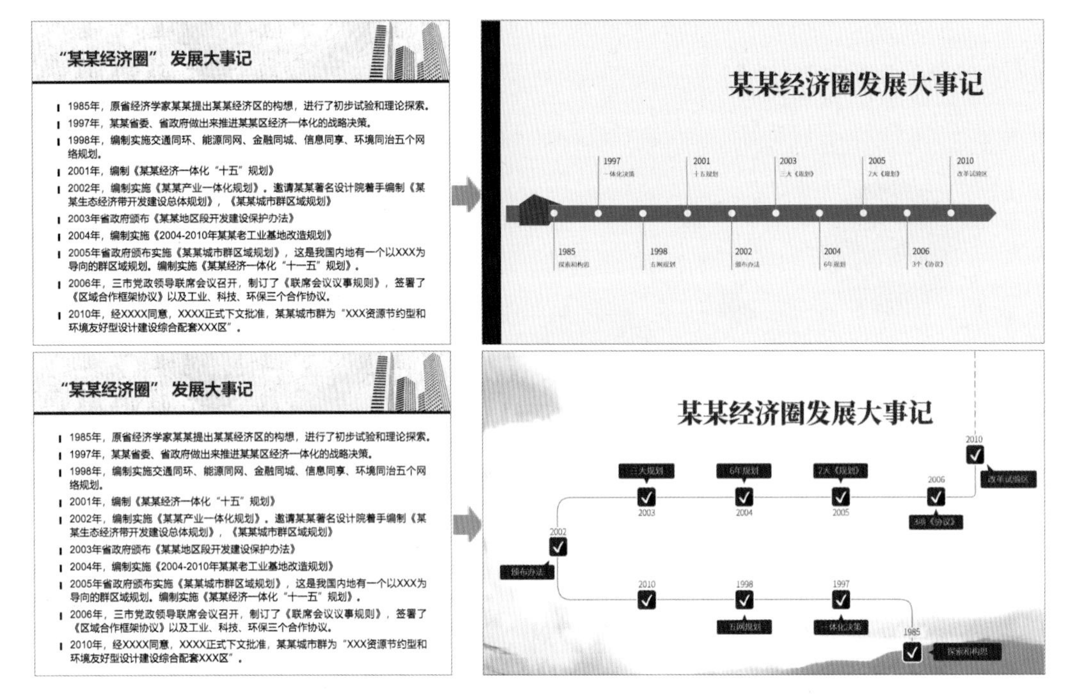

第 01 步：将每一年份的内容逐项提取要点：年份 + 事件

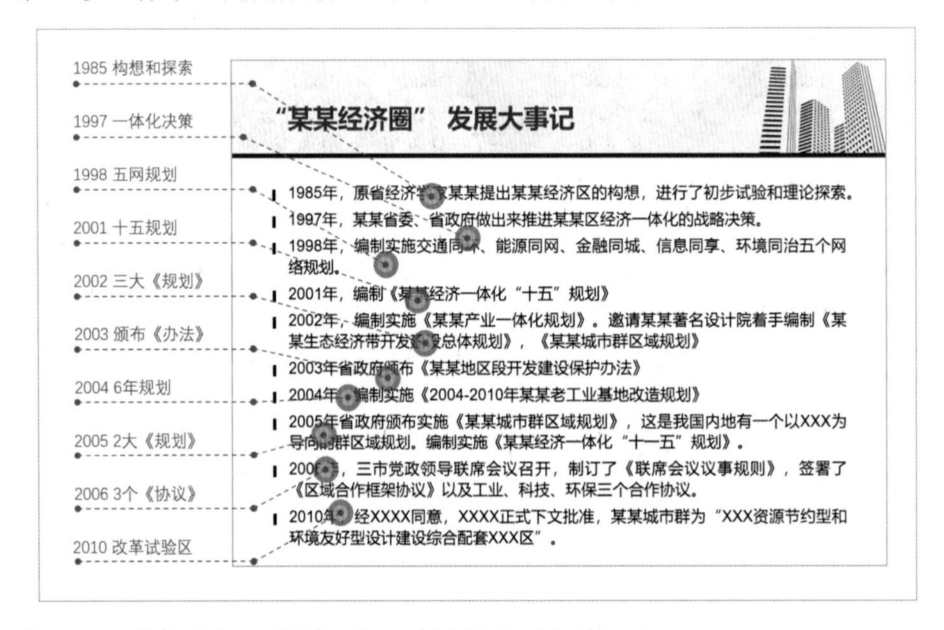

第 02 步：将关键词进行重复删除、拆分和归类合并整理。

第03步：套用Office自带的SmartArt图，或是在网上搜索关系图素材，并进行手动调整和完善。

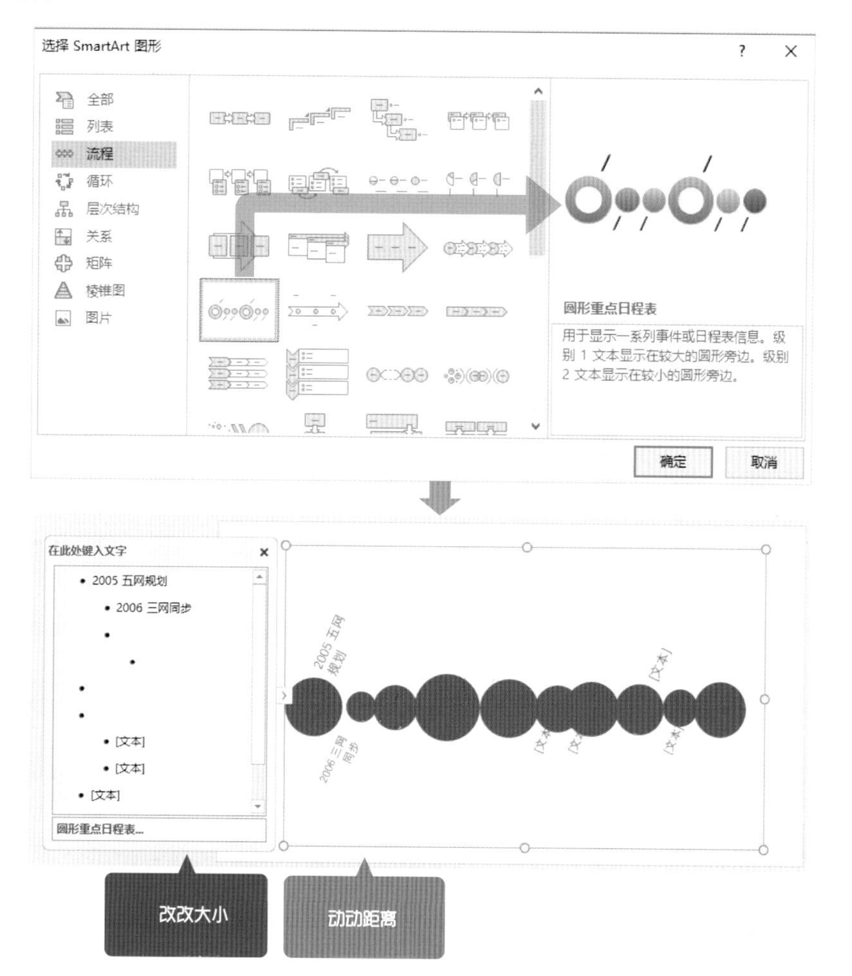

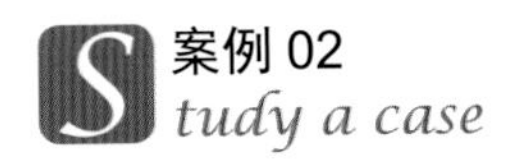

将团队匹配幻灯片由文字堆积精练成图形化，两组前后对比样式如下。

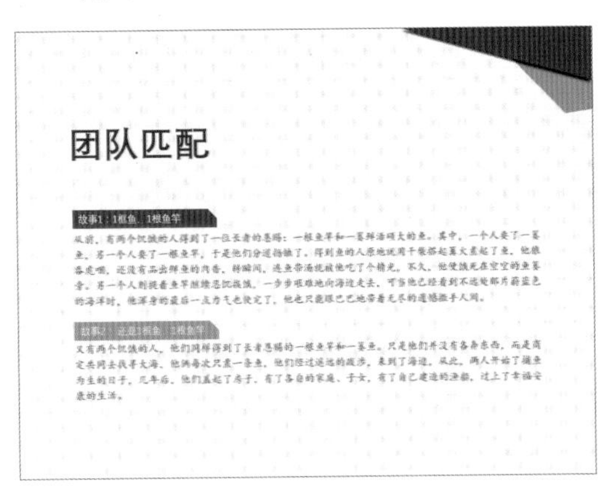

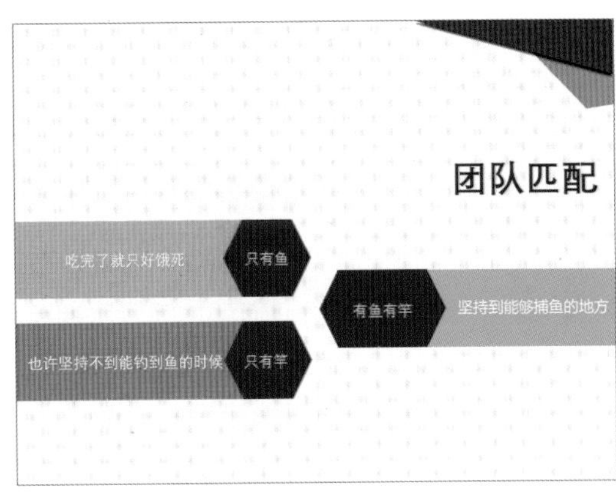

第 01 步：精练文字内容，提取关键字。

第 02 步：理清内在关系。

第 03 步：寻找并套用图形

3.2.2 文不如表、表不如图

下面是一页有关用户数据的幻灯片（满篇的文字），我们将其精练为以表格和图形的方式呈现。

版本升级对用户留存度的影响

从2月20日产品上线以来，至今已2个多月，关于用户留存的数据，现汇报如下

2月20日到3月18日，有关用户次日留存数据如下：平均值约为11.83%，其中最高值为3月8日的16.45%，最低数值为3月17日的6.53%（服务器故障）；7日留存，近1个月的平均值为1.39%，相对较低，与次日留存的差距也比较大，可以看到用户流失十分严重，其中峰值2.98%，最低值0.58%。

3月19日到4月17日，有关用户次日留存数据如下：平均值约为11.9%，其中最高值为4月8日的15.4%，最低数值为3月25日的8.76%；7日留存，近1个月的平均值为1.29%，与次日留存的差距仍然较大，用户流失严重没有改善，7日留存的峰值是2.71%，最低值0.33%。

4月18日，2.0版本安卓端全渠道上线，此后次日留存7日留存均有大幅改观：4月19日到4月28日，次日留存的平均值约为24.57%，峰值37.83%，最低数值10.46%；7日留存平均2.73%，峰值4.03%，最低值0.73%，相对次日留存仍然降幅较大，没有明显改善。

过程如下：

第 01 步：由于看不出逻辑关系，用彩色的文字标识关键字，然后将黑色的文字丢掉。

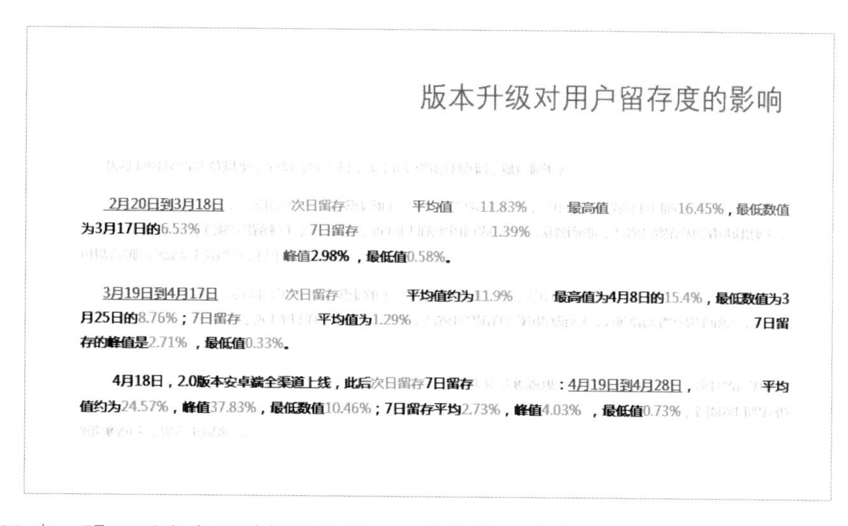

第 02 步：明显看出多项数据的比较，用表格和图表来图形化，整张幻灯片瞬间变得清爽明了、直观、生动、有吸引力！

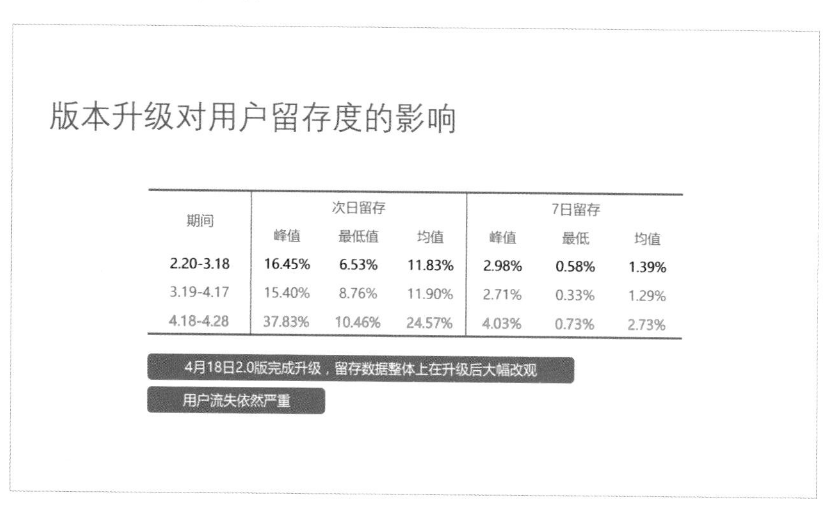

期间	次日留存			7日留存		
	峰值	最低值	均值	峰值	最低	均值
2.20-3.18	16.45%	6.53%	11.83%	2.98%	0.58%	1.39%
3.19-4.17	15.40%	8.76%	11.90%	2.71%	0.33%	1.29%
4.18-4.28	37.83%	10.46%	24.57%	4.03%	0.73%	2.73%

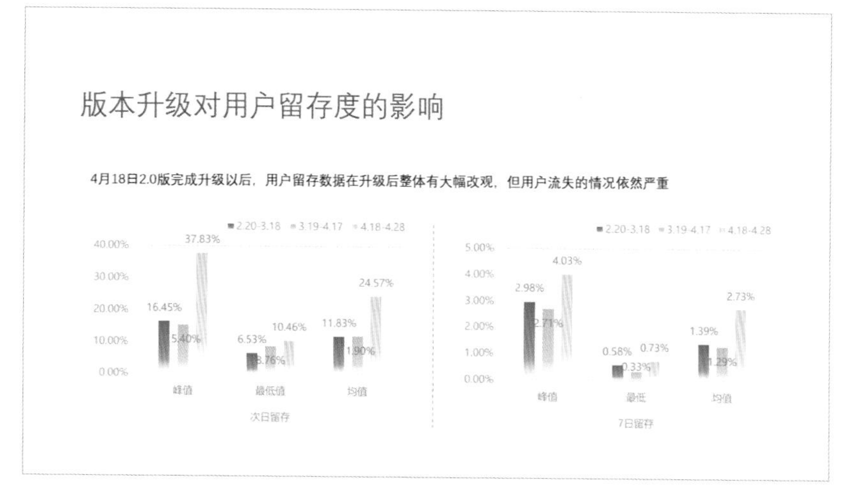

3.2.3 分页

对于那些既不能图形化、又不能图表化的内容，可以进行分页处理！没必要把很多内容堆到一页里，至少使用大字报：即一页就一句话的要点，用很大的字号呈现（这是一个非常简单粗暴的解决方案）。

例如，汇总前述所有精练幻灯片的手段，将其做成幻灯片，如下图所示。

当然，对大字报，这里我们还特意演示了一些不同的形式，人多理解大字报，就是上面“拆呐”这个案例的样子，文字放大、放在空白版面中间。这个没问题；但是这种的过去就很多，看多了，大家真的是审美疲劳。

在一般大字报的基础上做一些变化，包括个性或者差异的字体、字号的搭配、方向、位置、修饰物等，大字报可以有更好的表现。

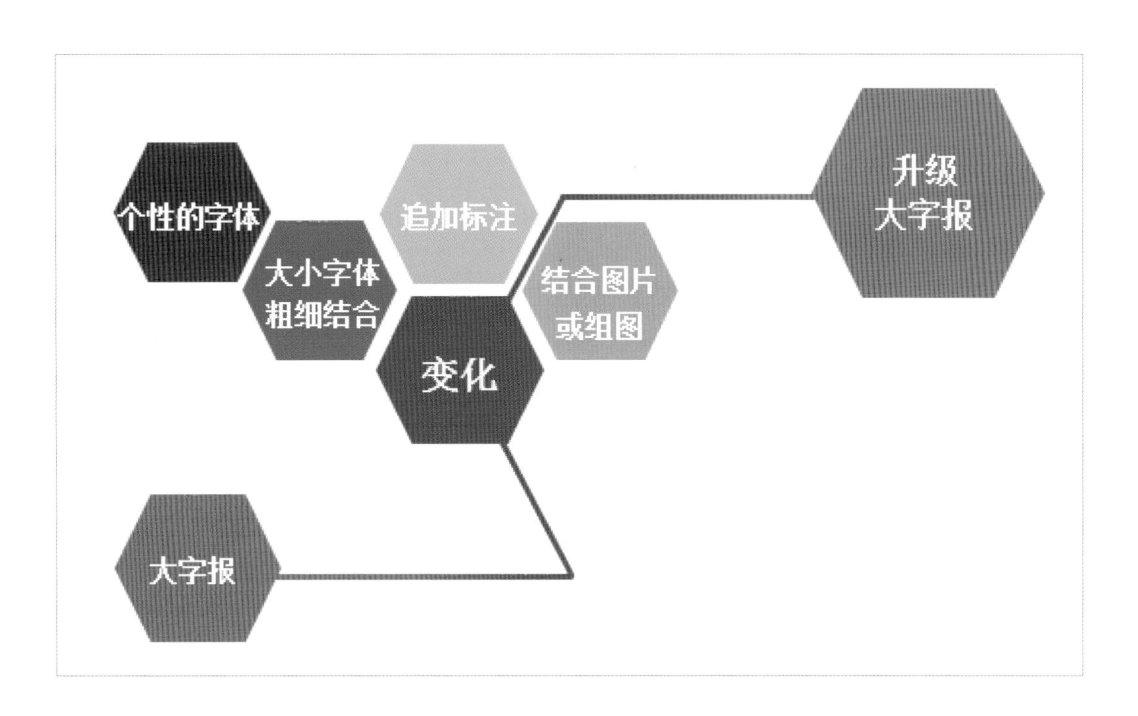

案例解析
Case resolution

如下面的大字报幻灯片，不仅仅是将很大或是巨大的文字放在版面中间，也不是简单地在大字报基础上做修饰，而是配合了一些丰富和活跃版面的设置。

如 1 号，2 号、3 号，6 号，都有大小字体、粗细结合的运用；4 号添加了背景图，6 号除了标注和线条类型的修饰外，还有结合组图等。

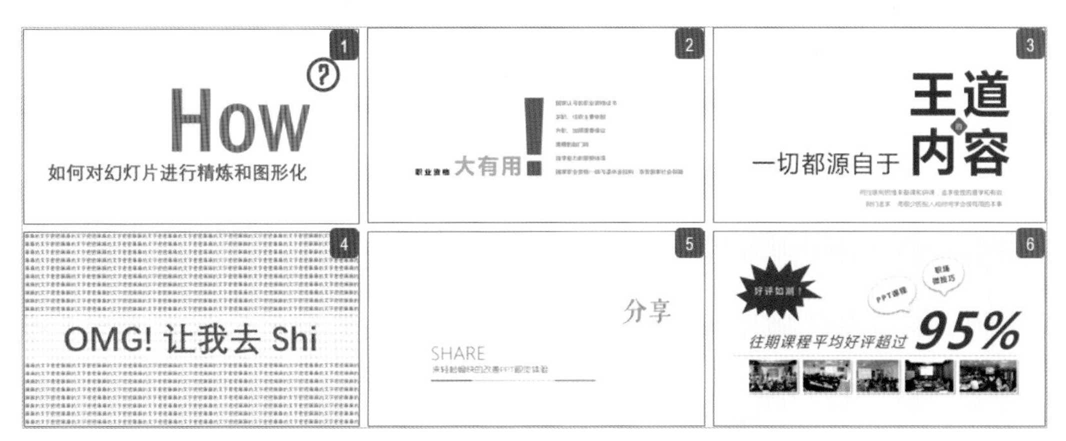

3.2.4 提炼文眼

对于一些特别不好精练的内容，比如故事、寓言、概念解释等，可以精练出一个有演说辅助意义的、有话题性或是有吸引力的“文眼”。

“文眼”是什么

“文眼”一词出自清代学者刘熙载的“揭全文之旨，或在篇首，或在篇中，或在篇末。在篇首则后者必顾之，在篇末则前者必注之，在篇中则前注之，后顾之。顾注，抑所谓文眼者也。”

翻译成现代说法，就是最能显示笔者写作意图的词语或句子叫"文眼"，能直接体现主题和中心，可最简单理解为一段内容的核心要点。

案例 01
Study a case

下面的“企业文化建设”幻灯片内容完全是概念解释，特别不好精练。因为有两个难点：一是很难取舍关键词或者短句。二是逻辑化每一段的核心内容比较别扭。只能提取一个核心要点“企业文化建设”，作为“文眼”。然后制作成独立的幻灯片。

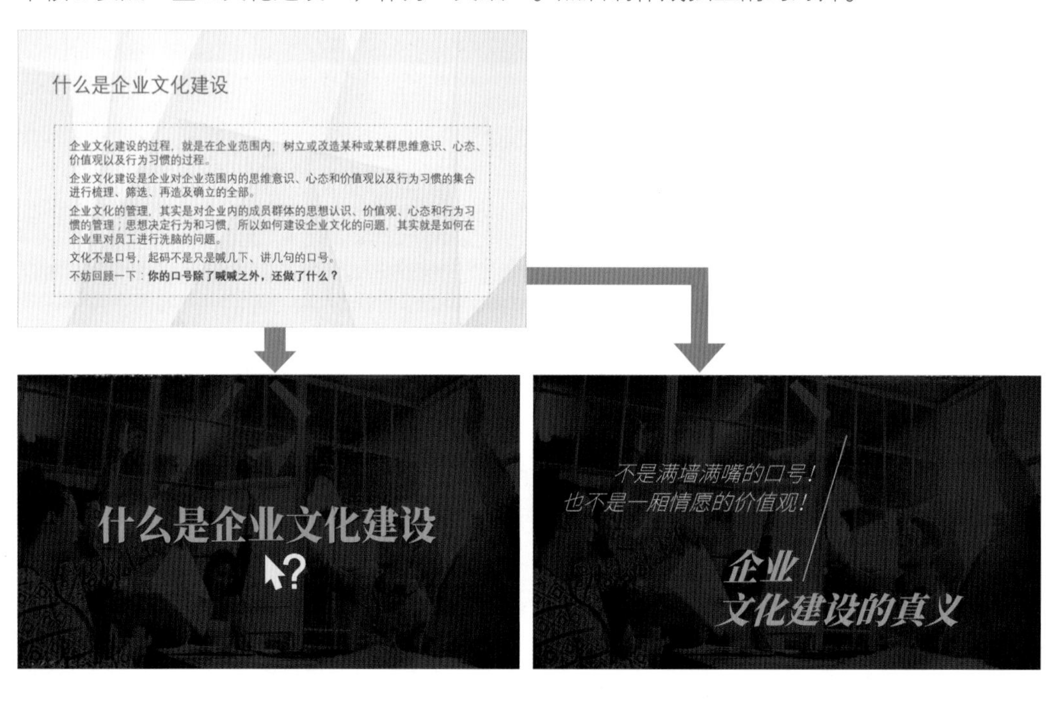

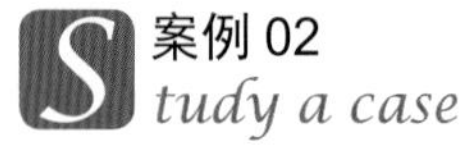

案例 02
Study a case

如下面左边的幻灯片，是由两个故事内容构成(一根鱼竿和一筐鱼)。除了提炼关键内容，根据内部关系套用图形外，还可以提炼出文眼（一筐鱼和一根鱼竿，中心思想团队匹配决定活下去或是饿死），做成一个特有意思的幻灯片（配有一张恰当的背景图，做成全图形的幻灯片，增强了视觉体验和说服力）。

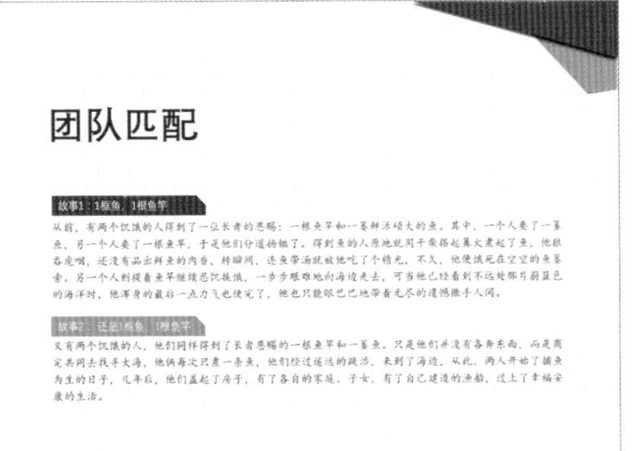

提炼“文眼”时，虽然可以增加趣味性和吸引性，但不能做成标题党，因为受众可能会反感。

本章金句

- 无论你是否掌握了大文字量的排版技巧，精练原则都是你需要掌握和遵循的铁则，否则：
  （1）你很容易生产垃圾的设计；
  （2）即使你的设计不垃圾，也不利于辅助演讲。
- 面对大量的文字和材料，如果你没有精练他们的头绪，就可以尝试我们的精练公式：
  （1）摘出关键词和短句（要点）；
  （2）整理（重构）条理和逻辑；
  （3）搜索和筛选合适的素材；
  （4）套用素材，最好图形化；
  （5）拆呐！（多个要点要拆开表述）。
- 精练的文眼，比精练的关键词和主题更有吸引力
- 不需要为了精练而精练，精练也要服务于演讲和制作幻灯片最初的目的，不要本末倒置。

鉴赏下面的案例，对比案例，感受精炼的作用，以及精炼过程中文眼的运用。

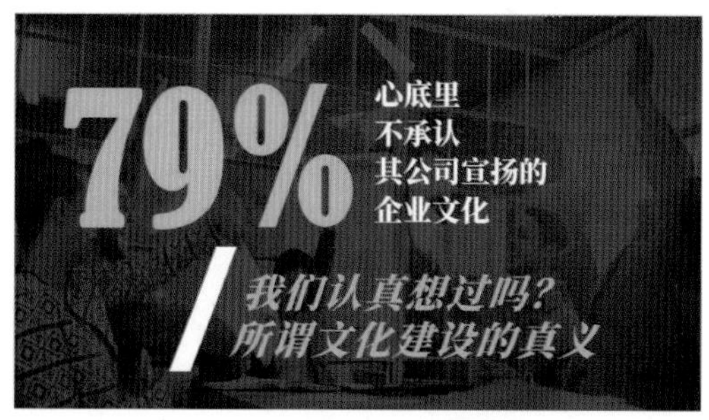

拒绝多乱，消减视觉噪声

在本章中，笔者分享PPT的另一设计原则：单纯原则，也被称为“降噪”原则。

它要求设计者尽可能减少不必要的、甚至是完全添乱的各种设计，避免分散受众的注意力。

如何做到单纯原则实现降噪？下面的内容将会进行具体介绍。

4.1 幻灯片两大通病

在幻灯片设计中，很多朋友都会很卖力气，花费大量的时间增加“闪光点”，以赢得观众对自己“才华”“用心”的认可，但结果事与愿违，甚至被“差评”。这就是典型的“背着石磨上山——费力不讨好”。

从多年设计中可总结出一条经验：除了设计功底外，绝大部分设计失败的 PPT，有着两个明显的通病：复杂和过多。只要沾上了这两个通病，PPT 设计越做越错。

下图是“复杂”和“过多”两病的具体表现点（在后面的知识中将会具体呈现）。

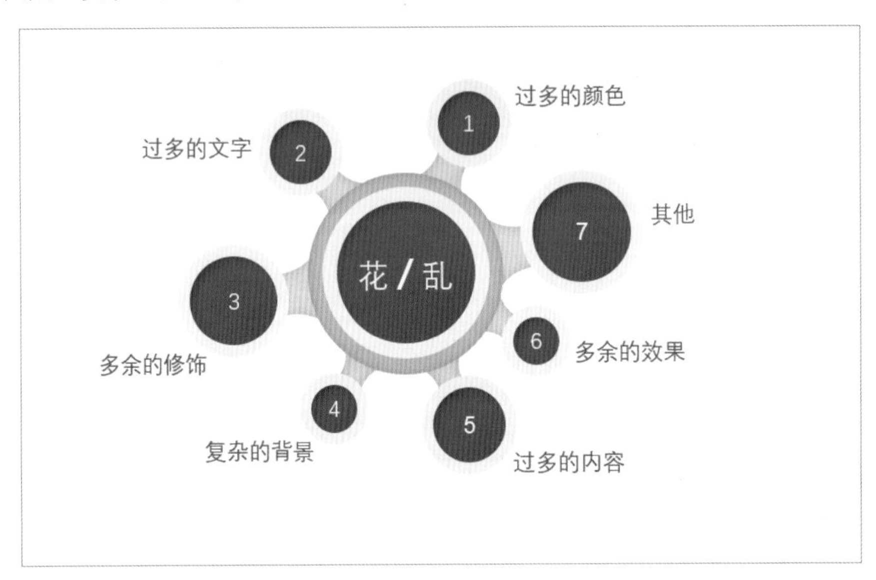

下面是一组非常糟糕的幻灯片（复杂和过多）。

怎样改善？在接下来的知识模块中进行详细讲解。

4.2 精致页面“淡妆”就好

熟手或是高手在制作幻灯片的过程中时常会遵循“单纯”原则（也被称为“降噪”原则），也就是尽可能地减少不必要的、甚至是完全添乱的各种设计，如复杂的背景、过多的颜色、字体、多余的修饰等，避免把受众的注意力分散到不重要的地方。

4.2.1 背景只做衬托，拒绝喧宾夺主

很多新手朋友喜欢用图片来做背景——这是一个很棒、很重要的设计方法，常常可以很容易做出很漂亮的作品，但也常常很容易产生一些非常严重的问题。

如下面左边的幻灯片中，背景是几朵盛开的牡丹花，它是整个画面里面最抢视觉焦点的元素。但这个元素是一个并不需要、也不希望被重视的元素——真正重要的是幻灯片里面的文字内容，所以这个图片喧宾夺主了（下面中间的幻灯片同样如此）。下面右边的幻灯片明显是背景图片搭配太过复杂、过于追求颜色的层次，导致页面混乱，扰乱视觉焦点。

幻灯片背景的作用主要有两个：衬托前景和渲染主题。因此要杜绝复杂背景喧宾夺主或是扰乱视觉焦点。因此，幻灯片中的背景图片一定不要太花——简单较好，纯色最好。

运用这个原理，将上一组案例的背景简单、纯色处理后，整个幻灯片的舒适感得到明显提升。

虽然，建议新手朋友或是设计道行尚浅的朋友，不用或少用复杂的图片背景，但并不代表不用，面对特别喜欢的图片，仍然可以使用，只需借助两个技巧：一是制作色块蒙版作为文本内容的区域背景，增加文字的高识别性，如下图所示。

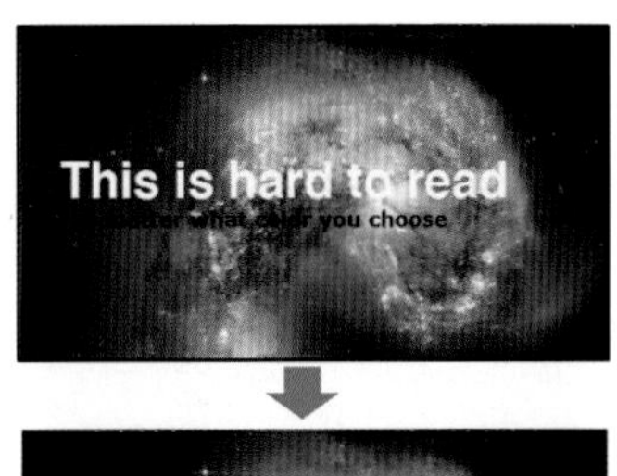

二是处理文字与背景图片的相对摆放位置，也就是文字内容避开背景中的图像形成共存（需对文字内容样式进行处理）。

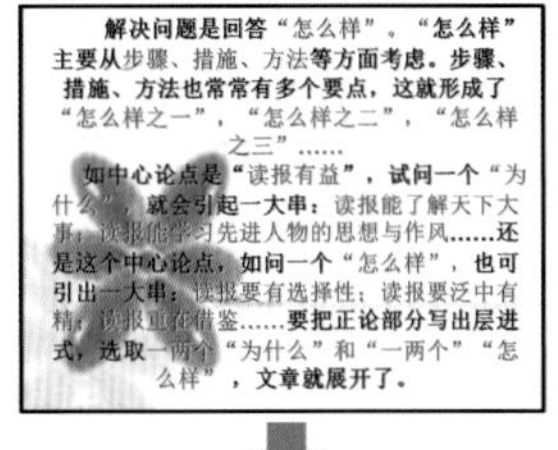

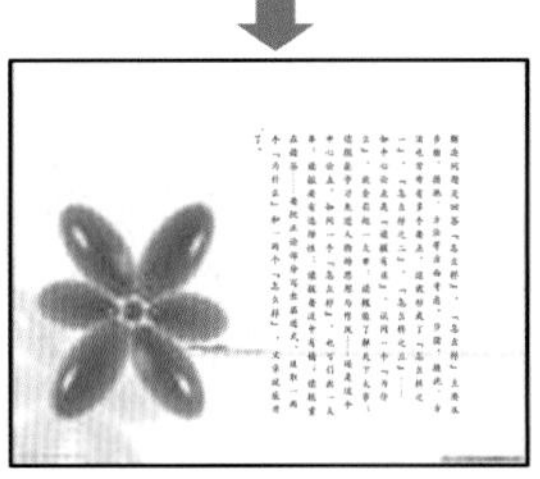

安全背景

对于新手或是道行不够的朋友，建议多使用纯白、浅灰，淡淡的灰白渐变或者是很接近纯白浅灰的淡淡纹理或者图片作为背景。因为它们对前景干扰很小，能适应绝大部分情况，所以笔者称之为安全背景。

这里推荐 4 款安全背景：纯白色的背景、纯浅灰色的背景、纯白——浅灰渐变的背景、几乎等同纯浅色的纹理。

纯白色的背景	纯浅灰色的背景

纯白——浅灰渐变的背景

几乎等同纯浅色的纹理

小节回顾 颜色不要太花

1. 相关原理：复杂的背景会干扰前景的呈现，扰乱视觉焦点，处理会需要一些技巧，如衬底等。

2. 使用安全背景：纯白、纯灰（浅）、灰白渐变、淡淡的纹理或者图片作为背景图。

3. 多限于没有驾驭能力或者把握的新手朋友，设计高手可以自行发挥。

4.2.2 丢弃色彩堆叠做到配色安全

幻灯片配色类似于女士化妆，如果不是唱大戏或是特殊场合，淡妆更容易被大众接受，也就是配置色彩单纯一些，不要过于花哨，避免观众眼花缭乱失去视觉焦点。如下左图配色太多，导致视觉冲突和混乱，右图配色单纯，视觉稳定和谐。

幻灯片中怎样配色，新手才能够容易驾驭、更不易出错、配色更安全呢？可以按如下几点操作。

1. 相近色搭配

优秀的PPT很有“眼缘”，也就是看着舒服、流畅、自然和谐，对新手或是设计功底不够的朋友而言，要达到这种水准稍微有点难度。但作为设计师的笔者可以很负责任地告诉大家：其实很容易，只需在配色上多用相近色或是相似色。

什么是相近色呢？可简单理解为：色板中位置很接近的颜色，大致范围在60°以内，如下图所示。

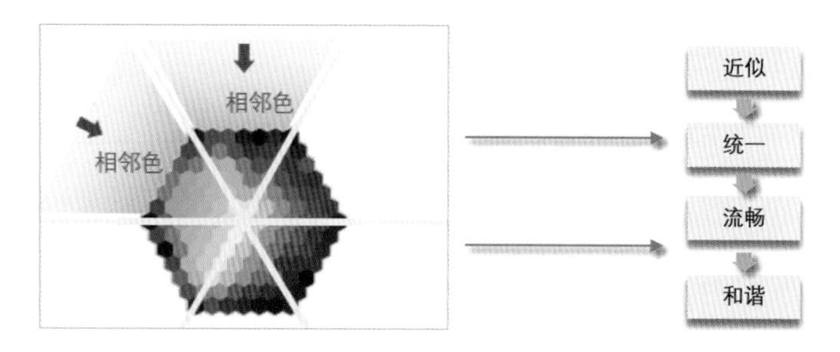

一些朋友可能有些犹豫或是不信，下面为大家展示分解两个实际案例，进一步帮助大家理解和应用相近色搭配。

案例展示 01
Case presentation

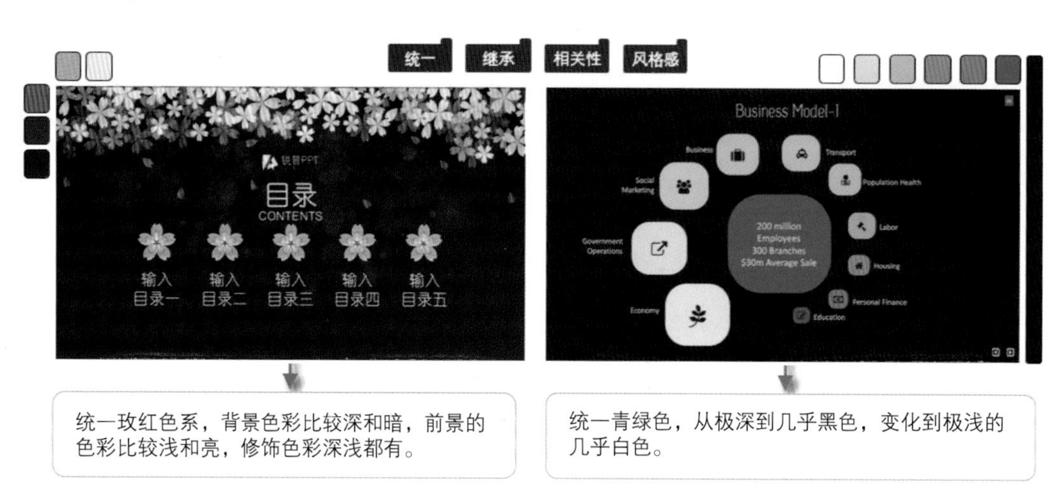

案例展示 02
Case presentation

相近色或是相似色搭配要领

在使用相近色或是相似色时，应该尽量避免使用明亮刺眼的颜色，多用温和的颜色。内容和背景之间，绝不能是相邻色或是相同色，必须有足够的对比以保证内容的清晰。另外，控制色彩总数在 5 种以内。

在处理常规内容时尽可能使用相近色，同时，不管什么色彩，最好使用温和的、灰度比较高的色彩。

2. 对比色搭配

对比色，是指在色盘中处在相对位置区域的一组颜色（180° 范围内颜色区域），它能让强调部分的视觉聚焦变成重点，营造强烈的对比、反差、冲突和矛盾的视觉感受。

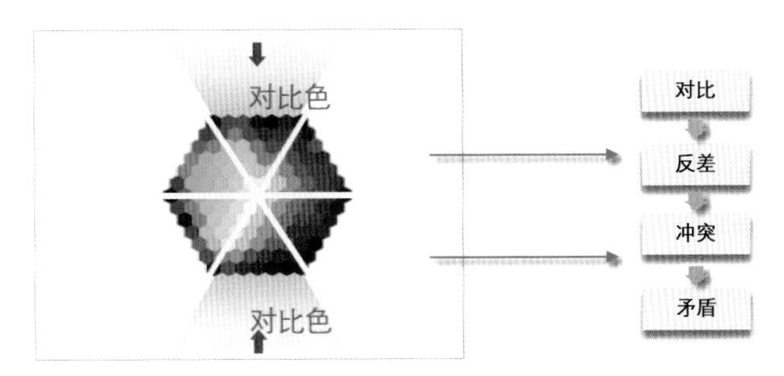

特别是在大量的相同、相邻色的基础上用少量的对比色，更能轻松实现强调和聚焦的目的，也就是人们常说的“万绿丛中一点红”，如下面的两组案例中。

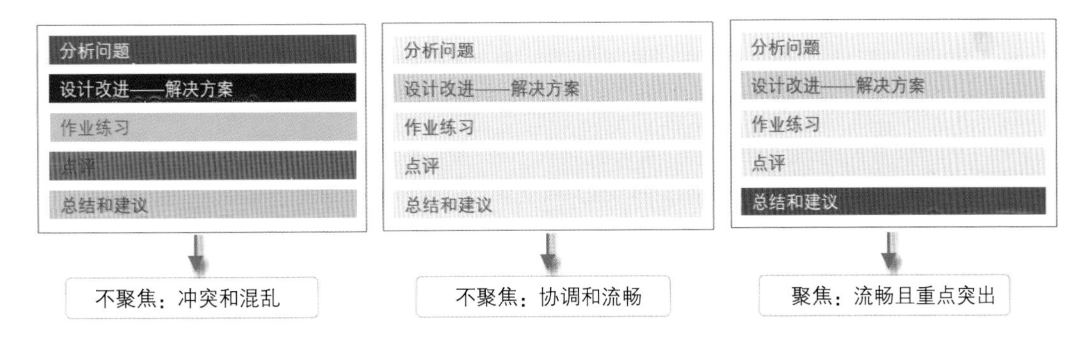

黑白灰的主色与红色形成强烈对比：红色部分被聚焦。

白色+灰色的主色与绿色形成差异对比色：绿色部分被聚焦。

突出重点的原理和方法

突出重点的原理和方法很简单，只需记住 3 句口诀：没有特点的大多数、明显不同的少数和少数会获得自然关注。

小节回顾 颜色不要太花

只有少量的差异放在没有差异的大多数里，才会自然而然地被关注聚焦，才能自然地在视觉上强调和突出；明显的差异处理越多，越会分散焦点和注意，会让所有的差异和特别变得普通；而过多的差异处理，驾驭不好，往往显得非常杂乱和俗气。

可简单总结为以下 3 点。

（1）一个页面一般不超过 3 个明显差异的色彩（除去背景和图片），即使用了相邻色，也最好控制页面色彩总数在 5 种以内。

（2）对于驾驭能力不强的朋友，最好只用少量的颜色，即前景部分（包括修饰）不超过 3 种，其中图片和背景除外。

（3）页面里其他颜色与借助的关系图、素材，尽可能地相近、相同。如果幻灯片整体已有风格颜色，通常情况下是修改借助关系图和素材的颜色。

4.2.3 使用少量且安全的字体

字体，能让文本以不同的形态显示，达到形随我心、态如我意。对文本形态的设计怎样才能做到恰到好处呢？很多初学者有些“晕”，笔者结合多年设计经验，为大家分享下面两个心得。

1．减少使用不同的字体

不同的字体塑造不同的字形，很多人喜欢对不同的内容使用不同的字体来凸显其个性，虽然想法是对的，但对新手可能是一个误区。减少页面中的字体数量和差异，让页面内容多一些统一，版面会非常整洁舒适，受众在视觉上也会非常轻松。下面通过一组案例帮助大家感受理解。

下面左边幻灯片由于字体过多导致幻灯片混乱（用了 6 种字体，字体太多，眼花缭乱、浮躁。），丢掉冗余字体后（把加粗、倾斜等各种字体全都丢掉，统一到楷体常规体，整体清爽、轻松），整张幻灯片变得清爽整洁。

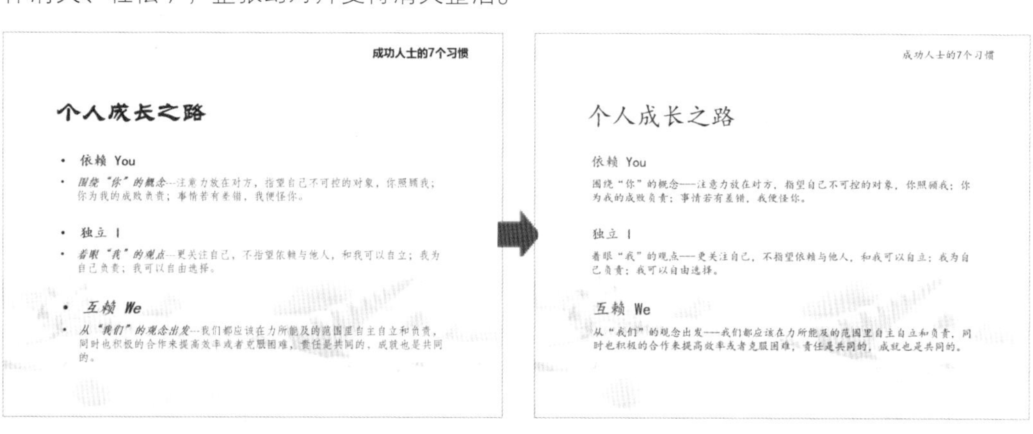

在一页幻灯片里少用差异字体，最好只用 1~2 种字体，最多不超过 3 种。我们可以通过一组对比来感受这种主张。

营销师 ——21世纪的黄金职业

NO!

营销师 ——21世纪的黄金职业

试图标红强调的部分，但是太多，导致幻灯片躁、乱、不好看。

试图用不同的色彩强调不同的部分，但太多，导致幻灯片太花，失去重点。

营销师——21世纪的黄金职业

LOW!

使用不同的字体大小和格式（字体加大、倾斜、加粗）来强调或差异本身是可以的，但是过多依然等于没有！在同一幻灯片中最忌讳大段粗体或斜体、常规体交叉使用，导致整齐基准被破坏。另外，大段使用粗体会造成视觉效果太厚重，导致阅读费劲。

最直接有效的处理方法：不要在没有驾驭能力的时候乱搞，直接去掉过多的字体颜色差异，简单一点、单纯一点：只标识 1~2 个重点，效果如下图所示。

营销师 ——21世纪的黄金职业

YES!

减少字体差异，只用红色字体标识重点：幻灯片整体清爽协调、重点聚焦。

2. 适度运用个性字体

个性字体的笔画往往比较复杂，风格上充满特色和个性，恰当地运用会让内容眼前一亮，新鲜感十足，如下面的两张幻灯片。

但若大段使用或使用不当，则会轻易造成观众视觉疲劳（下面左图幻灯片），如下幻灯片所示。

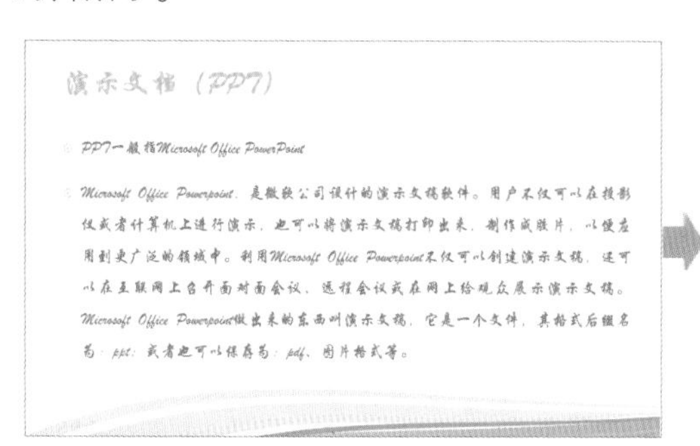

演示文档（PPT）

PPT一般指Microsoft Office PowerPoint

Microsoft Office Powerpoint，是微软公司设计的演示文稿软件。用户不仅可以在投影仪或者计算机上进行演示，也可以将演示文稿打印出来，制作成胶片，以便应用到更广泛的领域中。利用Microsoft Office Powerpoint不仅可以创建演示文稿，还可以在互联网上召开面对面会议、远程会议或在网上给观众展示演示文稿。 Microsoft Office Powerpoint做出来的东西叫演示文稿，它是一个文件，其格式后缀名为：ppt；或者也可以保存为：pdf、图片格式等。

一些新手朋友，若不能驾驭个性字体，笔者建议多使用常规字体。因为很多专业的、优秀的 PPT 作品都是运用笔画规则或者简单的字体设计（也就是笔者一直强调的安全字体）而成的（标题或者小标题有明显差异，字体数量 1~2 种），如下面的两张幻灯片。

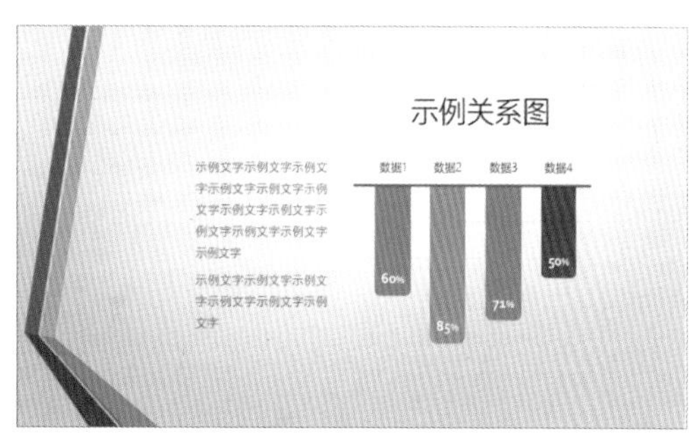

字体运用指点

在 PPT 设计过程中，建议优先使用安全字体。个性的字体虽然可以大胆尝试，但要多比较，尤其要与安全的字体比较，最后选择最适合的字体。

小节回顾 **设计字体不要太花**

（1）一个页面里不超过 3 种字体——最好保持同类字体。

（2）大段文字不要使用个性字体。

（3）优先使用安全字体，个性的字体大胆尝试，但是要与安全的字体做比较，若没有实现更好效果就不要使用。

另外补充两点：

（1）1 个字体的粗体、斜体、艺术字以及其他的变体，都算全新字体。

（2）1 个字体的不同大小或色彩，几乎等同于新字体。

4.2.4 丢掉多余效果

PPT 设计效果，主要是指 PPT 软件自带的可设置效果，如阴影、渐变、映像、发光、棱台、三维、柔化边缘等，让对象更立体、更质感、更真实的样式。笔者强调的设计效果不要太花，包含三个方面的意思：一是对象的样式效果不要太花，二是应用效果的对象不要多余，三是对象效果要搭配。否则，轻则噪声感十足，重则作品被毁。

下面这张幻灯片明显属于效果样式和修饰多余，产生了大量的噪声感，导致设计失败。

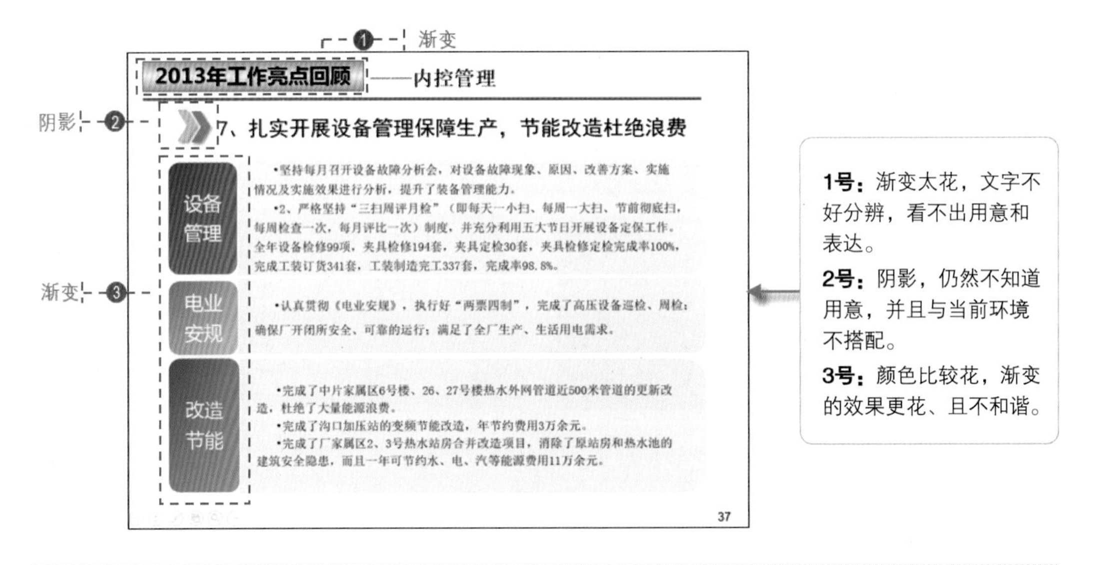

产生多余效果的因素

在 PPT 设计中产生多余效果，往往有三条人为因素：一是想要突出的内容过多。二是审美的误解（以为加了效果会更好，但又没有做对比）。三是驾驭不了复杂的设计。结果就是多余，它们不仅不能改善视觉体验，往往还增加了视觉的噪声，不仅分散注意力，画面也往往容易显得凌乱或俗气。

案例展示 01 Case presentation

如下面的两组案例，最直接的优化方式：丢掉多余效果（幻灯片虽然比原有的好一些，但仍需要结合其他章节的内容做进一步处理，如精练、布局、摆整齐等，在相应的章节中将会做详细讲解）。

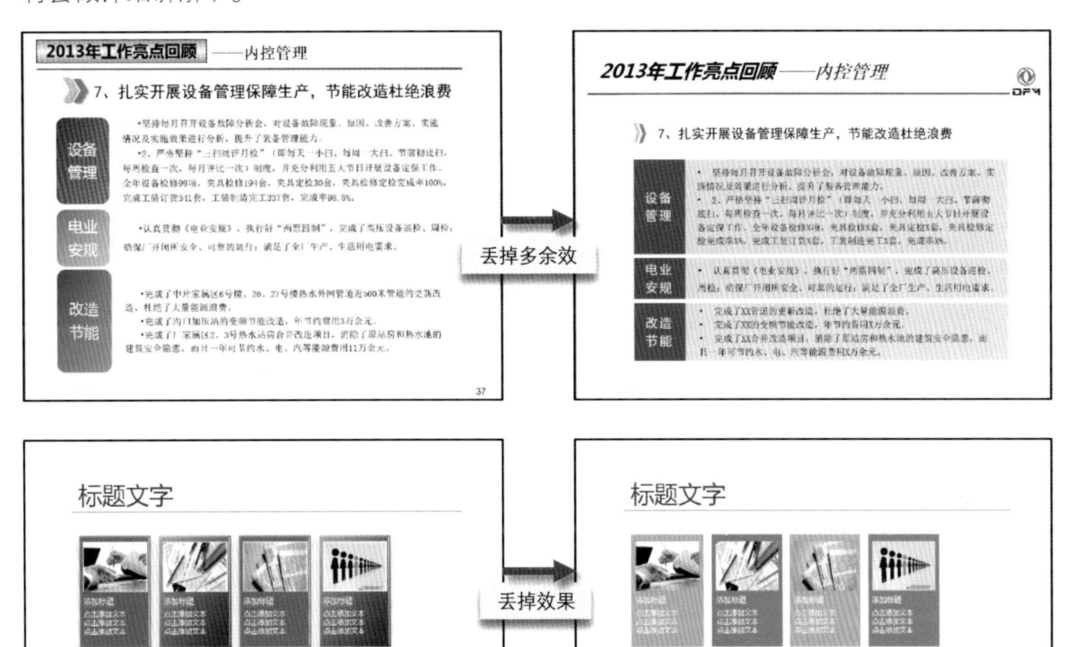

案例展示 02 Case presentation

效果应用是否正确，有两个最直接的检查标准：一是是否自然、协调、舒服。二是是否有明显风格。三是能否很清楚地感受到它在模拟什么，表达什么。对于第一点非常好评判，就像下面几张幻灯片中应用的效果样式。

小节回顾 效果不要太花

效果多数可以通过光、影、三维的旋转和透视等，产生各种拟物的视觉感受，让内容更立体、更质感、更真实、更炫酷等。但是这与扁平的版面怎么搭配，会需要积累和技巧。同时对少量单位进行效果处理往往是为了强调，而强调不可以过多。

对于没有驾驭能力或者没有把握的朋友，面对各种效果，建议做到如下两点。

（1）能不用，先不用。

（2）使用效果，一定要保留没有使用之前的状态来对比，确认选择更好的方式。

4.2.5 不要使用复杂模板

使用模板制作 PPT 是一种高效的便捷方式，能省下很多的时间和精力，而且效果样式也非常不错。

不过，在使用模板时，有三类模板初学者最好不要使用：一是不用装饰（边角料）较多的模板，因为修改装饰很费时间。二是不能完全驾驭的复杂模板，如下左图所示。三是不用完全影响版面正常显示的模板，如下右图所示。

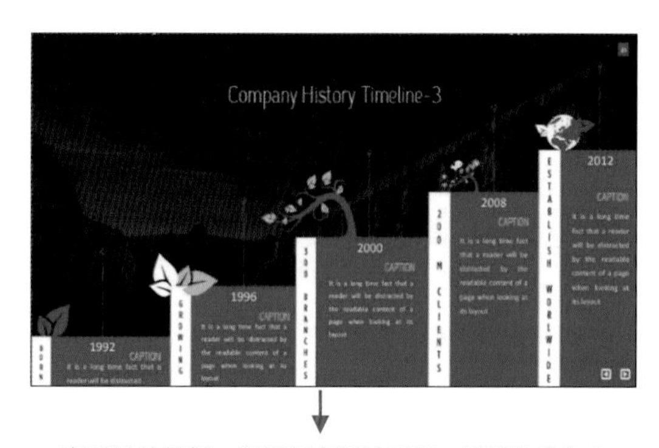

高质量的模板：预设很多设计元素，需要修改每个部分的年份和小标题以及内容→修改复杂，少用或是不用。

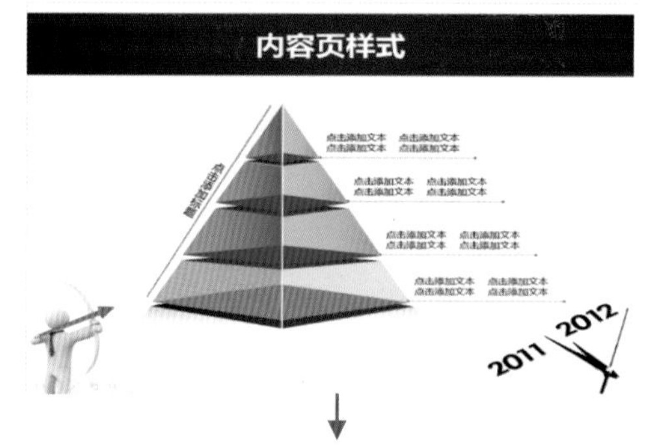

顶部，版面的切割，无美感，加之排版空间被压制，两张嵌入版面里的修饰图片，严重破坏版面空间结构，两角的周围无法放置内容，更不易留白→修改太多，不用！

如果觉得这三个不用不好理解，可简单记住下面三句口诀：

（1）边角有大块修饰，让留白很难处理的模板，不用！

（2）顶部或底部有大块色块衬底、修饰占位、切割版面或者是大幅压缩排版空间，以至于影响对齐基准的模板，不用！

（3）看上去很美，但是过于复杂，不能完全驾驭或是驾驭不好的模板，不用！

选择模板技巧

在对比选择套用的模板时，可以选择那些看着舒服，同时设计较为简单一点的模板。太丑或是太美观的复杂模板，坚决不用或是尽量少用。

小节回顾 弃用复杂模板

对于新手朋友，为了保证套用模板的效果更好、时间更多、精力投入更少。笔者建议弃用复杂模板，多用安全模板和绝对安全模板。

（1）安全模板，是指边角料比较少的模板；或是模板预设与实际内容容易适配的模板；

（2）绝对安全模板，是指非淡淡的背景图和细微（或者淡淡）的边角料莫属。

4.2.6 不要使用多余的标点符号

在幻灯片设计中，整齐是一个重要的顾虑点，因为它不仅会影响整个版面的效果样式，还会影响视觉体验。在 PPT 中，项目符合和标点符号非常容易影响版面的整齐，因此，读者朋友们需要用心处理它们：不用、少用或是补位。

1. 处理项目符号

软件内置的项目符号本质上是一种文本，都是写在文本框内的，但是它们和文本有先天的占位差异，并且又会随着所属段落的字体大小、行距、加粗的变化而变化，从而影响整个版面。

从下面左边的两张幻灯片中可以明显看出项目符号让整个版面散乱不齐。最直接的方法是将所有项目符号去掉，只保留文本内容和样式，版面立刻变得简单、清爽和整齐，如下面右图所示。

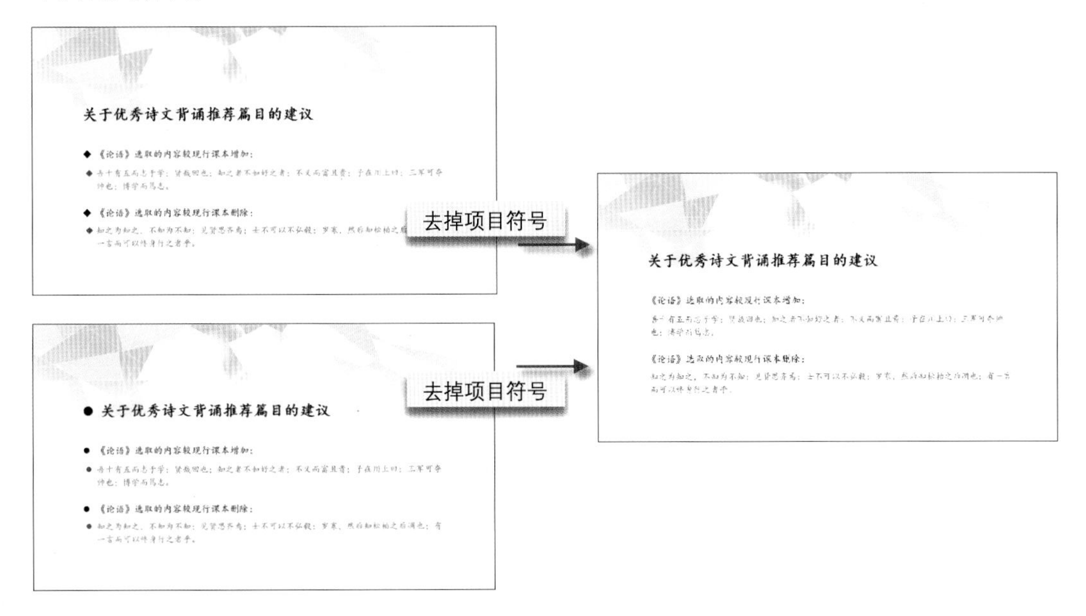

2. 处理标点符号

标点符号和项目符号类似，都会随着字体的大小变化而变化。同时，标点符号的默认设置方式时常不太好用，如下面左边的幻灯片中：标题行中的标点符号“：”特别别扭，将其去掉后会好很多。

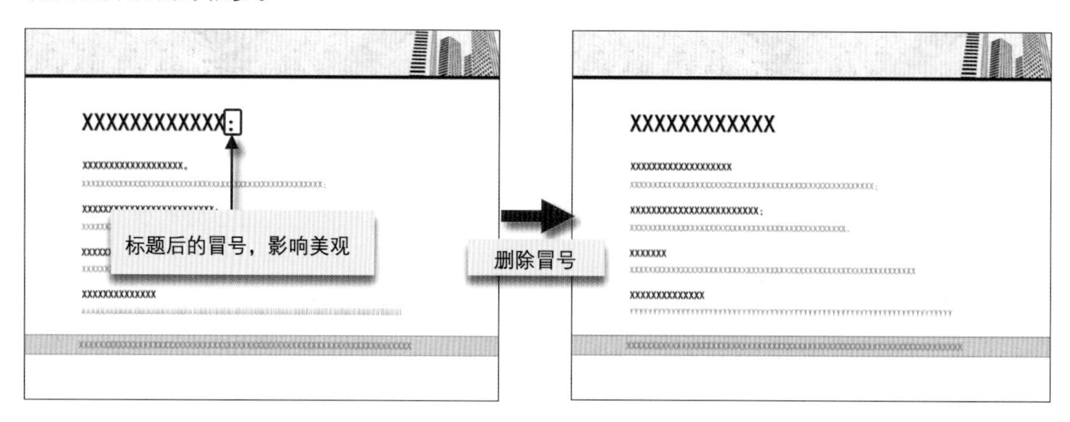

像幻灯片这样的板书媒体中标题行不用冒号，也能一眼看出是标题，因此，一般标题行都不要段尾的标点符号。甚至所有短小且大字体文本，都可将段尾的标点符号丢掉，能不要就不要。

句首的标点常常会严重影响排版整齐，若是不能替代，可用补位的方法规避，让视觉效果更好。如下面案例中的句首标点影响了排版整齐，使用替代法和补位法对其进行处理。

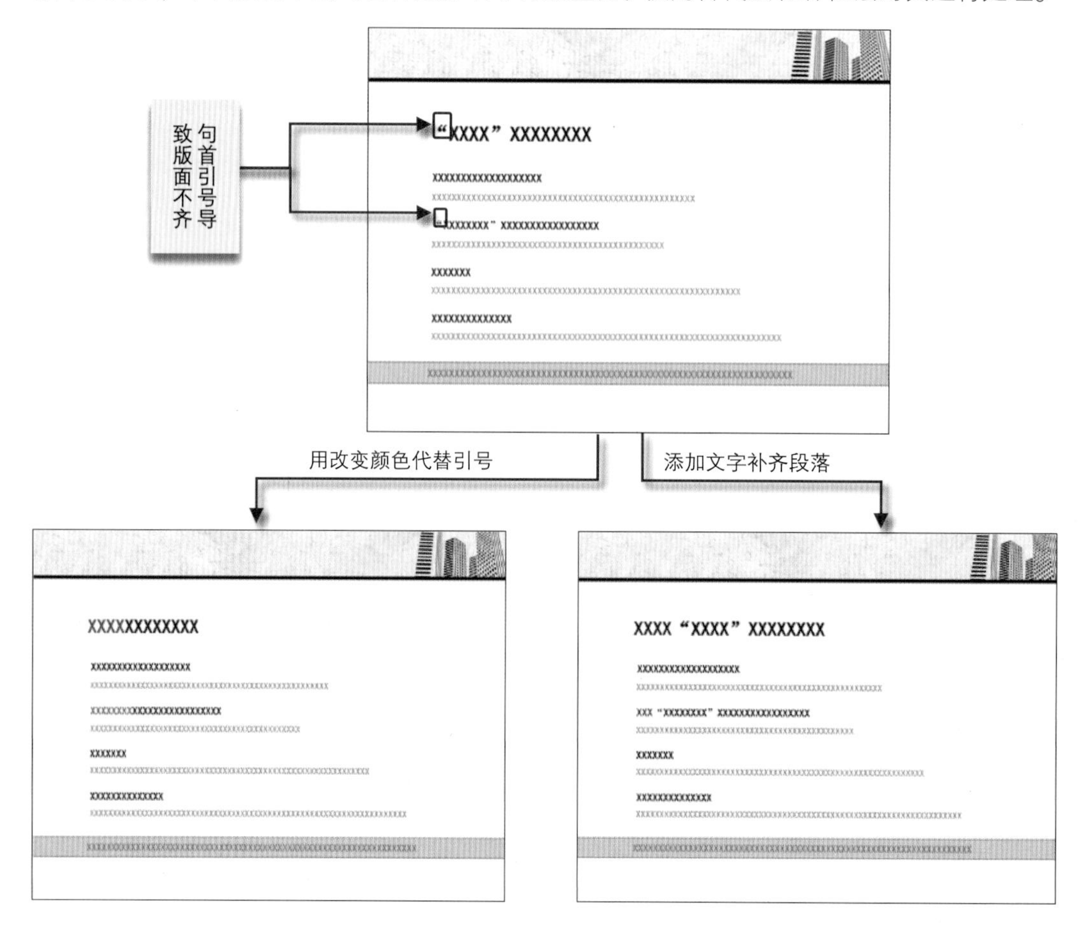

小节回顾 不要使用多余的标点和符号

对于系统内置的标点和符号的处理方法，可以简单概括为三句话：一是丢掉系统内置的项目符号；二是尽量不要在句首就出现标点符号；三是尽量不要在标题句尾出现标点符号。

4.2.7 实在不行就分页

在 PPT 里，一页幻灯片不要表达太多的内容，要有足够空间设计和表达。若是把大量内容强行“塞”进一页幻灯片里，观众的视觉体验将明显下降。对于可以精简的内容进行精练和聚焦（在第 3 章中已讲解过具体方法，这里就不再赘述）。对于无法精练的内容，可进行拆分，在多页中摆放，示意图如下所示。

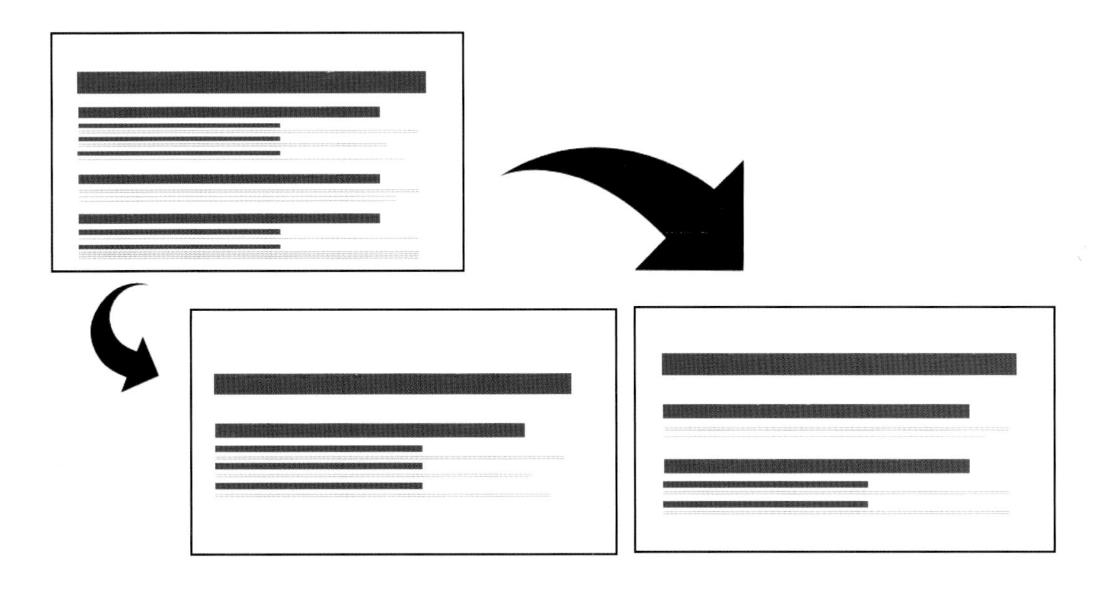

S 案例 01
tudy a case

将幻灯片中的图表、表格和说明文字拆分为三张幻灯片，改变了原有的拥挤和紧张。

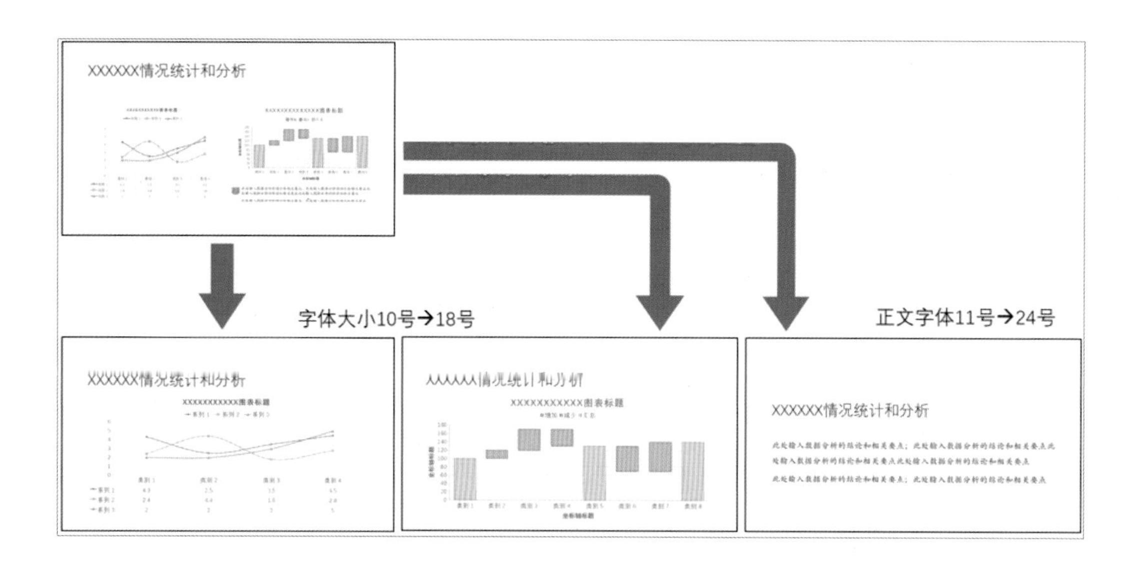

案例 02
Study a case

将幻灯片中的图表、表格和说明文字拆分为三张幻灯片，改变了原有的拥挤、紧张、杂乱、失焦和没有重点等情况。更重要的是：让所有表达的内容清晰可见。

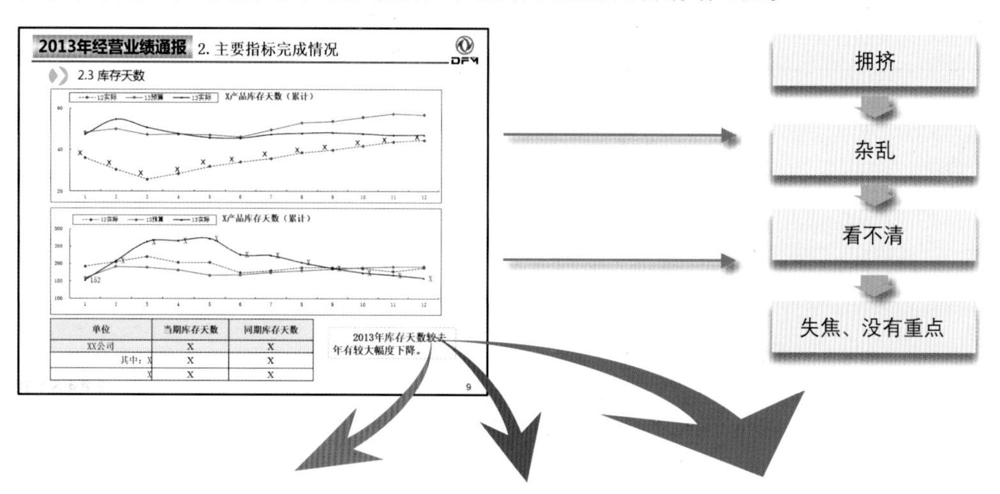

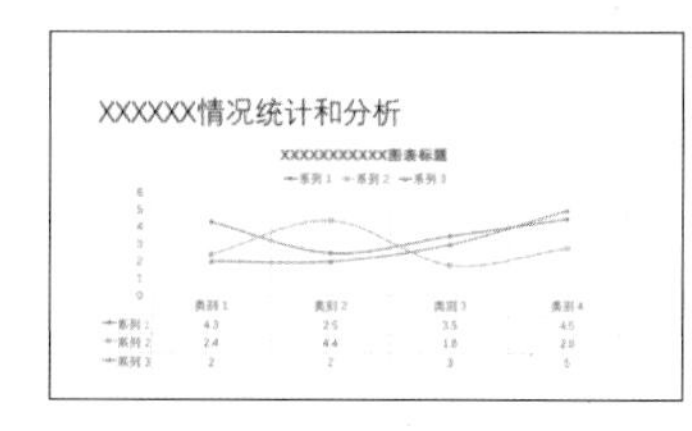

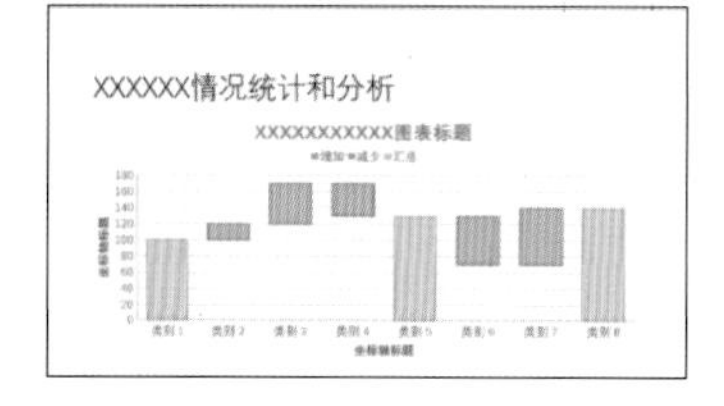

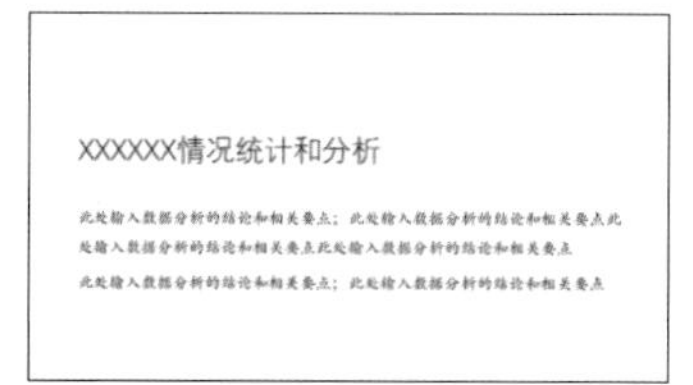

4.2.8 其他不要太花

在 PPT 设计中，除了上面讲解的几个方面需要单纯降噪处理外，还有很多方面需要同样的处理，如表格。默认情况下，框线往往过多、字体过大造成距离和间隔太少；同时，默认的色彩通常也较多，如果再进行其他效果设置，则会导致表格太花，如下图所示。

默

	次日留存			7日留存		
期间	峰值	最低值	均值	峰值	最低值	均值
2. 20-3. 18	16. 45%	6. 53%	11. 83%	2. 98%	0. 58%	1. 39%
3. 19-4. 17	15. 40%	8. 76%	11. 90%	2. 71%	0. 33%	1. 29%
4. 18-4. 28	37. 83%	10. 46%	24. 57%	4. 03%	0. 73%	2. 73%

文字字号减小、调整对齐方式、减少文字、边框和底纹色彩……

优

期间	次日留存			7日留存		
	峰值	最低值	均值	峰值	最低	均值
2.20-3.18	16.45%	6.53%	11.83%	2.98%	0.58%	1.39%
3.19-4.17	15.40%	8.76%	11.90%	2.71%	0.33%	1.29%
4.18-4.28	37.83%	10.46%	24.57%	4.03%	0.73%	2.73%

什么叫多余的修饰物或效果？

删去不影响表意，同时存在则影响视觉体验的非必要元素和效果。

4.3 综合比较

为了更加直观地将单纯原则用于实际的 PPT 设计中，下面用五个综合案例进行演示解析。

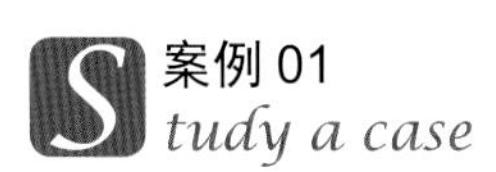

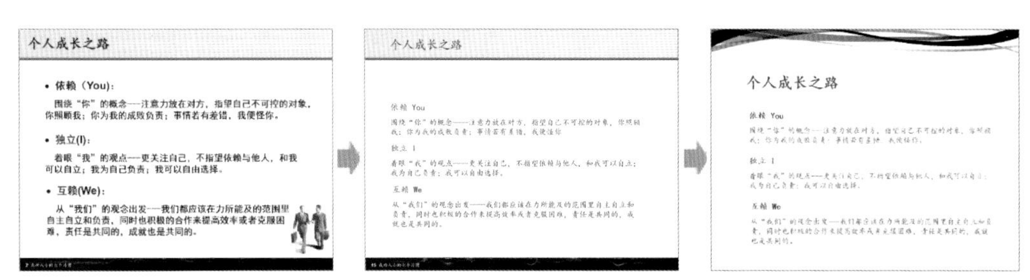

丢掉正文的黑体字和粗体字，统一字体为楷体常规体。

字体颜色修改为比较安全的深灰色。

删去段落首行的缩进空格。

删去影响整齐感受的项目符号、小标题冒号还有括号。

删去影响整齐的小标题内括号，中英文之间替换为空格。

处理留白和间距并摆整齐。

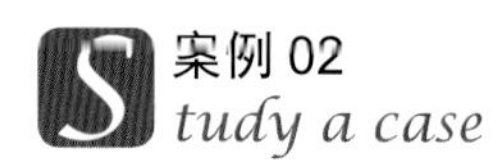

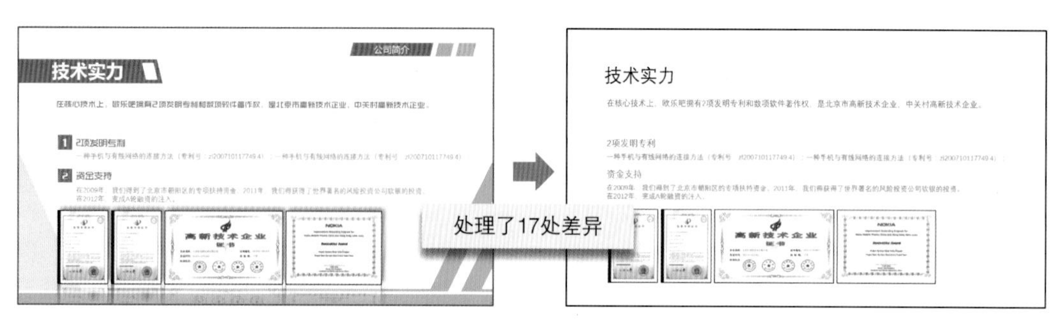

扔掉不必要的内容和背景中色块修饰。

文字色彩统一成浅灰色，丢掉复杂的文字色彩。

字体统一为等线。

丢掉阴影和映像。

扔掉不必要的序号修饰。

丢掉复杂或者不搭的模板。

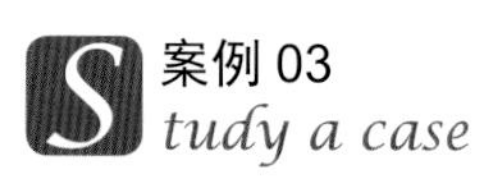

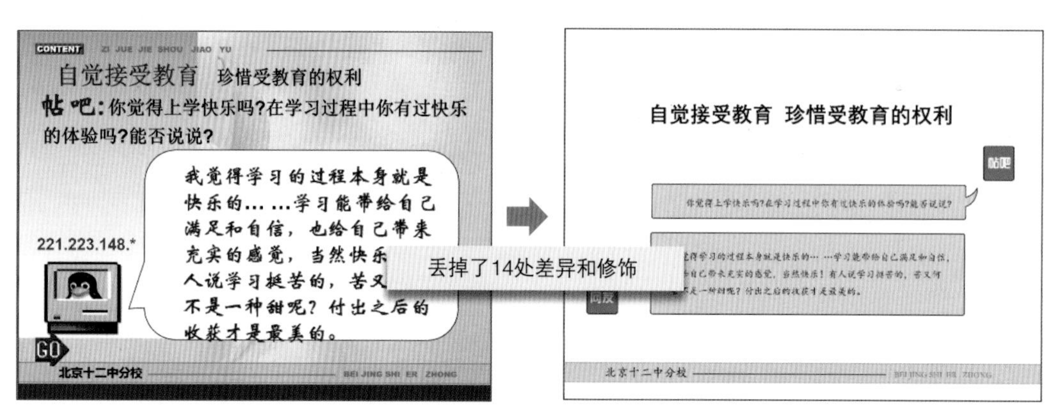

丢掉了页面中的修饰性图片和形状。

丢掉无用的 content 部分。
丢掉补丁一样的示意图。
减少字体和不同大小的字号差异。
减少文字色彩
丢掉了正文的粗体，更换为常规体。
丢掉了添乱的背景图。
重新排版。
添加素材（绘制矩形）制作模拟对话状态。

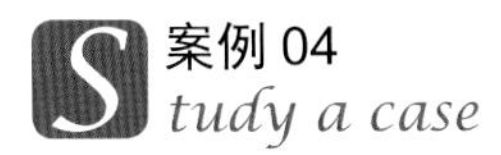

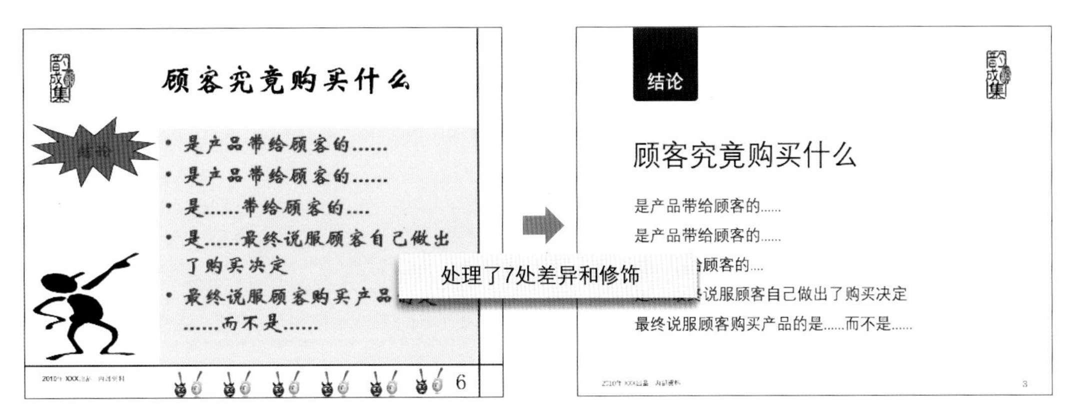

丢掉低劣的模板。
丢掉多余的和不合时宜的字体。
丢到过多的色彩。
丢掉多余的效果和修饰。
删除项目符号。
增加一个衬底色块作为修饰。

本章金句

学会删除和放弃，少就是多。如果增加某个效果、颜色、字体、图片、修饰等，完全没有更好的视觉体验，不如不加，保持原始和单纯。

- 丢掉复杂 / 低俗的背景。
- 丢掉复杂 / 低俗的模板。
- 丢掉多余和不合时宜的复杂字体。

- 丢到过多差异的颜色。
- 丢掉多余的效果和修饰。
- 拆分 / 删减多余的内容。
- 删除非必须和有碍观瞻的标点和项目符号。

第  章

PPT 素材不再求人

在 PPT 中，内容图形化、逻辑视觉化、版面穿透化和视觉体验等，会大量使用已有的各类素材。怎么高效地找到它们？就需要玩转通用搜索和专有搜索。

而在信息爆炸的时代下，搜索能力是人类最基本、最重要的能力之一。很多人其实压根谈不上会搜索。

5.1 使用搜索引擎

很多读者在搜索过程中，可能会发现自己的搜索效率不高。同样的素材，其他人能搜到，自己却搜不到；或是其他人能很快搜到，但自己搜到的速度很慢。

根据经验，主要原因是对关键词和关键词匹配机制的理解、掌握和运用不准确或是不够，直接影响搜索的返回结果。怎么高效、快速、准确地搜索呢？下面具体展开讲解。

5.1.1 搜索的关键词

为了提高搜索的效率和速度，大家需要理解两个点：一是搜索的关键词，二是搜索结果的基本工作原理。下面通过示意图直观展示、分析讲解。

在下面的示意图中，假设网上只有三个可以公开搜索的内容：包子、馒头和饺子，并且它们的标题或者内容包含下面示例的这些字样。

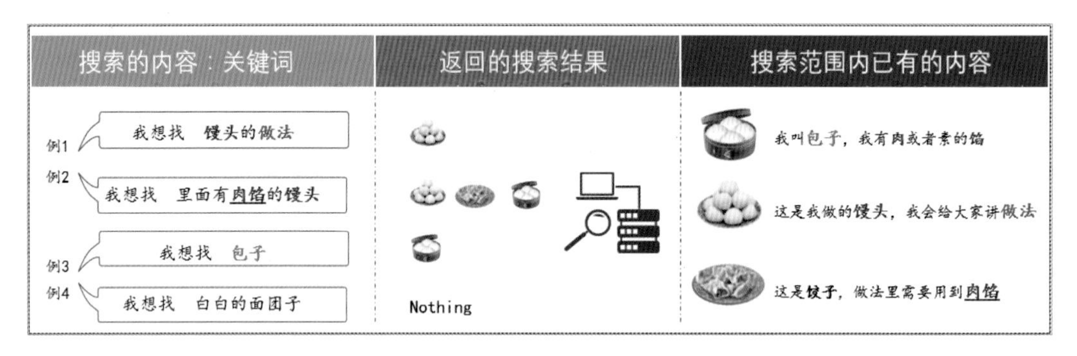

如果不知道包子的叫法，直接搜索白白的面团（例 4），肯定是找不到，因为网上有的内容没有这种说法。也就是关键词与网上现有的描述不一致。

如果找有肉馅的馒头（例 3），会有内容匹配，但返回的结果是馒头和饺子，因为馒头这个词正好与网页中现有“馒头”匹配；肉馅，与饺子的描述也能匹配。虽然包子里有肉也有馅，但肉和馅是两个分开的词。在匹配关系上，是拆分以后的匹配，不是直接匹配，所以是最后推荐。

充分说明：关键词直接决定搜索引擎返回内容的匹配程度，也就是搜索的关键词直接决定搜索结果。因此，要高效找到素材，使用的关键词必须符合内容贡献者的描述习惯。

怎样才能符合贡献者的描述习惯，给大家两个建议：一试、二问。前者多使用不同的关键字搜索，看到沾边的内容，多打开看看，逐步寻找到相应的关键字。后者是直接问专业的人员，因为内容的贡献者通常都是专业人员，能直接找到准确的关键词。

5.1.2 Filetype 命令特定类型搜索

对于公用型或是大众型的 PPT 素材，可以通过通用搜索找到。不过，若要具体到某一类 PPT 素材搜索时，如模板、关系图、图形和动画等，就需要 Filetype 命令进行特定类型搜索。

Filetype 命令是什么？

Filetype 是一个搜索引擎的指令，可以找出当前收录在搜索引擎中的文件。语法格式是：filetype：文件类型、关键词。

怎样使用 Filetype 命令精准搜索呢？下面通过最常用的三类 PPT 素材为例进行具体讲解。

第一类，模板，最多见的需求，它的使用需求主要有两个维度：行业和用途。把这两个维度的关键词加进来，就能搜索到很多具体的结果。

第二类，关系图方面的素材，主要是类型。如果搜索结果有很多，有筛选的余地。可以继续追加形容词，如创意、精美、高大上等，可以快速定位到很好的模板或者素材。

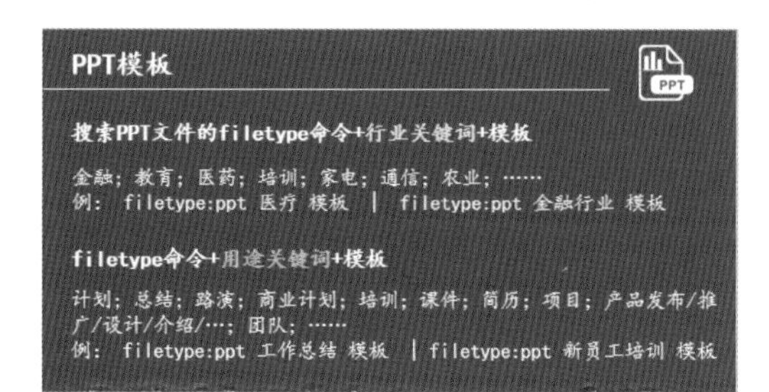

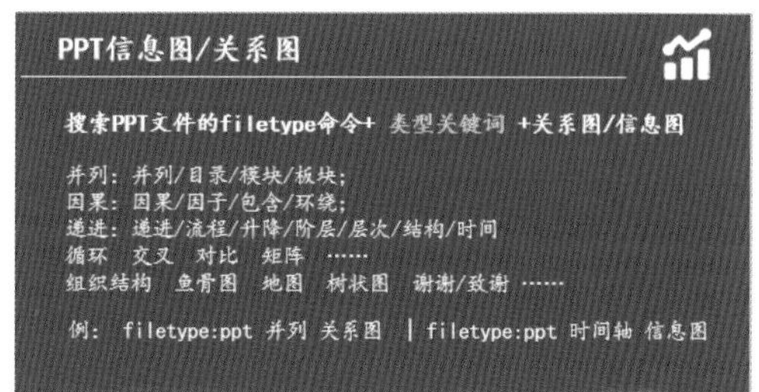

第三类，图形和动画类的 PPT 素材。逻辑与上面的两类是相通的，这里不做赘述。

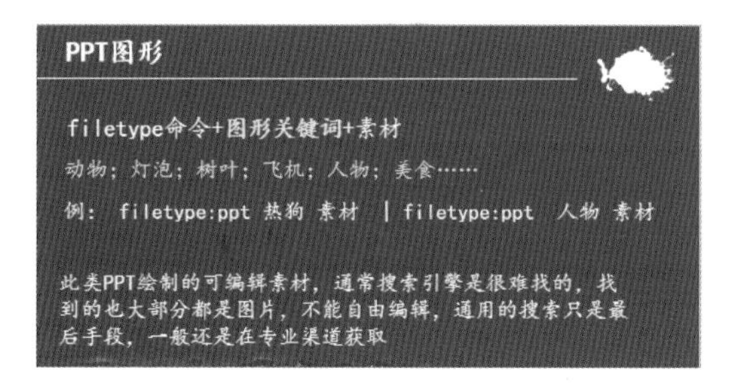

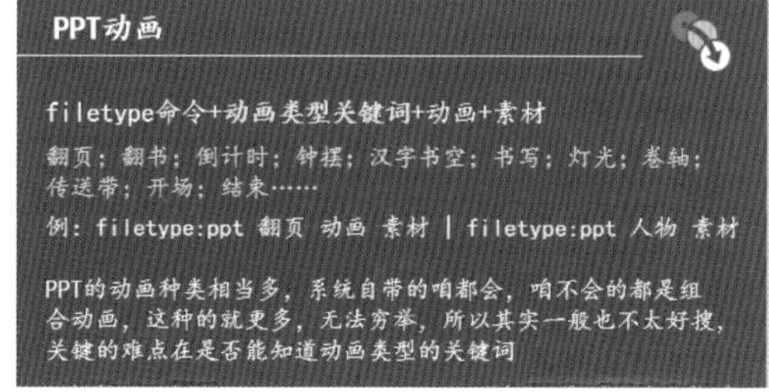

其他搜索命令

在搜索引擎中，除了 Filetype 命令进行特定类型搜索外，还有其他几个常用的命令，这里为大家进行简单列举。

- Intitle 命令：搜索范围限定在网页标题。
- Site 命令：搜索范围限定在特定站点。
- Inurl 命令：搜索范围限定在特定链接。
- +/- 命令：搜索结果含有 / 不含特定词汇。

5.1.3 处理让人头疼的搜索结果

搜索的内容主要有两个比较让人头疼的结果：一是搜索无关结果过多，导致筛选很辛苦。二是搜索反馈的结果过少，甚至没有，致使目标素材找不到。

关键词
KEYWORD

合理使用关键词，高效率地匹配到目标内容

搜索结果（无关的）过多，筛选很辛苦	搜索结果过少，则找不到目标素材	结果很多，但相关结果极少

对于前者，我们可以增加搜索条件，减少无关匹配结果，具体方法如下。

- 增加关键词。
- 修改关键词的描述到更精确。
- 增加搜索结果的筛选条件。

以在百度中搜索 PPT 绘制的水晶球素材为例，操作方法如下。

第 01 步：搜索关键词“水晶球”，返回 1300 多万个结果，说明搜索结果太多。

第 02 步：点击“搜索工具”按钮，在下拉筛选项中点击“所有网页和文件”下拉选项按钮，在弹出的子菜选项中选择“微软 PowerPoint(PPT)”选项，增加搜索条件，减少无关匹配结果。

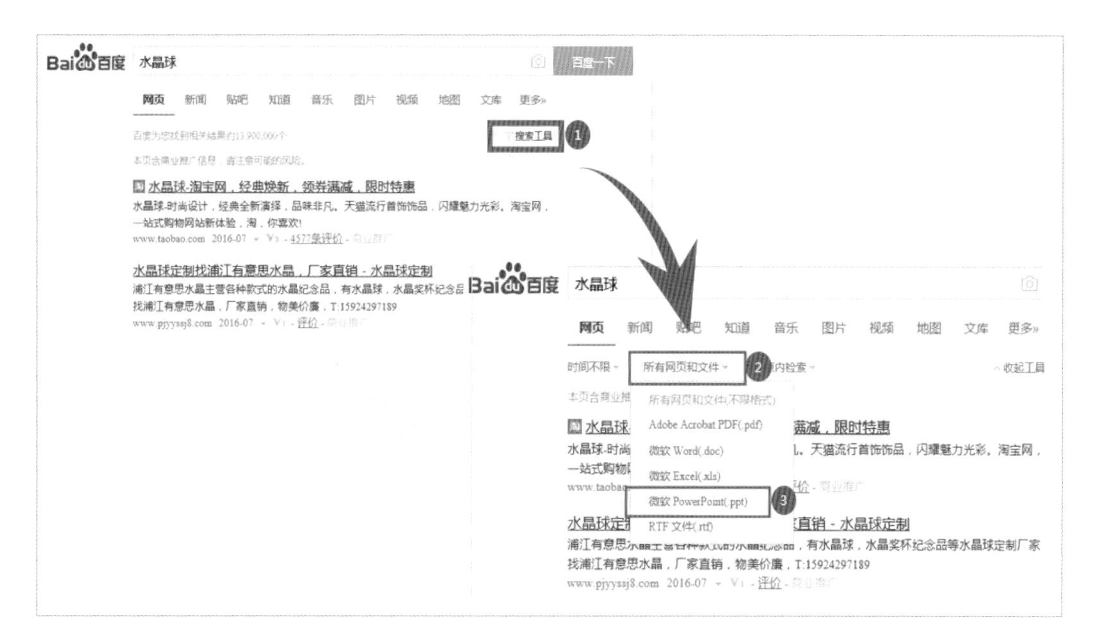

第 03 步：返回很多符合要求的结果（已经自动匹配了 filetype 的命令，具体的用法在 5.2.1 讲过）。

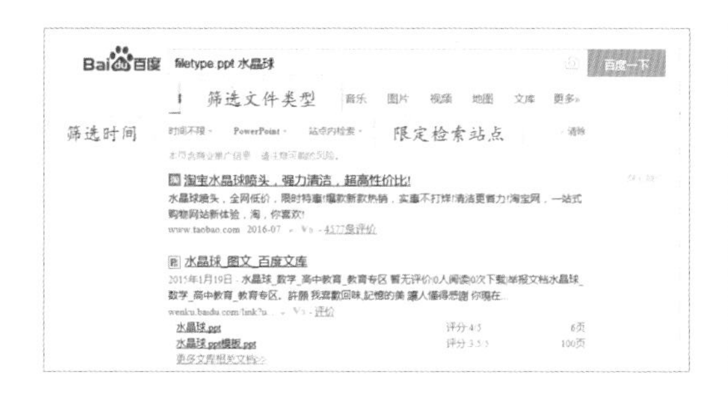

为什么不直接用关键词“水晶球 PPT”搜索呢？

一些读者可能会问：为什么不直接用关键词“水晶球 PPT”搜索呢？虽然可以，但搜索的无关结果更多，在我们制作案例的时候，搜索“水晶球 PPT”大约有 671000 项无关内容。

对于后者，也就是搜索结果过少，甚至没有，致使目标素材找不到。可以采取如下几点方法应对。

- 减少搜索条件，扩大匹配范围。
- 减少关键词。
- 修改关键词的描述到更模糊。
- 减少 / 删除对搜索结果的筛选条件。

以在百度中搜索“忠心”主题图片为例。

在百度图片频道搜索关键词“忠心”，可以看到会返回很多搜索结果，但是符合要求的结果过少。

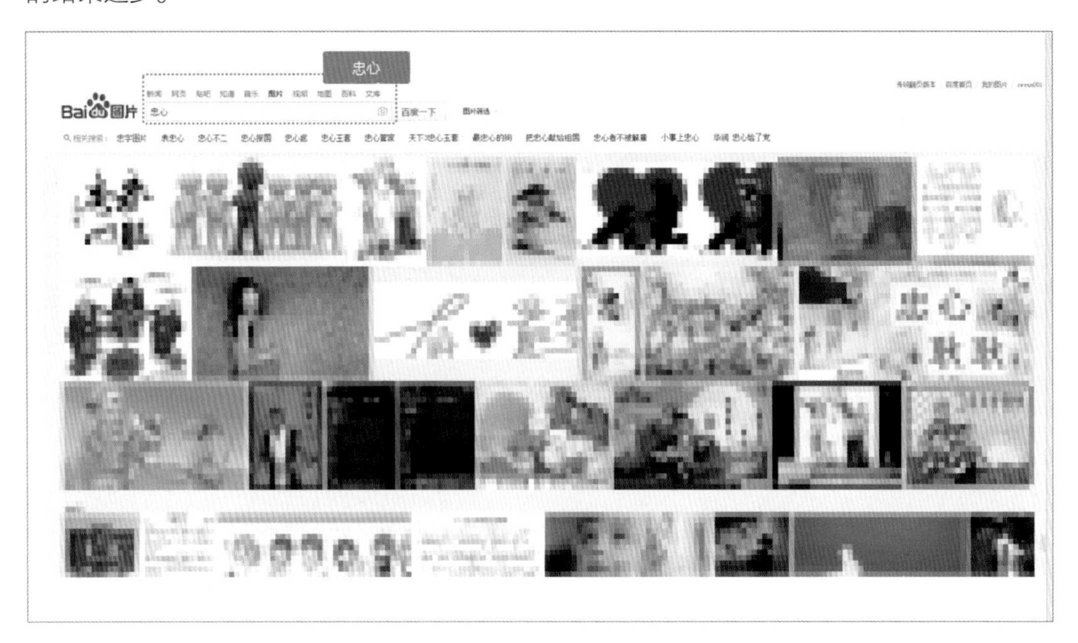

更换关键词，使用忠心的同义词“忠诚”作为搜索关键字，搜索结果仍然不理想。

再试试增加筛选条件，使用关键词 “团队 忠诚”。图片质量明显提升，但与主题的契合上仍有差距，即使有一点备选图。

还可以从衍生关系上挖掘关键词，将关键词更改为“军人素材”（军人象征绝对忠诚），在返回的结果中，虽然合用的素材依然不是很多，但图片已经开始有感觉了。

接着从衍生关系上挖掘关键词，将关键词更改为“古代军队”，返回的结果中有很多的图片，可作为全图形幻灯片的背景。

继续从衍生关系上挖掘关键词，将关键词更改为“千军万马”，返回的结果中很多都是壁纸级别的图片了，质量比刚才更好。

…………

这样不断地挖掘和拓展，可以找到很多贴合主题的图。

如果某个关键词无法搜索到目标内容，那么换用关键词的近义词、同义词、派生、衍生、因果、关联关系和外文词汇（如英文）等，都是挖掘目标关键词的方法。

小节回顾 通用搜索

本节所讲的搜索原理能适用在任何包含“搜索”功能的站点或是工具中，包括知乎、微博、新闻门户、专业站点、数据库、软件内置等在内的搜索工具。

虽然一些站点、工具可能不支持通用型的搜索命令。但大部分提供搜索功能的工具、站点都会内置一些分类和筛选的类目，帮助用户筛选。

对于不满意的搜索结果，可以按照下面展示的方法进行处理。

如果搜索结果（无关）过多，则筛选很痛苦	搜索结果过少，则找不到目标素材	若搜索结果很多，但不符合需求
增加搜索条件，减少无关匹配结果 增加关键词 修改关键词的描述到更精确 增加搜索结果的筛选条件	**减少搜索条件，扩大匹配范围** 减少关键词 修改关键词的描述到更模糊 减少/删除对搜索结果的筛选条件	**变化搜索条件，挖掘匹配关键词** 修改搜索条件，尝试近义、同义、或有派生、衍生、因果关系的关键词，还可以试一下外文的翻译词

另外，若要获得更好、更快的搜索，可在搜索引擎中输入“搜索引擎 空格 技巧”或是“搜索引擎 空格 使用方法”，可以找到一些专门讲解搜索的方法和技巧，如《如何快速有效率的运用搜索引擎》《百度和 Google 搜索引擎使用技巧七则》等。

5.2 PPT 文件类型相关素材的专业获取渠道和方法

除了使用综合性引擎搜索外，不同类素材有它们特殊的资源渠道和获取方式，如专有平台站点搜索、站点和论坛下载等。下面分别进行介绍。

5.2.1 相对专业的平台和站点

专有平台站点，最能解决 PPT 素材搜索的问题，也是最有效和最重要的方式、方法。常用的有三类：文库类平台、专业 PPT 资源平台站点、其他。

1. 文库类站点

文库类站点，严格意义上来说算不上特别专业的站点，但很多的文库频道在强化对 PPT 模板、素材、习作和作品的支持。

由于大部分文库能预览和付费购买 PPT 类型文件，因此非常适合 PPT 模板和素材的呈现和变现，并且已有相当多的 PPT 设计师开始选择文库类的平台去推广或者售卖他们的产品（当然也有免费的）。主流的文库类平台，为大家推荐三个：百度文库、道客巴巴和豆丁。

文库类站点特色

文库类站点自身带有如下三点特色。

- 在文库类产品中，有专门的 PPT 分类文档，它是一种特殊的资源渠道。
- 文库类平台中的内容，通常也都能被公开通用的搜索引擎搜索。
- 文库类产品的内部，虽然支持分类筛选，但不支持通用搜索引擎的搜索命令。

使用方法基本相同，这里以在百度文库中搜索 PPT 时间轴素材为例。方法如下：切换到“百度文库”，输入关键词“时间轴 素材”，选择 PPT 类型，点击“搜索文档”按钮。准确返回 PPT 类型的时间轴素材。

2. 专业的 PPT 资源平台和站点

专业的 PPT 资源平台和站点非常多，下面为大家介绍六个有代表性的平台站点。

PPTSTORE

OfficePLUS.cn

其他

- 演界网：整体品质普遍较好，大部分都需要付费，少部分免费分享。

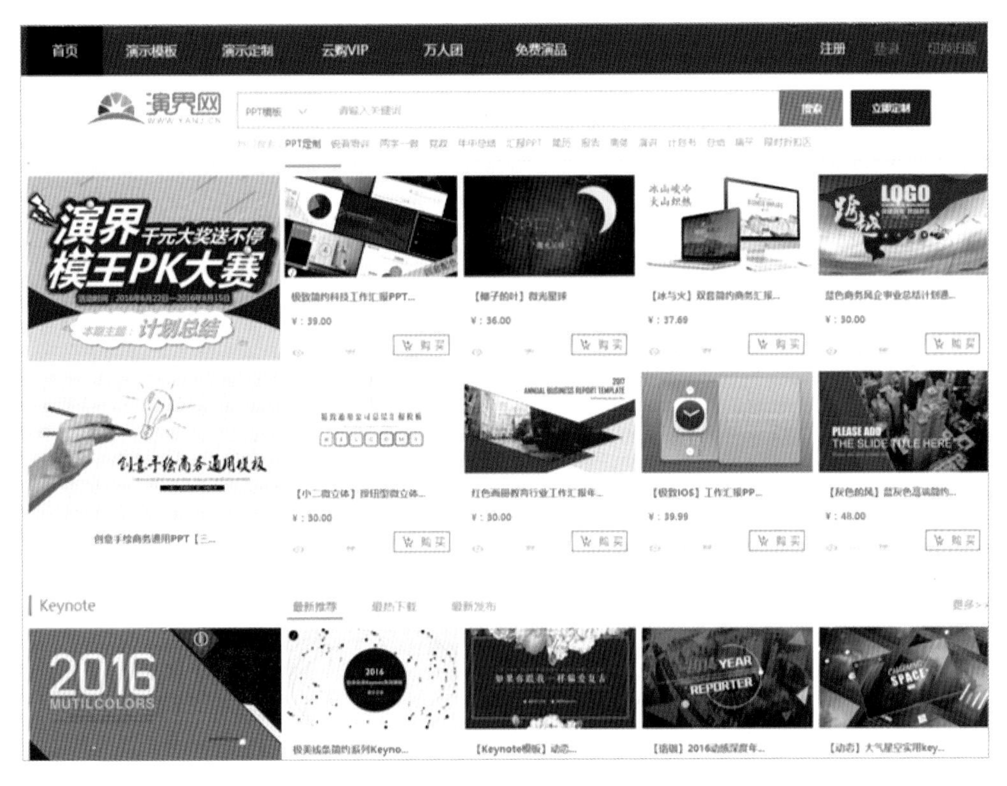

● PPTSTORE：PPT 原创资源的交易站点（free 分类下的免费 PPT）。

- 稻壳儿模板：较高版本的 WPS 内嵌稻壳儿模板中不仅自带很多漂亮的 PPT，同时，内置一定数量的分类关系图。

本图为 WPS 2019 11.1.0.9198 版本 演示界面下的页面截图
这就有分门别类的无数模板，在顶部的那个稻壳模板你也可以点进去看到很多模板

并且每一个关系图选择方便、项目数量和配色方案的变更简洁，图示的类型和内容项目数量的更改轻松。

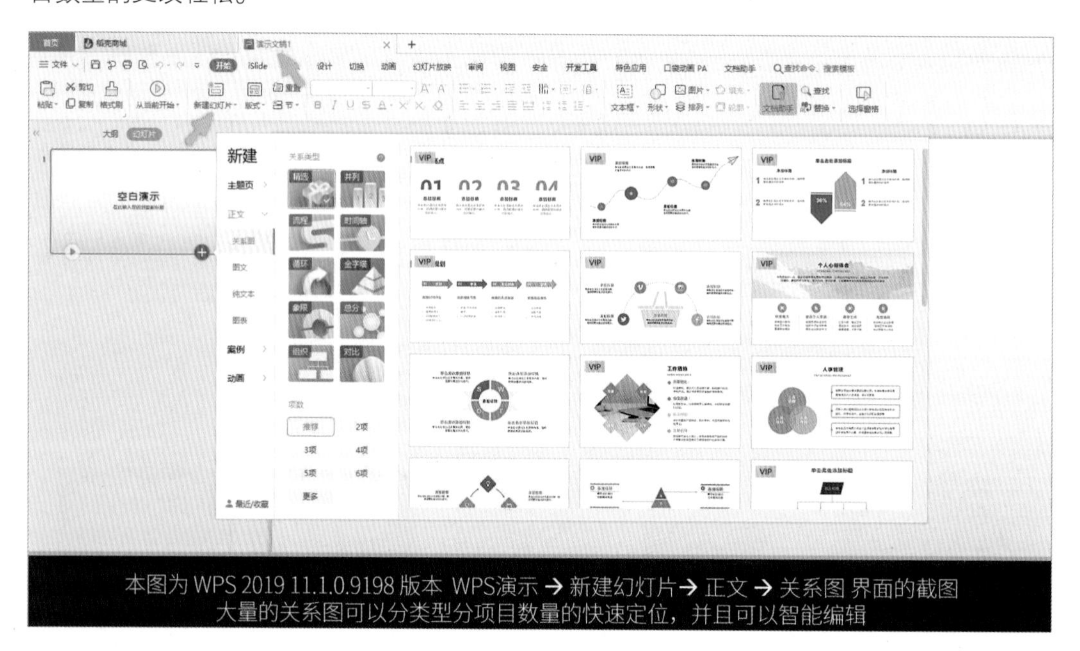

本图为 WPS 2019 11.1.0.9198 版本 WPS演示 → 新建幻灯片→ 正文 → 关系图 界面的截图
大量的关系图可以分类型分项目数量的快速定位，并且可以智能编辑

另外，WPS 内置素材工具：在线形状工具，包含海量 PPT 矢量图形（在插入菜单、形状的下拉选项中）。

- OfficePLUS.cn：微软官方出品的资源站点，包括 PPT、图片、文档、图表等多种 Office 素材，其中，PPT 模板不仅质量优良，而且完全免费。只不过每套 PPT 只有 20 页左右（美中不足）。

- 花瓣网：一个设计作品的展示平台。只会展示 PPT 作品，不提供交易和下载。若点具体的作品，会直接跳转到作品的原有网站。它是设计师获得设计思维灵感的平台。

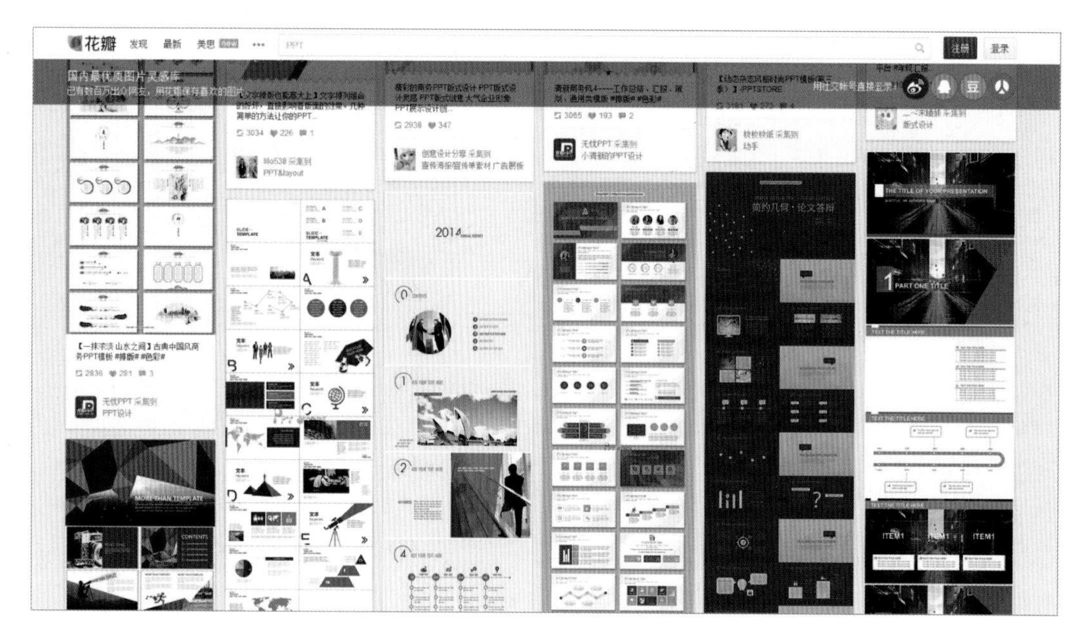

- 其他：在搜索引擎中直接搜索 PPT，就能找到许多 PPT 模板和素材的专业站点。其中有大量的免费资源，包括关系图、背景图、矢量图标图形、素材图等，不过质量良莠不齐，同时还可能存在版权争端。

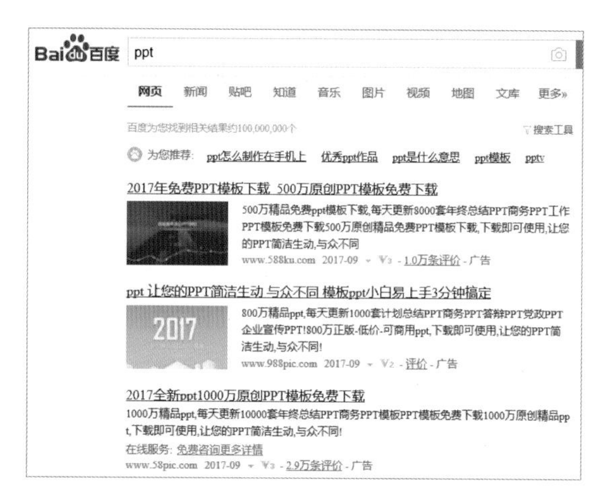

5.2.2 大咖微博、论坛的福利领取

国内有很多知名的 PPT 设计论坛，读者朋友可以进行关注，坛主或是管理人员会在论坛里晒或是分享最新的 PPT 设计，有些甚至可以免费下载。这对于 PPT 设计者而言是一个福利，因为既可以学习借鉴，又可以免费获取最新、最潮的 PPT 元素、素材等。

5.2.3 网站购买

随着PPT市场的逐步扩大，很多PPT素材网站和网店应运而生，售卖各类PPT模板和素材。在没有特殊的设计主体时，设计者可以购买模板，下面为大家展示两家销售PPT模板的网页。

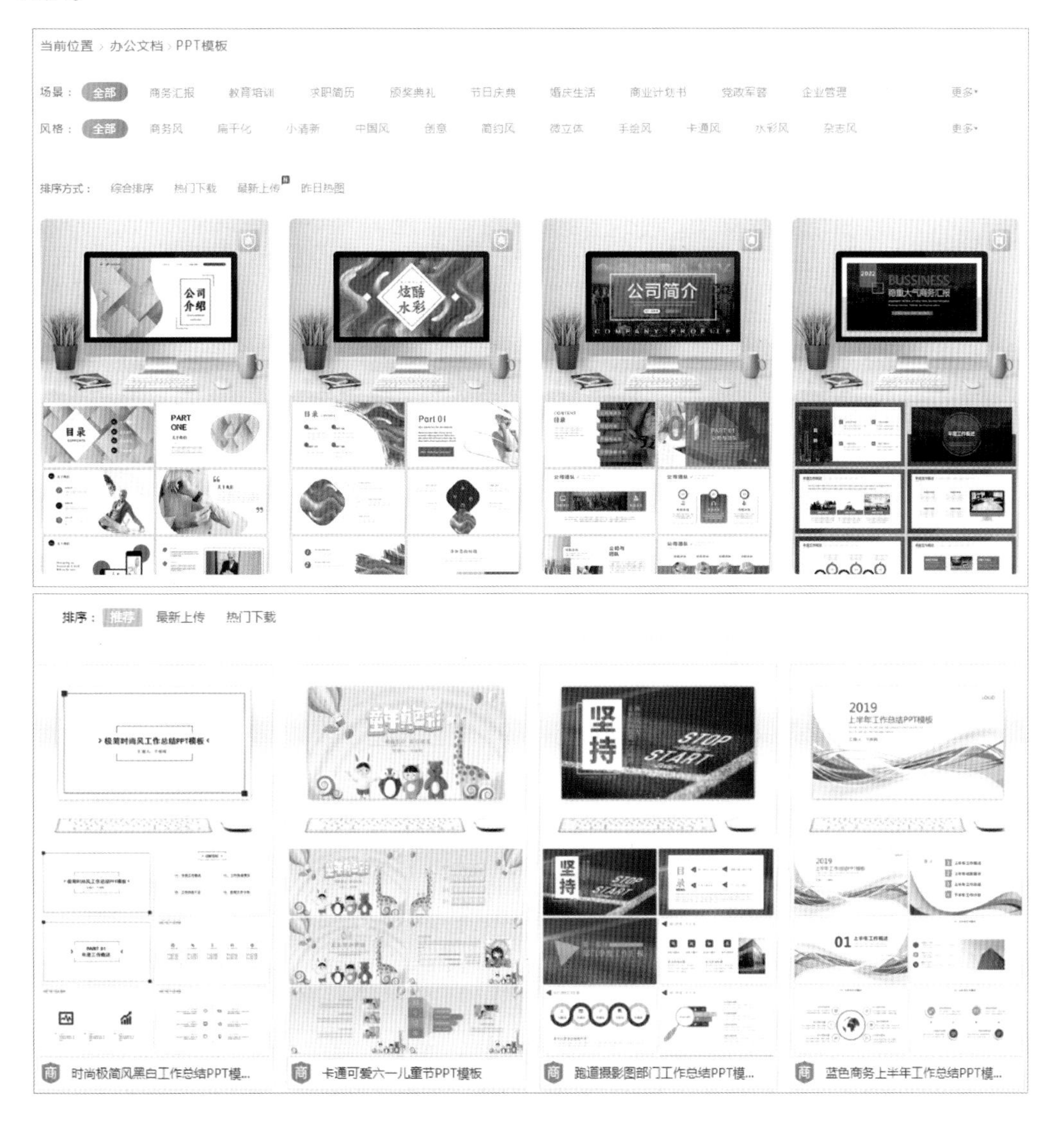

5.3 图片

图片，很常用的素材类，除了在搜索引擎中直接输入关键词进行海量搜索外，还可以采用三大类专业搜索途径：一是各个搜索引擎的图片频道，二是专业的图片资源站点，三是专业的图库。

第一种途径包含两种方式：一是图片频道的直接搜索，二是以图搜图。

5.3.1 搜索引擎的图片频道

在主流的任何搜索引擎，比如百度、搜狗等，打开搜索引擎，点击“图片”按钮，进入搜索引擎的图片频道，然后在搜索栏中输入关键字搜索。操作方法很简单，这里不再赘述。为了拓展大家的思路，给大家推荐几个常见的搜索引擎的图片频道。

需要补充的是：若要搜索有内涵或是意境的图片，就用内涵文艺点的关键词。若要搜索中性客观的图片，就用严谨、不带情感或是比较机械的表述关键词。若要搜索活泼的图片，就用活跃一点的表述关键词；若要搜索搞笑风趣的图片，就用比较逗趣的关键词……

例如，搜索表现时间主题的图片，若要图片更有设计感、更打动人心、更有内涵和文艺，与其直接搜索“时间”，不如搜索带有艺术气息的“时光”，两者搜索的结果会有很大的不同。

▼ 关键词：时间

➤ 关键词：时光

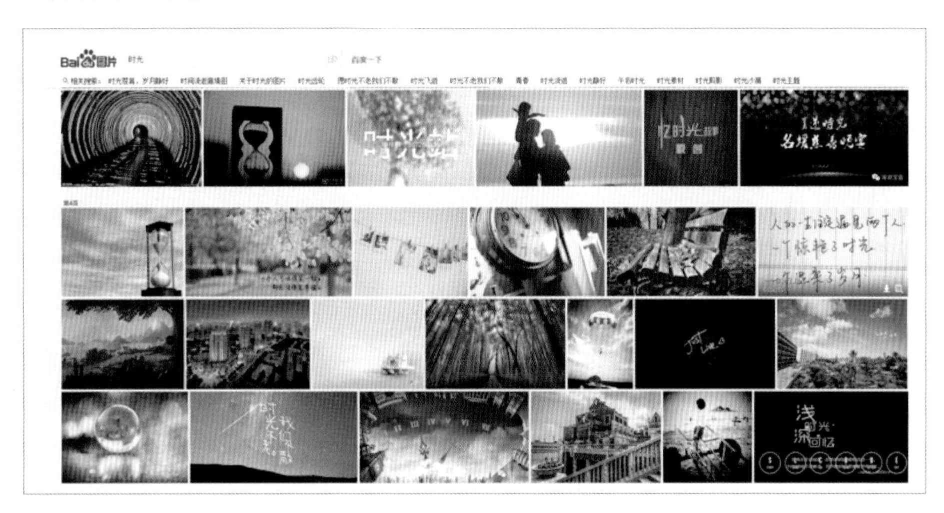

5.3.2 以图搜图

在很多搜索引擎提供的图片搜索工具中，都会提供“识图”工具，支持用图片搜索图片，简称以图搜图。它能根据本地图片或是网络图片的链接搜索相同或相似的图片。

它对于 PPT 设计者们非常有帮助，因为它能解决如下几点与图片有关的实际问题：

（1）已有图片尺寸不够或者不清晰，需要更为清晰的大尺寸原图。

（2）图片已编辑，如有文字、水印等，寻找原图。

（3）搜索相似的图片。

（4）挖掘同一主题图片。

例如在百度图片频道中以图搜图：点击按钮，上传已有的团队图片。搜索引擎分析“团队”字样后自动返回对应的结果。

5.3.3 专业图片资源站点

专业图片资源站点中的图片，质量普遍高于搜索引擎的图片频道，因为它收录的全部都是相对质量比较高的图片作品。下面为大家展示一些常用的专业站点。

与此相关的一个非常好的站点是：设计师网址导航。虽然它是设计师常用的网站，里面大部分资源都是面向设计师的专业资料。但其中的高清图库分类特别值得大家收藏，同时，在这个高清图库下，对每个图片站点都有特点说明，而且不断更新。

5.3.4 基于 CCO 协议的免版税图库

随着知识产权的保护升级，设计者必须要有图片版权意识，尊重原创的劳动成果，不能随意使用，尤其是在需要商用的场合，否则可能出现惩罚性赔偿。普通用户也无法准确辨识。

因此，这里为大家分享一些基于 CCO 协议的免版税图库，如下图所示，避免不必要的版权纠纷和损失。

pixabay　picjumbo　Foodiesfeed

5.3.5　免抠背景的无背景图片

在设置和制作幻灯片的时候，无背景的图片也是很常用的素材，这种素材的好处是可以让其完全融入幻灯片，没有补丁感。对于会抠图的设计者而言不难，只需要多花一些时间，但对于不会抠图或是时间较紧的情况，可以找一些没有背景或是透明背景的图片，也就是免抠图片。

常用的方法有如下几种。

（1）搜索矢量图，这类图片通常是纯白背景或是透明，多数情况可直接使用。

（2）搜索 PNG 格式图片，由于这类图片可以保存透明的背景层，运气好的话，便可下载到无背景的图片，可直接使用

（3）使用 PPT 软件支持的矢量文件格式，如 PPT 软件绘制的扁平化的图标、人物等，由于是在 PPT 中绘制，因此，可以直接使用，不用抠图。

（4）专业的资源站点和渠道有不少的免抠图素材。

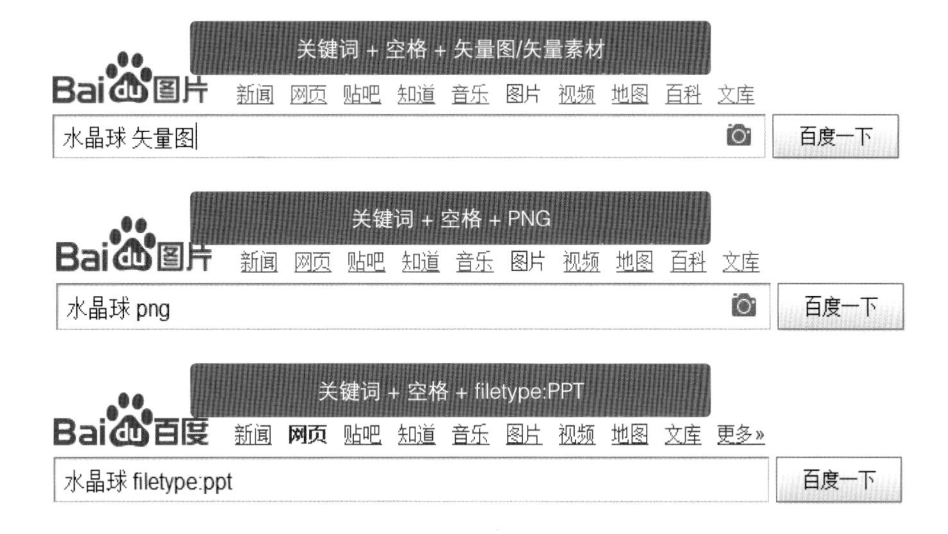

超简单抠图的方法有哪些？

若找不到没有背景的图片必须抠图处理时，这里推荐两个超简单抠图方式：

（1）使用在线抠图网站 https://clippingmagic.com/，非常简单，一看就会。

（2）使用美图秀秀，其抠图不仅简单好用、还自带教程，同时该工具还有去水印、局部变色、拼图、打马赛克等功能。

5.4 字体类素材的获取

在前面的章节中已经讲过：不同的字体拥有不同的风格和意境。那么，怎么获得想要的字体呢？除了下载指定字体外，我们特意分享另外两种实用的搜索字体网站：求字体和字由。

5.4.1 求字体

对于知晓名称的字体，大家可直接在搜索引擎中下载或是在各类站点中下载，方法非常简单，就是使用搜索引擎来搜索。但对于那些出现在其他作品里，又不知道名称的字体，该怎么找呢？可以使用“求字体”网站。

方法为：字体截图→上传到“求字体”工具栏→按照提示步骤进行识别反馈→得到字体名称。

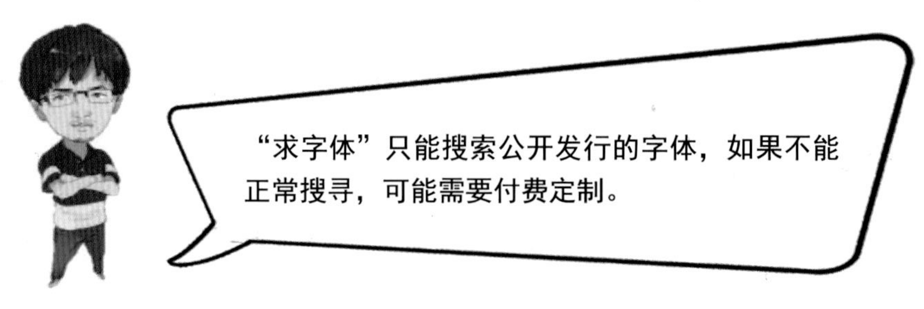

5.4.2 字由

“字由”是为设计者量身定做的一款字体管理软件，收集了包含中文在内的千款精选字体。不仅展示了每款字体的应用案例、字体介绍和字体设计的背景信息，还特别贴心的将字体按标签分类整理，以便于使用者调用。

支持实时预览，输入文字后可及时预览对应的字体样式，如输入福甜文化。

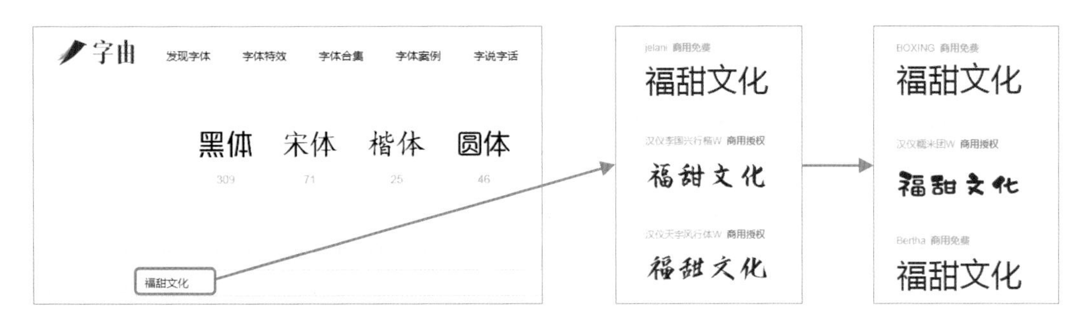

5.5 音频类素材的获取

搜索音频素材，大体可分为三种情况：一是知道歌曲名称。二是只能听、能放或是能哼出调子，但又不知道名称的歌曲。三是没有具体的目标，有某种用途和需要（主要是背景音乐）或是某种音效素材。

对于第一种情况：知道音乐名称，可直接在网站上搜寻，如百度音乐、360 音乐、搜狗音乐或是专门的音乐站点等，这里就不过多进行讲解。

下面分别讲解第二种、第三种情况的搜索方法。

5.5.1 听歌识曲

要搜索能听、能放或是能哼出调子，但又不知道名称的歌曲，可直接使用一些听音识曲、听歌识曲的软件，比如：猎曲奇兵、Shazam 音乐神搜、音乐雷达、音乐猎手之类，大部分都是手机软件；手机软件的特点是变化很快，也许你再去搜索这些软件的时候有些已经破产了，但总会有类似的软件，使用前面讲解的搜索方法，耐心找一下，都很容易找到。使用方法都非常简单，这里就不用过多讲解。

猎曲奇兵

Shazam 音乐神搜

音乐雷达

音乐猎手

5.5.2 模糊搜索

当没有具体目标，而是有某种用途、需要或是音效素材时（主要是背景音乐），可在搜索引擎中搜索关键词，如 ×× 音效、音频素材、背景音乐等，随即会找到很多专业的音频素材资源站点，然后再进去找。

例如，搜索引擎中搜索年会背景音乐。首先在搜索引擎中输入“年会背景音乐”，回车搜索，在返回的页面中可以找到很多相关的网页和资源站点。

5.6 视频类素材的获取方法

PPT 中的视频主要发挥辅助或者修饰作用，通常有两种用法：一是片头的开场视频或是片尾结束视频（使用相对较少）。二是作为幻灯片的背景视频或者局部视频。

搜索的方法很简单：直接在搜索引擎中搜索“片头视频”“片尾视频”“视频素材”“背景视频”等，就有很多结果返回，注意相应的版权说明即可。

对于没有视频编辑能力的朋友，可使用傻瓜式的视频制作和编辑工具，如八角星视频、美拍、优酷 Ido 等，它们都可以在不需要任何专业能力的情况下非常傻瓜似的做出相当专业的视频素材。

同样要注意的是：软件的运营和发展具有不确定性，也许今天推荐的软件到你想要用的时候已经不存在了，没有关系，类似的软件和工具是永远不会缺少的，用我们推荐的搜索方法，总能找到类似的工具。

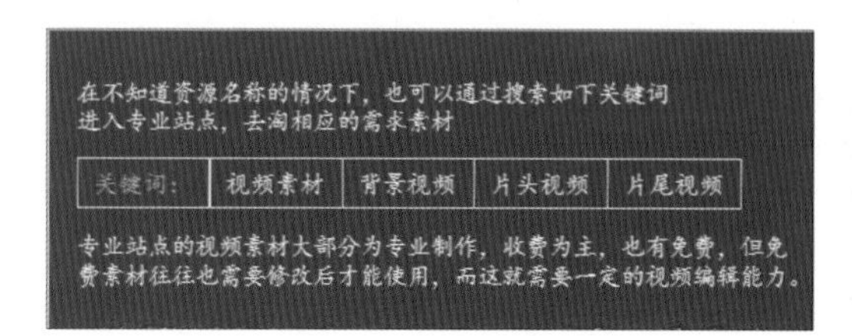

在 PPT 中使用背景视频还有一些相关的原则、选择要点和设置要点。

（1）视频作为背景是衬托，一定不能比前景内容更抢眼，至少比内容“低调”，这是前提原则，因此，有如下应对处理方法。

- 添加前景内容的抢眼程度：放大字体、增加对比度或是追加衬底等。
- 降低视频的抢眼程度：通过贴膜降低视频清晰度。
- 处理当前幻灯片页：追加一层黑色半透明罩或是灰色透明罩。

（2）背景视频的选择，一定要与内容有相关性。

（3）背景视频的四个设置要点。

- 背景视频需要放在底层，设置为自动播放和循环播放。
- 背景视频不可以设置为“全屏播放”，而是手动把视频放大到可以覆盖全屏尺寸，否则，在切换幻灯片时会有视觉的播放断点。
- 背景视频最好直接在幻灯片的母版中设定，否则每页的编辑都会有选择干扰。
- 视频应是静音，否则干扰太强。

前景视频和幻灯片的设置要点

（1）背景视频是高度动态的画面，因此前景需要非常单纯醒目，否则容易显得很乱。

（2）前景内容不适合有很多文字，最好一两句内容，否则观众的视线会很累，因为他们要强迫自己回避动态的画面去看文字。

（3）幻灯片最好没有切换效果，否则视频跨页播放会中断。

本章金句

用好搜索引擎的关键，就是各种筛选条件的利用，以及使用和挖掘关键词的功夫。大体可将本章知识内容概括如下。

- 本章所讲的有关搜索的原理，能够适用在任何包含“搜索”功能的站点和工具中，如知乎、微博、新闻门户、专业站点、数据库、软件内置的搜索工具等；
- 一些站点和工具可能并不支持公开通用型搜索引擎的那些搜索命令；
- 但是大部分提供搜索功能的工具和站点都会内置一些分类和筛选的类目，它们可以帮助我们起到筛选的目的。

如果搜索结果（无关）过多，则筛选很痛苦	搜索结果过少，则找不到目标素材	若搜索结果很多，但不符合需求
增加搜索条件，减少无关匹配结果 增加关键词 修改关键词的描述到更精确 增加搜索结果的筛选条件	**减少搜索条件，扩大匹配范围** 减少关键词 修改关键词的描述到更模糊 减少/删除对搜索结果的筛选条件	**变化搜索条件，挖掘匹配关键词** 修改搜索条件，尝试近义、同义、或有派生、衍生、因果关系的关键词，还可以试一下外文的翻译词

鉴赏下面的案例，感受它们都用了多少修饰，是否单纯就可以拥有非常棒的体验?

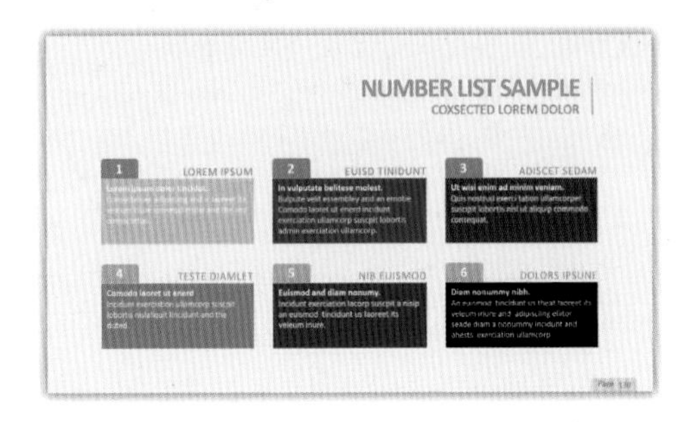

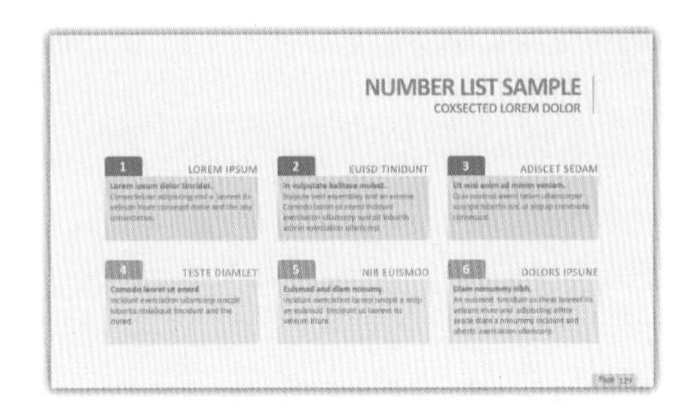

色彩多没有比色彩少更好吧? 甚至往往色彩越少（也就是差异和修饰越少）越好。

整齐版面摆放

“摆整齐”听起来很简单，但实际上不容易，很多朋友明明已经做整齐了，但总是感觉差点什么，甚至出现拥挤、杂乱。

很明显不是操作技术问题，而是欠缺一些技巧和方法。

在本章中为大家分享三大类整齐版面摆放的万能方法，帮助大家一劳永逸地解决版面整齐问题。

6.1 影响整齐的四大要素

PPT 版面和人一样，不论是否有华丽的装束和配饰，至少要干净整齐，让其他人看着舒服。怎样让 PPT 版面摆放干净整齐呢？只需掌控四大要素：外形、间隔、边界和方向。下面为大家分别详细介绍原理和方法。

6.1.1 统一外形

幻灯片中有各种外形不一的形状，若没有先天整齐的条件，就需要统一外形：一是统一外形样式，让它们相同或是相似，如统一为方形、圆形、云朵等。二是统一单位的大小，体现重复、平行或者规律。营造重复平行或者规律的视觉体验。

从下面的一组对比和进行统一外形的操作下，视觉体验发生质的变化，特别是 1 号、3 号与 2 号、4 号的对照（4 号为了统一外形，将两个三角形进行了拼接）。

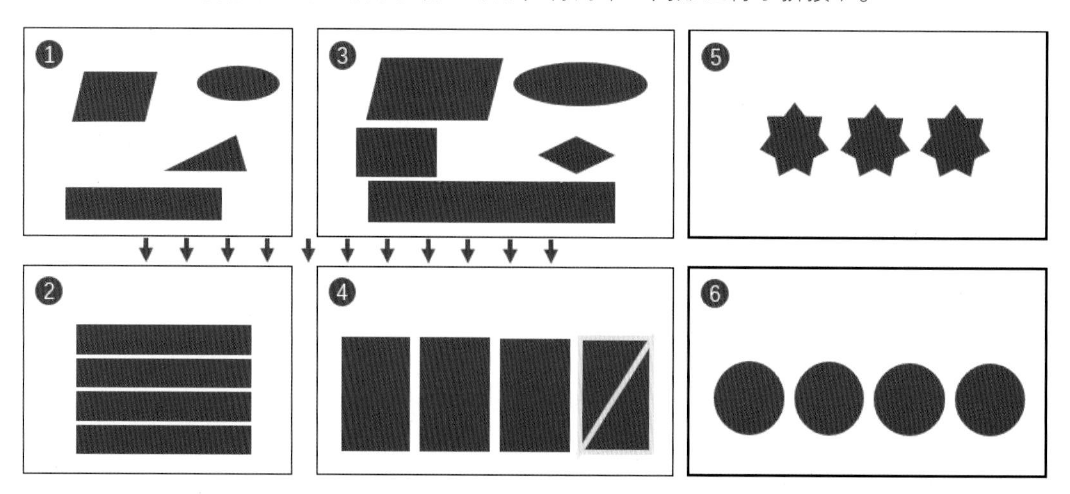

版面摆放整齐的小窍门

排版基于的版面，大部分都是水平方向的矩形版面，如绝大部分的显示设备屏幕、绝大部分的平面媒体（画册、名片、海报、杂志等）。对于这样的矩形版面环境，方形是最容易表现“整齐”特点的形状。

在水平或者垂直于版面的时候，不管是长条还是四方，都具有先天的整齐感。所以，在做整齐化排版时，用方形和矩形的情况较多。

重复产生整齐感

平行产生整齐感

外形可以是一个具体的单位，也可以是一个模糊的视觉区域，如一段文字或是一堆零碎素材构成的一块区域。

水平或垂直的矩形（宽或窄），先天与幻灯片的版面垂直或者平行，在方向上一致，最容易具备整齐感。

6.1.2 分布间隔

分布间隔，是指让多个单位两两相邻之间的间隔完全一致，示意图如下。

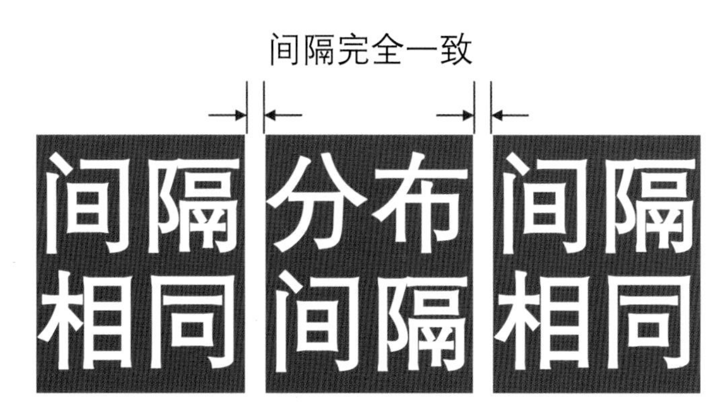

从下面的示意图中可以看到：除了 5 号，都统一了外形。现把变量限定为仅仅考虑间隔因素，可以看到，即使统一了外形，甚至也已经在顶端和底端对齐。不同的间隔，对整齐感影响的程度还是很大。

其中，2 号和 4 号非常整齐，因为它们相邻单位之间的间隔完全一样。5 号和 6 号也分布了间隔；6 号是圆形，本身特点上不如方形有先天的整齐感优势，但是还算整齐。由于 5 号的外形不一样，虽然也分布了间隔，但整齐感就几乎没有了。

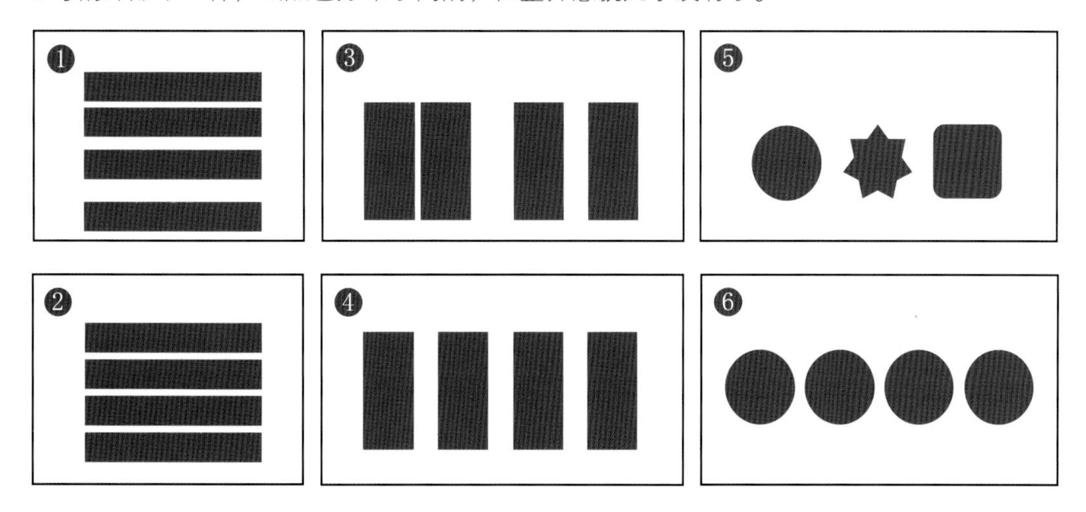

需要补充的是：在幻灯片中单位的数量很多，对间隔的分布可能存在于上、下、左、右四个方向，示意图如下。

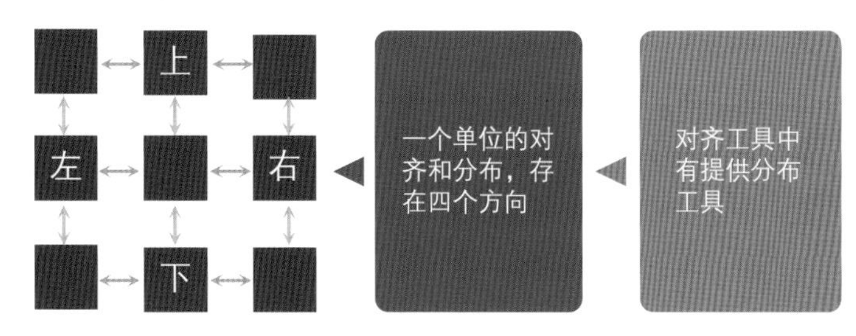

6.1.3 对齐边界

对齐边界，是让一个整齐群的单位保持某一侧或者两侧边界的对齐，即横向或者纵向边界对齐，示意图如下。

需要特别指出的是：边界对齐仅仅是顶端对齐、右对齐、左对齐和底端对齐，居中或者中心对齐不是对齐处理，而是对称处理，给受众的感受完全不一样。同时，边界对齐与分布间隔一样：有上、下、左、右四个方向。虽然不一定都需要对齐处理，但要知道这是一个可能的影响因素和检查要点。

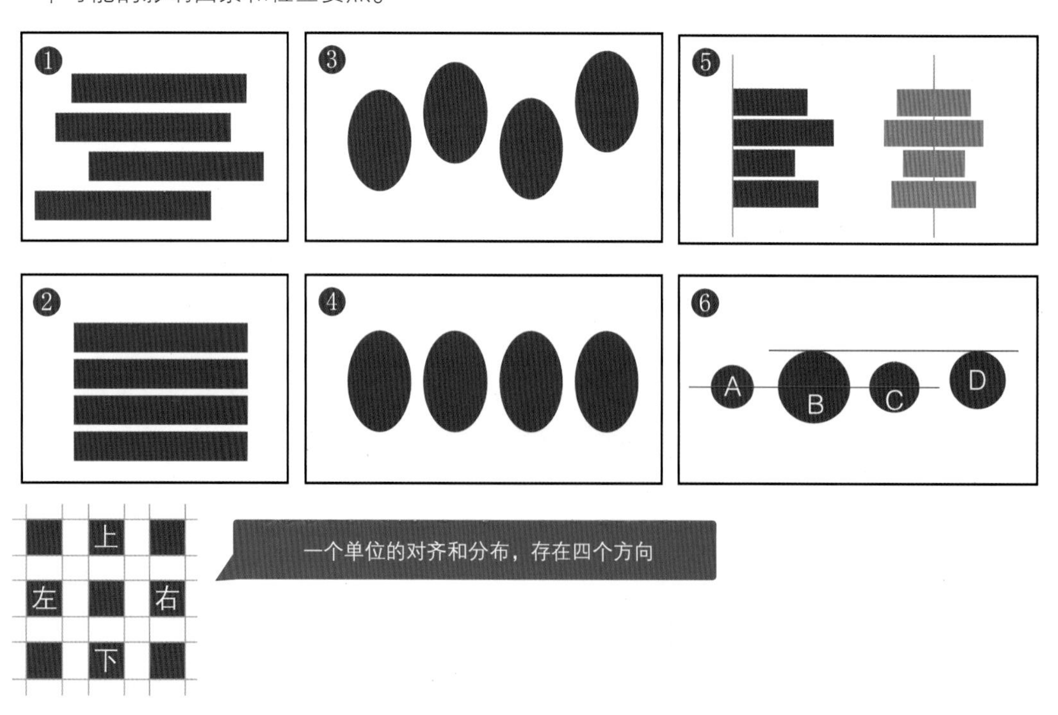

6.1.4 方向平直

方向平直，特指幻灯片里各单位与整体内容的主要方向保持水平或是垂直。它有两层含义：一是幻灯片内容整体有明确的展开方向；二是内容与整体的方向保持垂直或是水平关系。

在下面的示意图中1号、3号、7号，具体内容方向与整体方向之间不仅歪歪斜斜而且有多种不一致的方向，通过把各个单位旋转到水平或者垂直方向，得到整齐的2号、4号和8号。

当然，也可以倾斜。如6号主体方向是倾斜，但是其中细节的4个内容都与主体方向保持垂直或水平的角度，也是整齐的。但同样的内容不如4号整齐，因为4号不仅内容之间整齐，同时也与版面的水平和垂直保持平行。5号和8号虽然方向平直，但不如矩形的整齐感好。

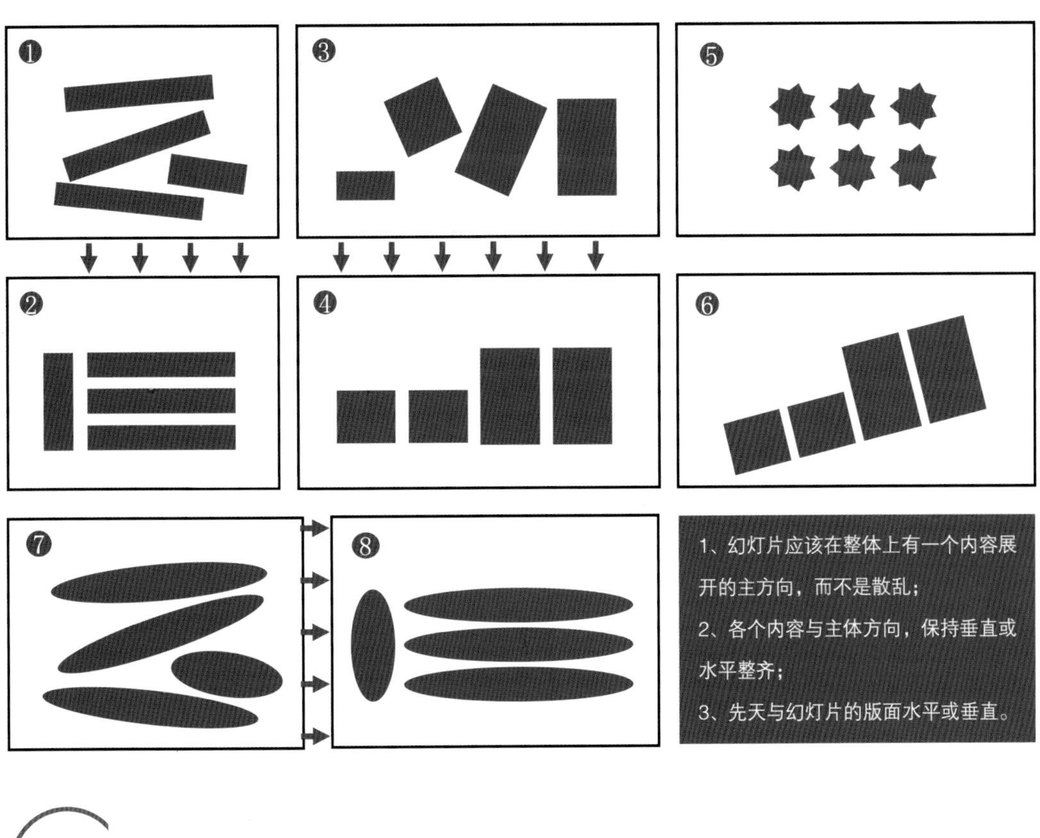

6.2 四大要素联合应用

在PPT摆放整齐设计中，往往不是对单一要素进行摆放设计，而是联合应用。为了让读者朋友更容易理解和掌握。笔者先用一组典型示例（或示意图）展示，然后用具体实例进行分解、演示，让大家把这四大要素的灵活应用吃透。

下面是几种常见的文字段落、条形/柱形图表的对齐特征示意图，由于文字行和段落长度通常不一样，所以，大多数只能是某一侧对齐。

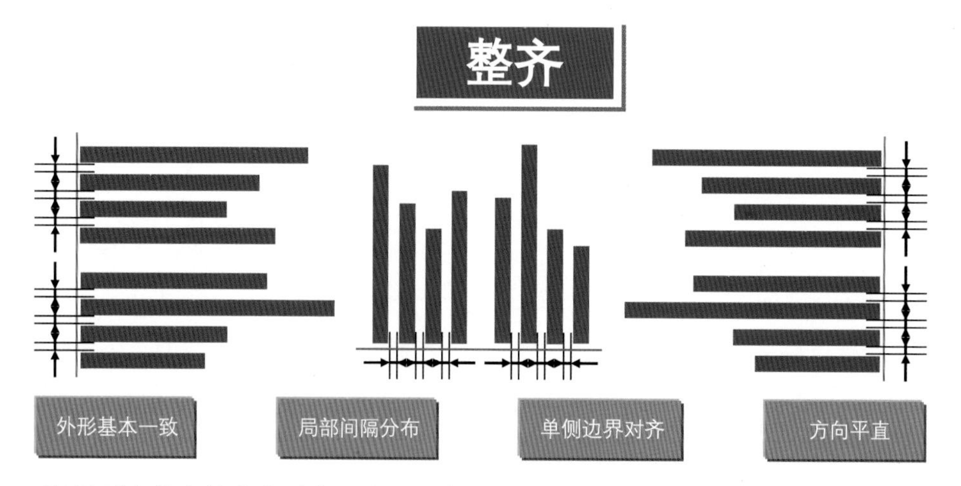

下面是列表状态的内容对齐示意图，由于每一组对称的内部整齐感没有那么强，我们称之为“勉强整齐”，示意图如下。

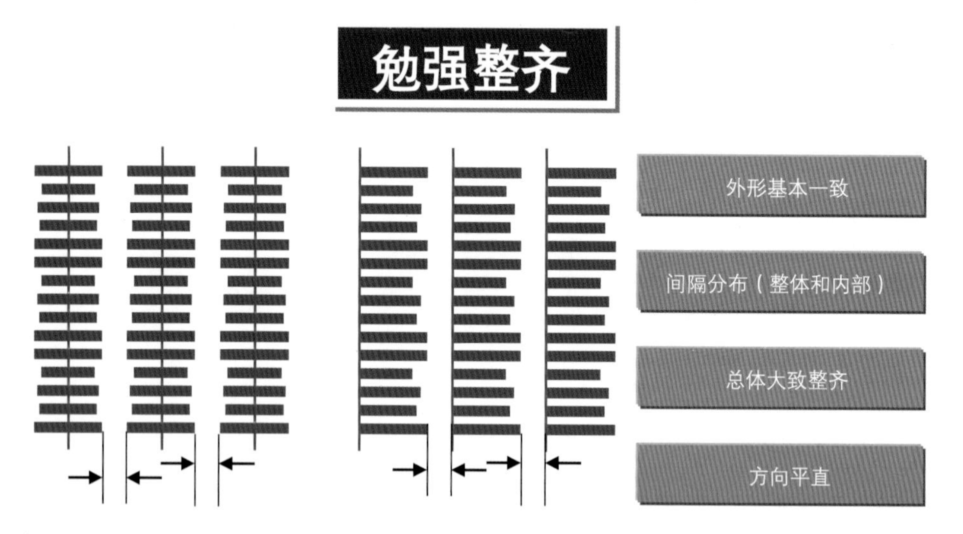

拼接图形可以不符合统一外形和分布间隔的要求，只要边界对齐实现平行，也能造就很好的整齐特征，示意图如下。

整齐

外形完全不一致

间隔分布（角形局部内部）

边界对齐（分别）

方向平直（总体）

对于外形不一致且有错落的形状，可以采用局部边界对齐，也就是部分形状按照边界对齐方式平行和规律，造就良好的整齐感，示意图如下。

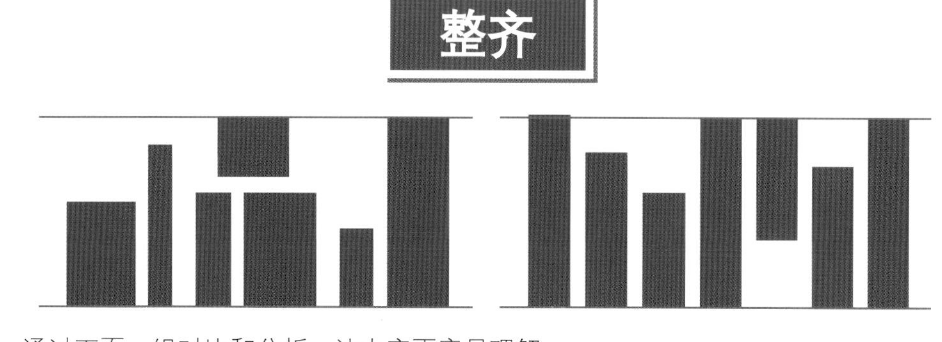

通过下面一组对比和分析，让大家更容易理解。

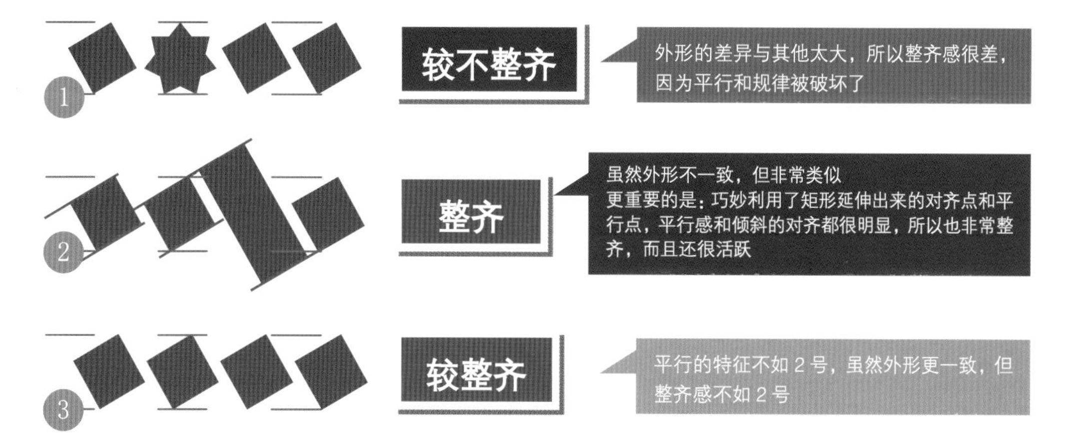

在下面的图形对齐中，椭圆虽然进行了边界对齐，也不如方形的整齐感强，因为它们的平行和垂直特征很不明显。

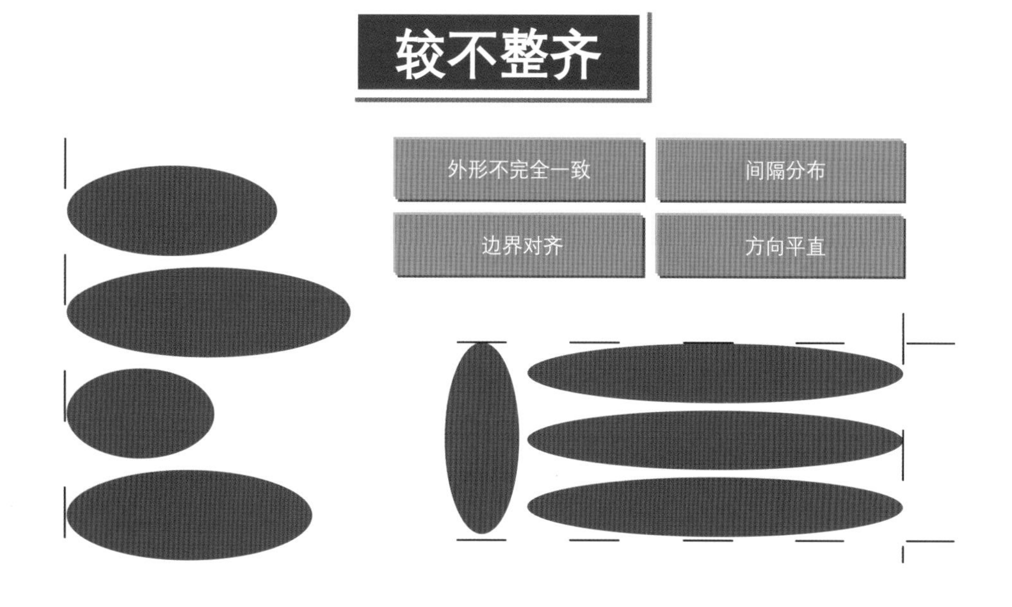

下面的示意图中 1 号是圆形，本身的平行特点就不强，即使倾斜对齐，整齐感也稍弱，更比不上矩形整齐。

2 号是平行四边形，全部进行了对齐处理：间隔分布相等、方向平直、外形一样。整齐感还可以。虽然单个的平行四边形有一些倾斜不垂直，但是平行的感觉很强，所以整齐感也不错。

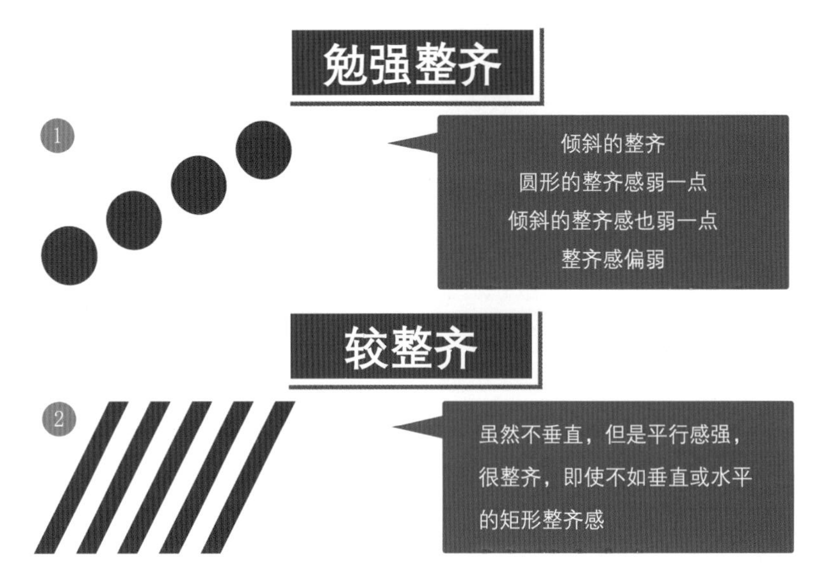

下面这组形状属于没有主要方向的典型类型（内容没有主体的延伸方向，对齐基准太多），虽然对齐点特别多：横向、纵向和斜向。几乎每个方向都有，但这些方向都不一致，不能看出整体和主体方向走势，也就找不到一个平直方向，甚至是对齐的基准。

即使在横向和纵向上的对齐很明显，形成十字，具有对称特点，但不整齐。

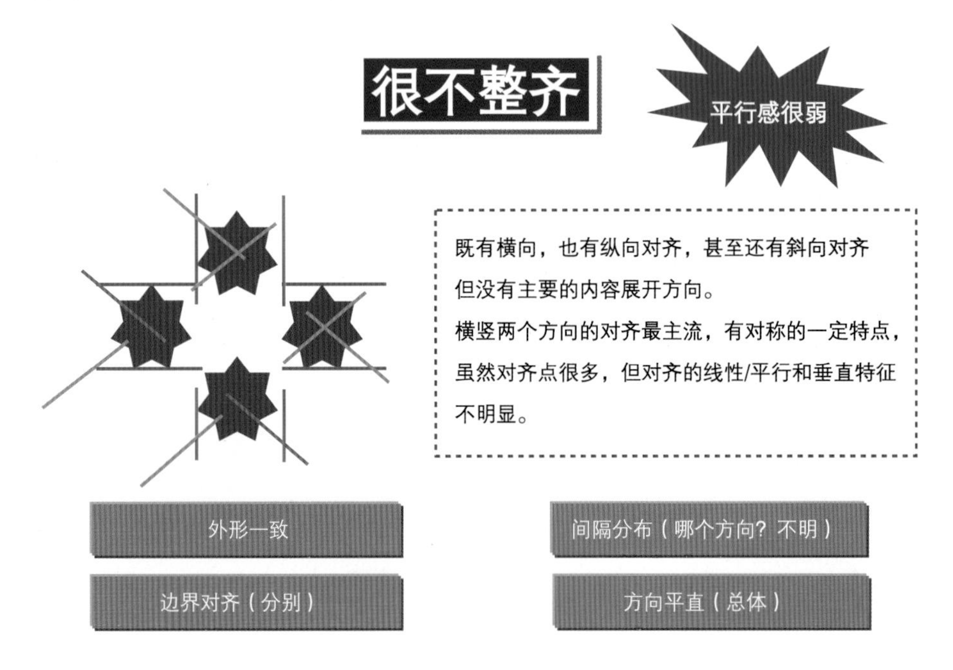

下面的两组图形属于典型的对称特征，都不整齐，虽然对称也是一种美，但仍要注意做整齐的四个要素。

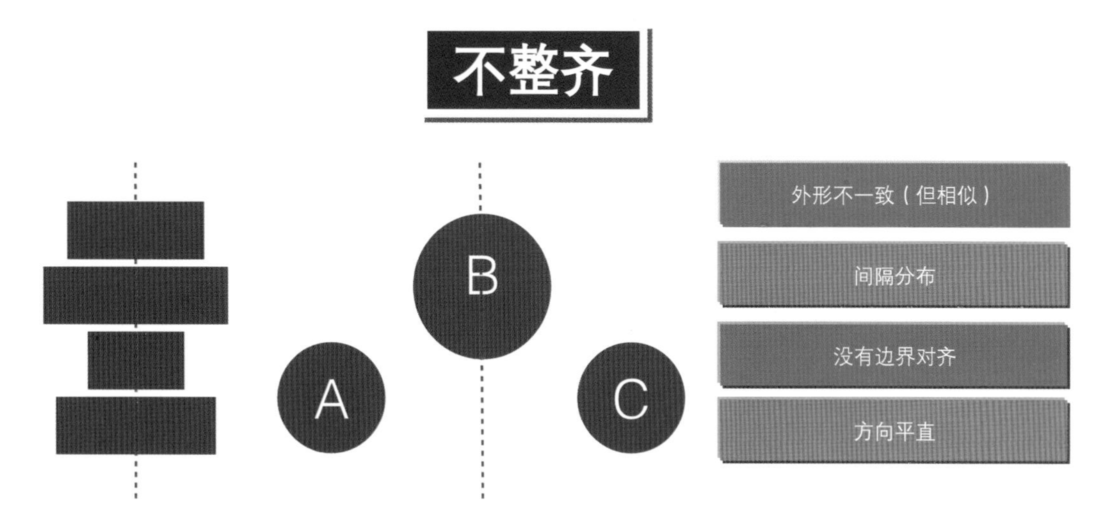

下面的实例中：1 号 ABC 三个圆形，除了外形不一致，其他三个对齐的要点都满足，所以整齐感还可以。加上对称，所以视觉上比较舒适。

2 号和 3 号纵向对称，但对齐的特征比较弱，明显不整齐。

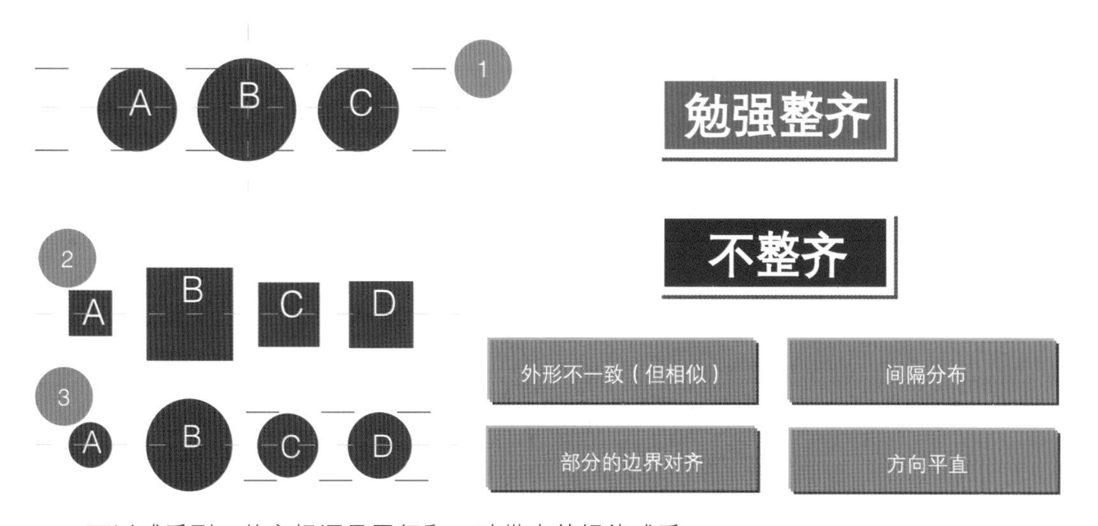

可以感受到：整齐根源是平行和一致带来的规律感受。

案例解析 01
ase resolution

下面这张幻灯片是一个典型的全方位整齐化排版的示例，以下来为大家进行逐一剖析。

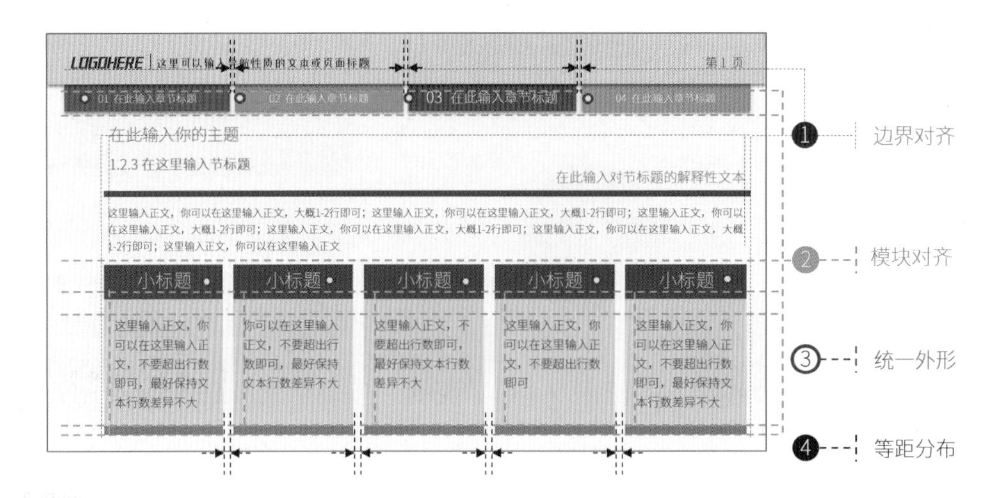

从最上面到最下面，从最左边到最右边，几乎所有的独立素材之间都是对齐，甚至是距离较远、很小和很细的文字、边角都很整齐。

其中，一些图形以矩形衬底，上面四个和下面五个外形完全一致、边界对齐、间隔分布，矩形里面的文字，甚至每个模块里面的标题和正文，都注意了整体版面的对齐。

另外，不同的对象和模块之间统一间隔、等距分布，所有元素按水平或者垂直方向展开。全部素材，方向平直，外形方正。

案例解析 02
ase resolution

下面的幻灯片中主要是对幻灯片所有单位的底部进行底端对齐处理。内容整体上按横向水平展开，并用一个大的垂直叹号做了强调和区隔。

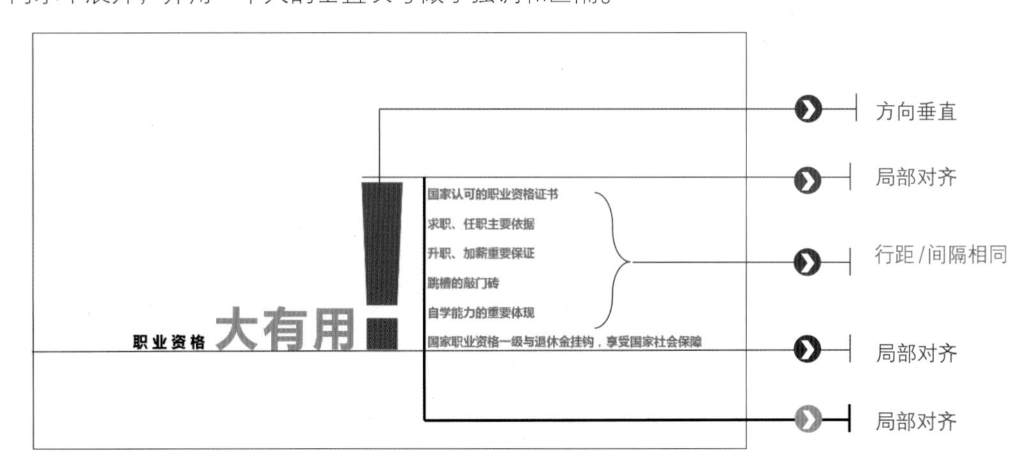

这里特别需要注意：右侧的几段文字全是左对齐，形成了一扇堆积文字墙，与垂直的叹号在排版上形成平行呼应。

案例解析 03
ase resolution

页面修饰元素都是绿色的矩形长条，具有先天的整齐感。其他元素至少有五组横向的水平对齐，其他元素全部采用了分布间隔处理。

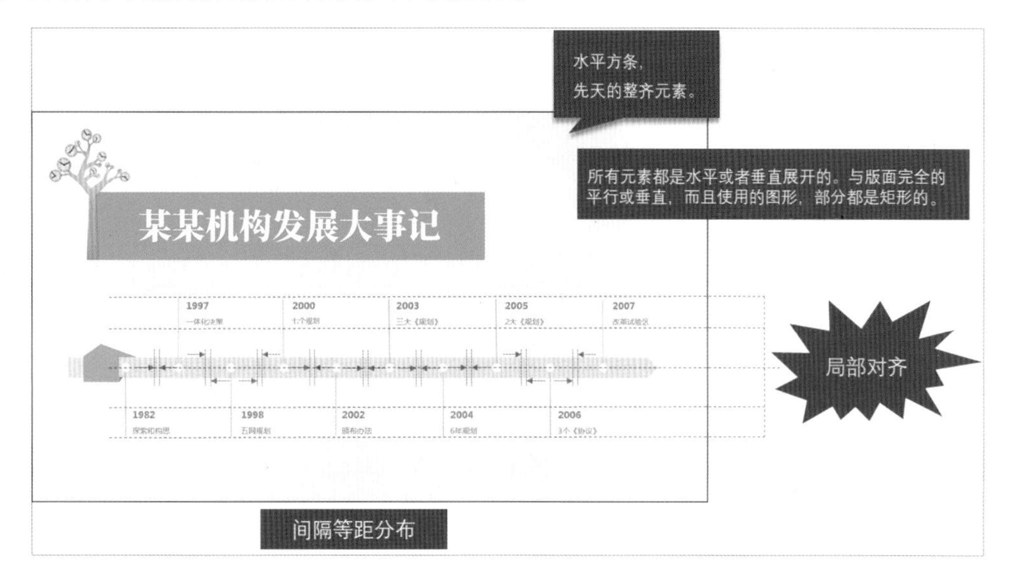

案例解析 04
ase resolution

幻灯片中表格内外都进行了对齐处理，虽然数据项目的列都是居中对齐，但实际上刻意将每一行文字长短保持一致，形成了非常好的整齐感。同时，因为是居中对齐，所以，不同的数据列之间分布了间隔。

期间	次日留存			7日留存		
	峰值	最低值	均值	峰值	最低	均值
2.20-3.18	16.45%	6.53%	11.83%	2.98%	0.58%	1.39%
3.19-4.17	15.40%	8.76%	11.90%	2.71%	0.33%	1.29%
4.18-4.28	37.83%	10.46%	24.57%	4.03%	0.73%	2.73%

如果上面四个案例让大家觉得有理解上的难度，下面笔者将整齐方法用于最简单、最基础、甚至最不鼓励的文字堆砌幻灯片中，让其分分钟发生质变。

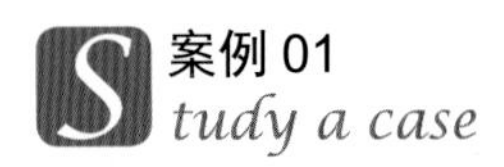

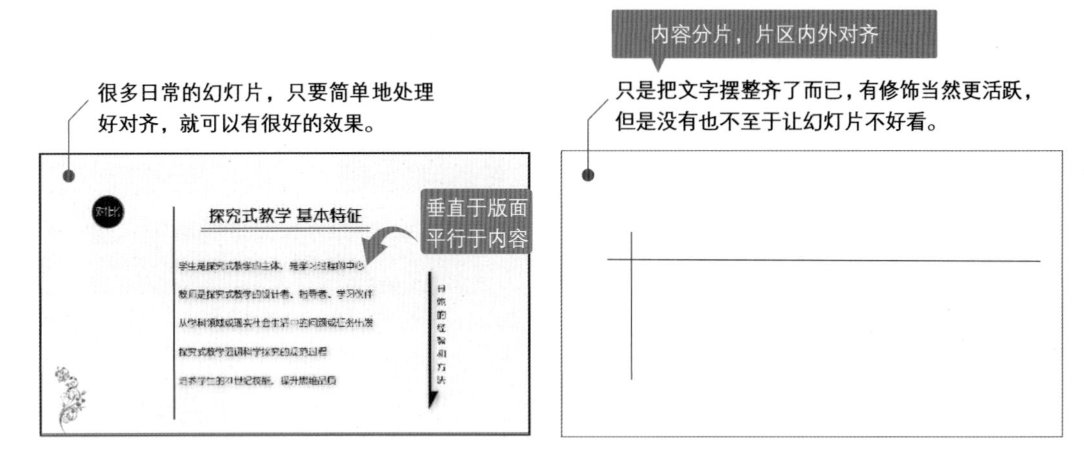

当然，只对齐就很好看，是有一定的前提条件，如恰当的留白，内容、标题和正文之间有恰当间隔，至少保证不花、不乱、不拥挤密集，如下面的一组案例。

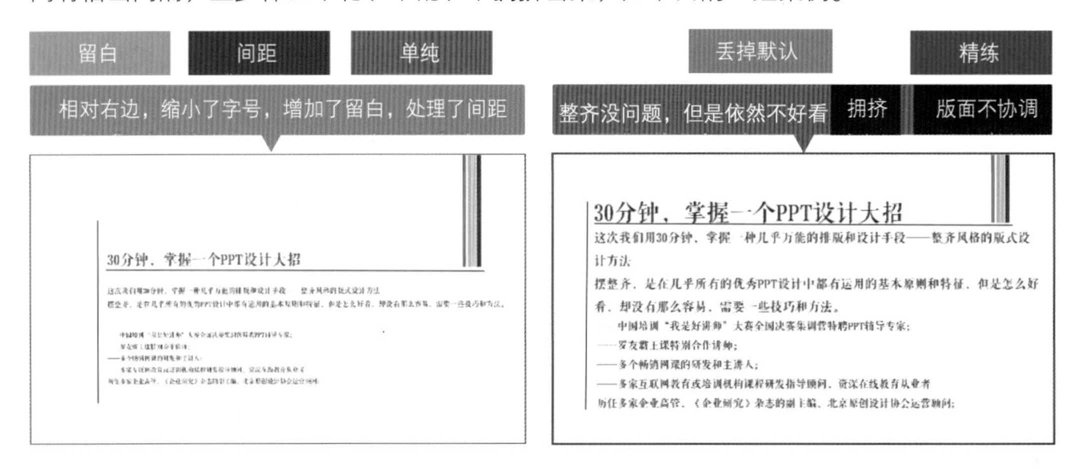

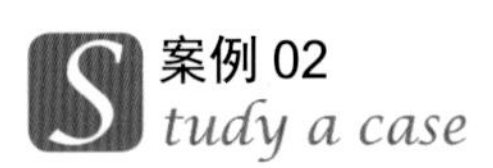

最常见的图文结合幻灯片（也就是一张图片一部分文字），只要简单的处理对齐，就会很好看，即使图片外形不是方形。

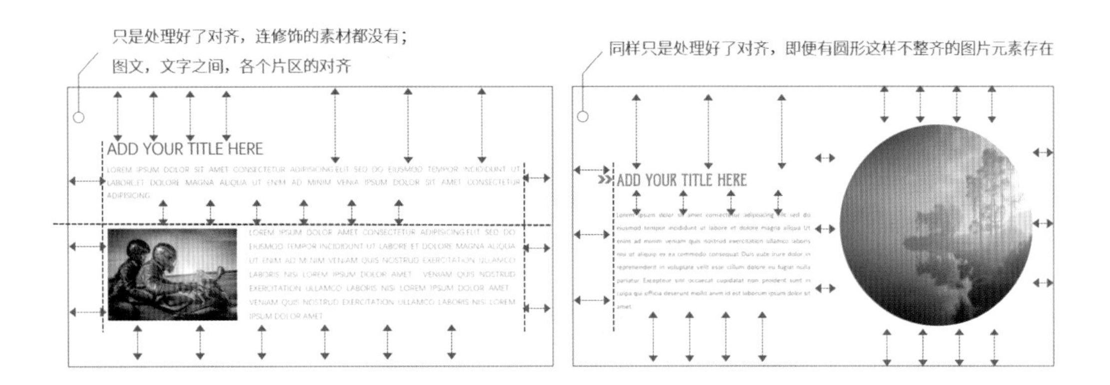

案例 03
S tudy a case

是文本，甚至是修饰图片，在很多场合下，试着对齐一些细节，都会有不错的效果。下面一组案例就是很好的诠释。

文字对齐的补充强调

幻灯片设计中，文本在做整齐时，大部分都是左对齐或者右对齐，也就是边界对齐，很少会用中部对齐。因为居中对齐本质上是对称，除非文本的长度/宽度一致，否则，大量地使会产生杂乱视觉感。

另外，在幻灯片里排版大段或是多段文字时，通常不用首行缩进，因为它会让边界整齐感变弱。完全不如不缩进的边界对齐，尤其是包含标题行时。

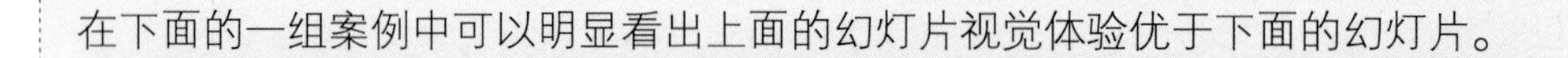

在下面的一组案例中可以明显看出上面的幻灯片视觉体验优于下面的幻灯片。

幻灯片内排布文字，一般不需要首行缩进

在幻灯片里排版大段或者多段文字的时候，首行缩进（也就是第一行空2格），一般是没有必要的。这在我们小学语文讲写作的时候就是一种规范格式，每一段的第一行要空2格。但是在幻灯片这种板书媒体里面，通常都没有必要。

因为幻灯片版面里的文字再多，也非常有限，进行缩进，会导致边界的整齐感变得弱很多。所以大部分都不如不缩进，直接边界对齐，来得体验更好一些。尤其是在还有标题行的时候，首行缩进不对齐就更明显。

前面我们已经看过很多的案例，后面我们还会看到很多的案例，你可以注意观察，没有多少案例会使用首行缩进。

幻灯片内排布文字，一般不需要首行缩进

　　在幻灯片里排版大段或者多段文字的时候，首行缩进（也就是第一行空2格），一般是没有必要的。这在我们小学语文讲写作的时候就是一种规范格式，每一段的第一行要空2格。但是在幻灯片这种板书媒体里面，通常都没有必要。

　　因为幻灯片版面里的文字再多，也非常有限，进行缩进，会导致边界的整齐感变得弱很多。所以大部分都不如不缩进，直接边界对齐，来得体验更好一些。尤其是在还有标题行的时候，首行缩进不对齐就更明显。

　　前面我们已经看过很多的案例，后面我们还会看到很多的案例，你可以注意观察，没有多少案例会使用首行缩进。

6.3 让不规则的对象很整齐的方法

对于外形不一样又非常个性的单位，对其进行外形统一会比较困难，这时可采用两类大招解决：一是规范外形（拼接、衬底和外套框线），二是版面网格化。

6.3.1 用框线和衬底规范外形

对于不容易统一的形状，可以通过拼接或是添加衬底，在视觉上做到基本统一的样式和尺寸。

- 拼接实现外形统一

拼接实现外形统一，是指将与主体不相符的形状通过有机拼接，规范成统一的形状。下面示意图中是将两个直角三角形拼接成一个矩形。

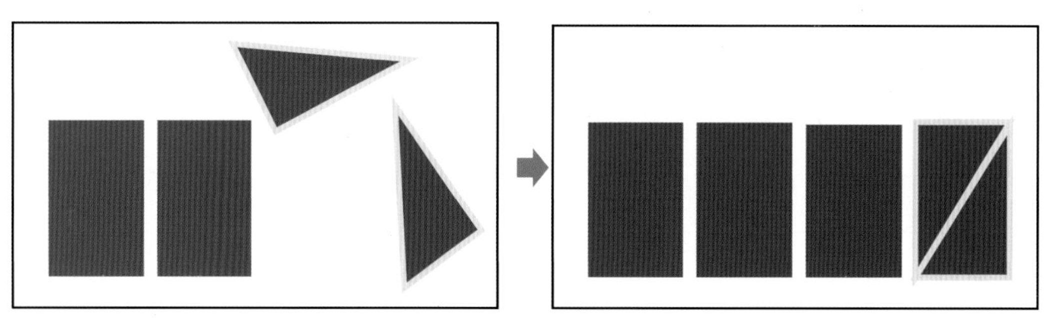

● 加套衬底或框线实现外形统一

对不规则对象添加统一的衬底形状以达到外形统一的目的。上面的一组案例是为图标添加了统一的矩形衬底，下面一组案例是为图标添加了圆角矩形衬底。都实现了外形统一，提升了视觉体验。

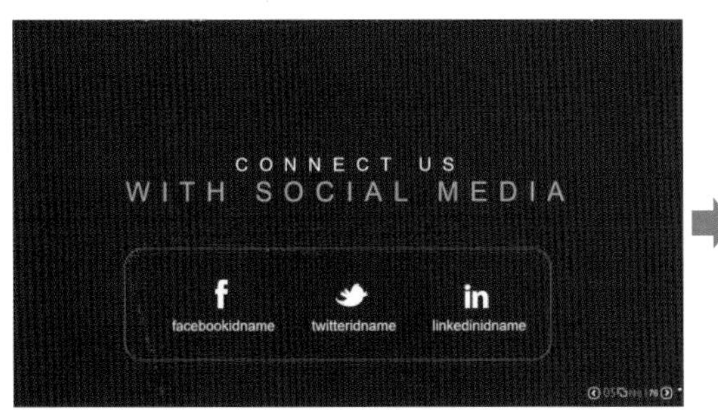

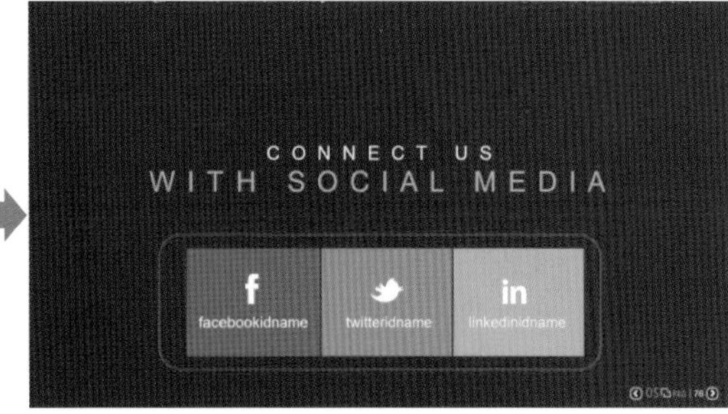

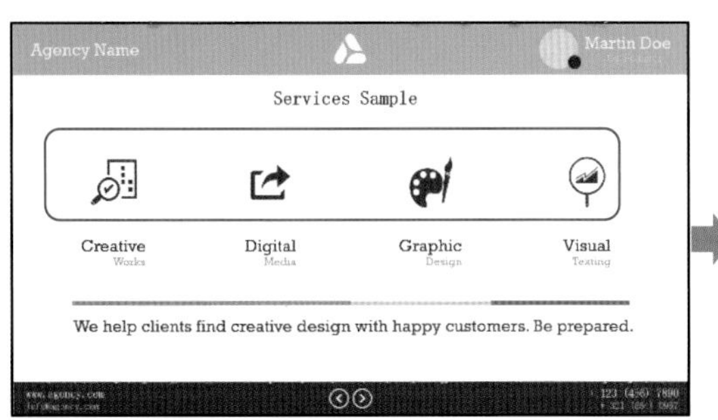

● 外套框线外形统一

为企业、产品、项目或者品牌设计幻灯片时，会用内容页罗列各类不规则标志，如企业 Logo、产品、作品等。对于这些不规则、不规律的图片或者形状。不适合用彩色衬底，因为图片往往都自带背景色，这时要做齐只需外套框线统一外形，在视觉上做到规范、统一和整齐。

用矩形衬底或者框线加套外框的作用

在统一外形时使用矩形衬底或者框线加套外框可以轻松做到如下三点。

（1）重新划定单位的边界和外形，改变其在视觉上与其他单位对齐的参照和基准，使用相同的衬底和外框也可以统一外形。

（2）划定方形的边界和外形，还可以给予先天的整齐感。

（3）对于本身较少的内容，也可以起到增加占位的作用。

外套框线后，被加套的内容本身一般不再加边框；添加衬底的对象，最好就不要再用衬底，避免出现打补丁感觉。

6.3.2　版面网格化

对于各类外形不统一的标识形状，除了外套框线规范外形外，最优的处理方式是将幻灯片版面网格化，让各类标识居中放在“格子”里，同样能达到平行和整齐的目的，如下图所示。

6.4　版面分区塑造版面整齐感

版面分区，顾名思义是对版面进行分区，并让分区之间保持整齐的视觉效果，以实现版面整体的整齐感。

怎样分区呢？可用衬底或者框线“人为”地划定分区和范围，如下示意图中 1 号上半部分框线、2 号、3 号衬底，都是明显的划分区域。

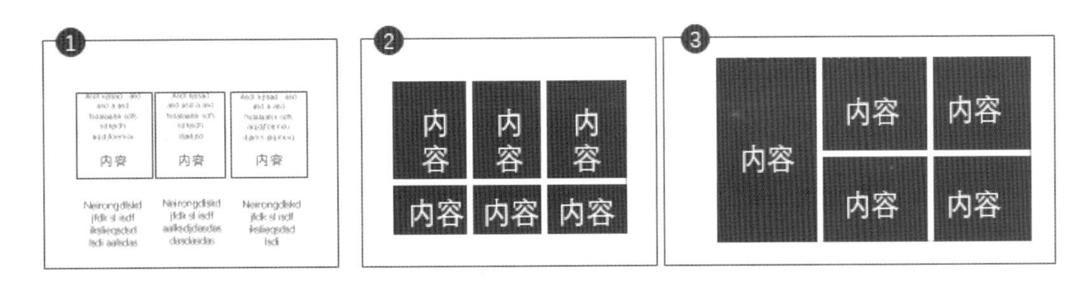

对于文字类的内容，也可以不使用任何衬底或是框线，只是刻意地摆放成某种特定的或是成片的外形，如 1 号的下半部分（没有明显界限，通过内容本身的外形特点和间隔，制造出视觉上的片区感）。

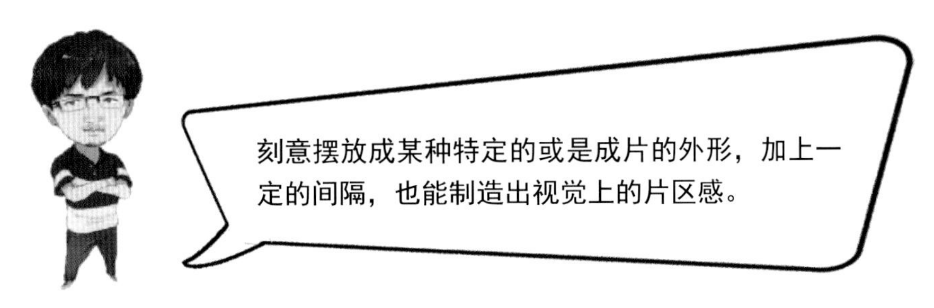

下面我们结合几组案例展示和解析这种版面分区的核心设计方法、思路和特点。

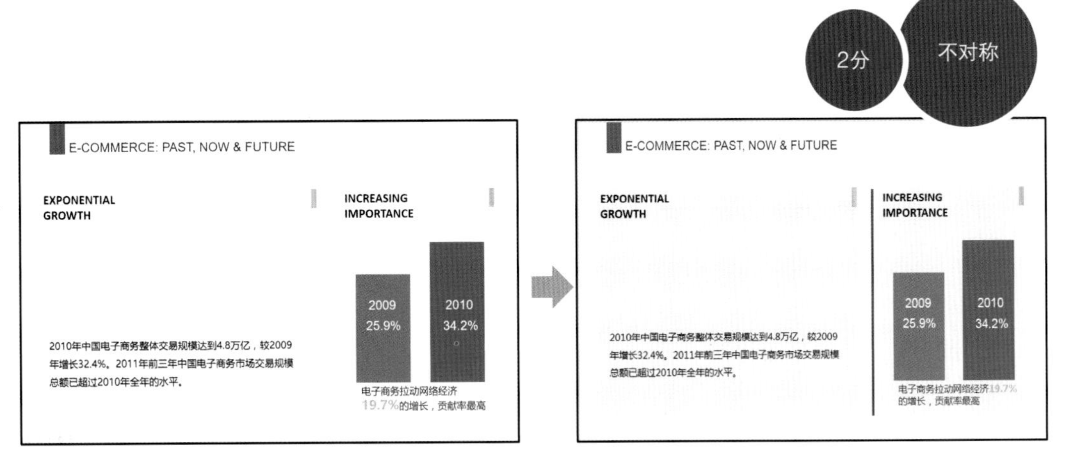

上面左边的案例，将主要内容分成了左右相当的两个部分，没有使用边框和衬底，是一种简单的视觉摆位。接着通过一个比较明显的间隔和一条竖线进行分割（两部分之间对齐；内部也是对齐），形成了右边的案例。

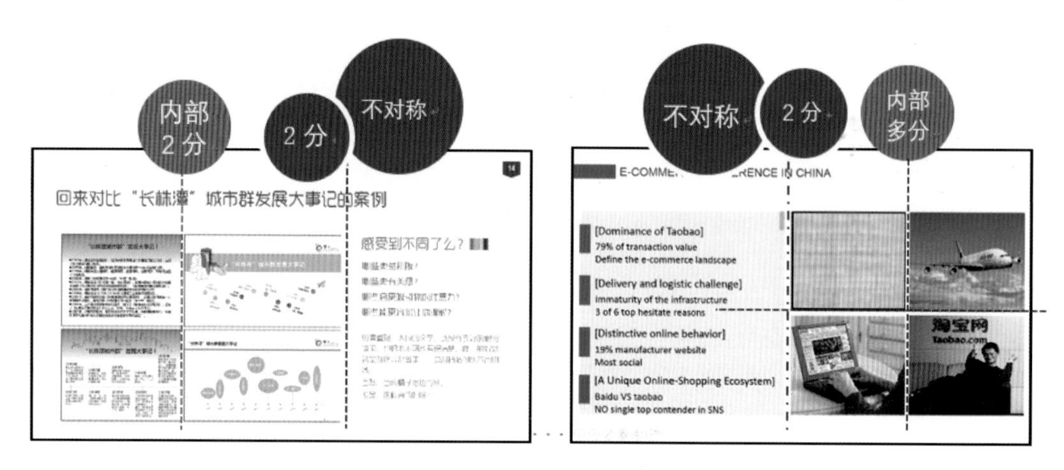

左边的案例有很明显的间隔，更有一条竖线进行了明显的切割，是一个不对称的 2 分，左部分分区中又有一个内部的 2 分。

右边的案例是一个自然的 2 分：一块文字，一块图片。图片区中又有多个分区。

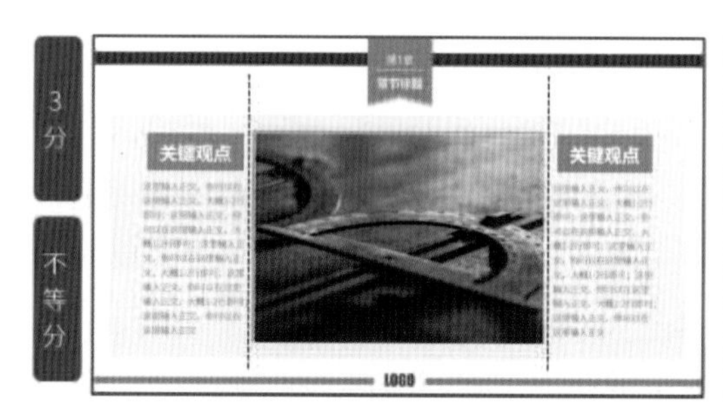

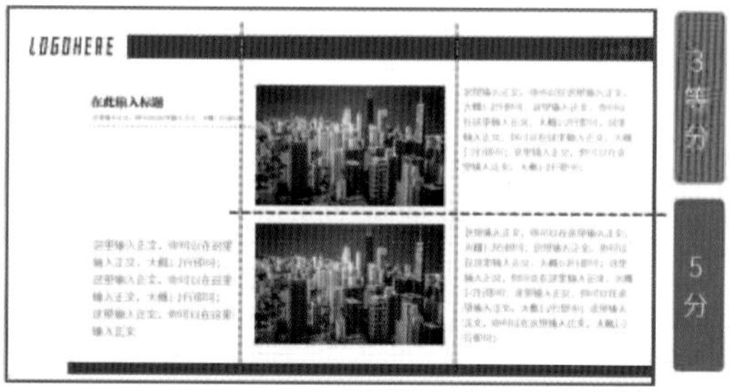

左右两个案例都是 3 分，都是通过间隔空间和外形摆位自然形成的视觉分区。其中，右边幻灯片内容进行 3 分后，又进行了内部的切片分区。

对版面进行分区的方法非常多样，不只是上面看到的几组案例。下面为大家展示解析更多的版面分区设计方法，帮助大家拓展思路。

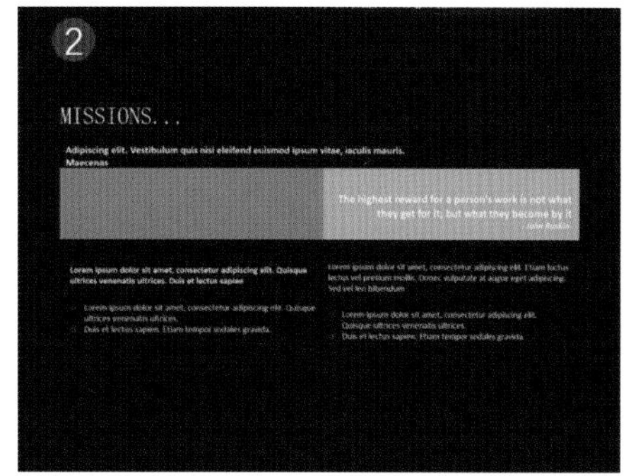

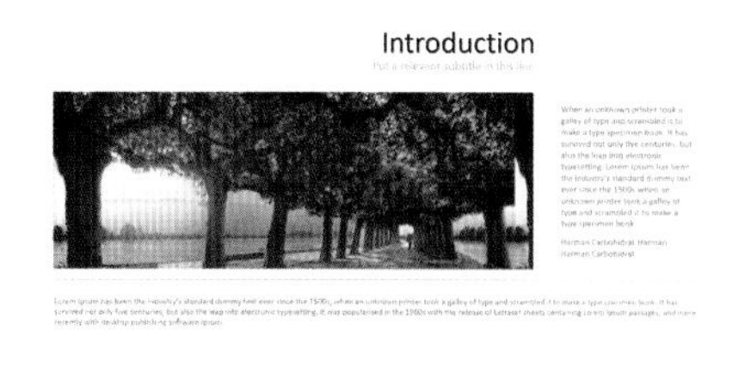

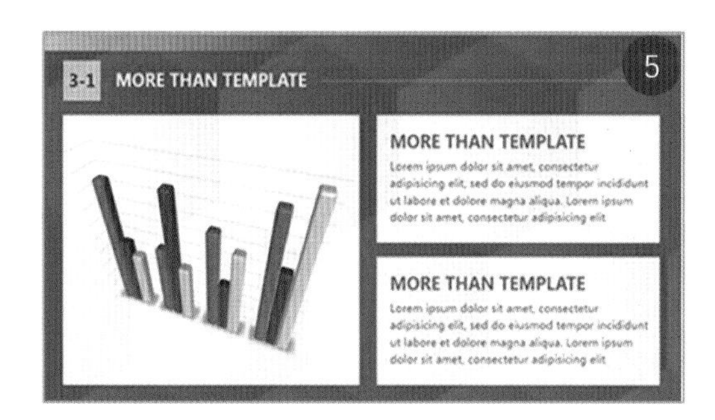

1 号是一多个分区的分法。

2 号属于特色分法：其中一块矩形专用于补充占位和对齐感受，完全没有内容。下面的文字刻意分成 2 片。

3 号用不连续的线条分了 6 个区，并严格做整齐。

4 号既有线条分区，也有视觉间隔的自然分区，做成 2 个大区和 3 个小区。

5 号、6 号和 8 号用方块和条形切分，与 metro 风格原理类似，只是没有那么多的讲究。

小节回顾　版面分区

版面分区是一种整齐化排版的方法，常见手段有如下 7 种：

（1）依照内容的自然分类（段落、要点、图文元素等），对版面进行若干分区。

（2）至少确保不同分区之间的视觉整齐。

（3）视觉上呈方形的区域更利于排布整齐。

（4）区域间的整齐：统一形状、对齐边界、分布间距、平直方向。

（5）可以追求更多的整齐细节，包括区域内部和区域内部内容的跨区域对齐。

（6）区域不一定非要有实线边界。

（7）重复一个区域外形，就是整齐，因为这统一了区域形状。

另外，很多读者在调整单位的外形、尺寸和位置时基本靠眼，操作基本靠手，基本无法精准对齐。元素越多，误差越大，导致最后差距越大，视觉整齐感越差。

在 PPT 软件里有非常方便的工具可以轻松解决这个实际问题，如对齐工具能准确将各种元素对齐和间距分布；大小工具能直接数量化地设置单位的尺寸和角度；位置工具能直接数量化地设置单位在幻灯片上的位置坐标。

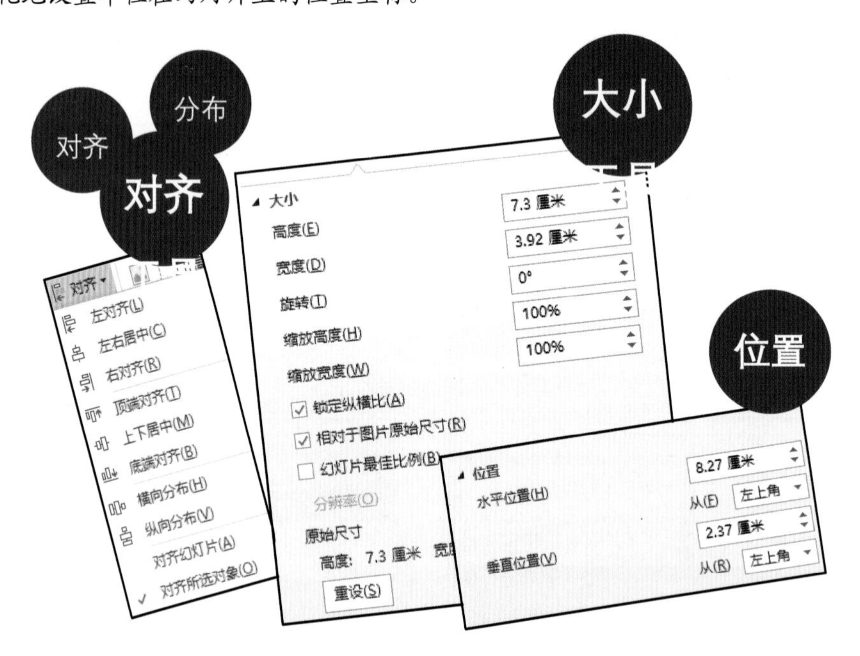

本章金句

无论是新手还是高手，干净整齐的版面是 PPT 设计的主流方向之一。要随心所欲将版面摆放整齐，先弄清楚影响整齐的四大要素，然后控制调整这四大要素。对于不规则的对象可通过框线、底衬和版面网格化规范整齐。另外，还可以通过对版面进行各式各样的分区将版面摆放整齐。

排版布局的若干基本思路

对于新手或是设计经验不足的朋友，按常规方法，要拥有相当美观的排版布局效果，需要很长时间的累积和经验的沉淀，拥有方法，便可大幅缩减这个过程。

具体有哪些方法，下面的内容中将会详细展开……

7.1 常规平铺

包括最常见的自上而下的平铺内容、从左到右的平铺内容、分区铺设内容，也分整齐型的平铺或者对称型的平铺。下面为大家展开讲解。

为了让大家能够看懂后面示意图中的布局元素，先用一张图片展示。

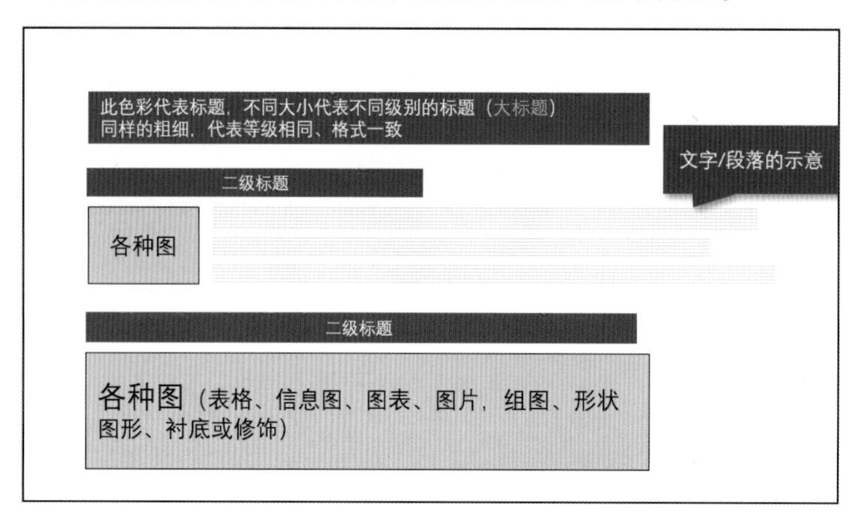

其中，黑色的长条代表标题，线条越粗表示标题级别越高，反之表示标题级别越低；灰色色块代表非纯文字的图形、图表、图片、组图、形状、衬底、表格、信息图和修饰图形等；细密的横线，主要代表最下级的正文，也就是文字段落。

7.1.1 整齐平铺

要对中量、较多、大量甚至超大量的内容做整齐平铺，只需在单纯、整齐、留白、层次的基础上，让整体内容大致摆成长方形的占位，示意图如下。

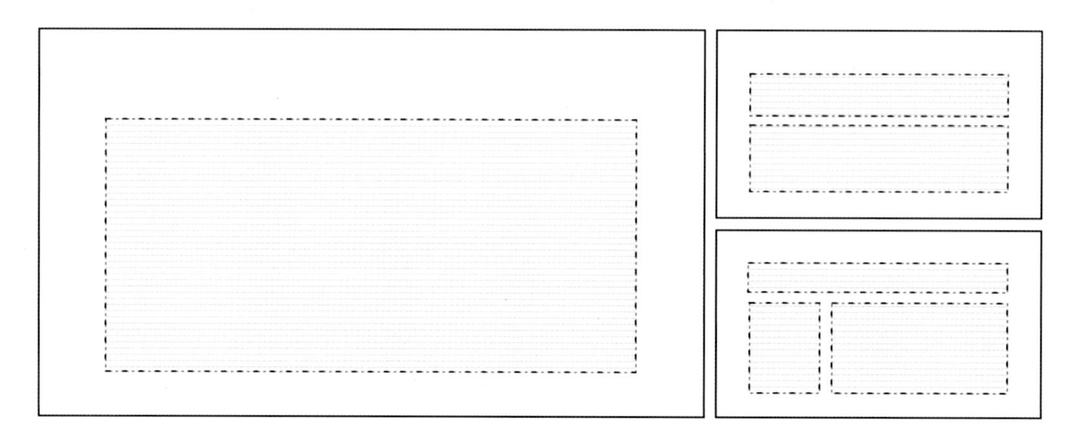

在使用过程中，需要遵循如下几个基本要求。

- 有单纯、整齐、留白、层次的基础。
- 至少在一个方向对齐（左对齐或是右对齐）。
- 整体内容占位以横向矩形展开为主（长边大于宽边的长方形），与横向长宽的版面协调。
- 矩形化后的外形，不要倾斜。

下面分别讲解纯文字类型幻灯片和图文混排类型幻灯片的平铺对齐排版方式，帮助大家更直观地理解掌握。

1. 纯文字类型幻灯片

对中量或是大量的纯文字内容做整齐平铺，方法非常简单，只需摆放整齐，根据文本内容多少按层次进行划分，让版式产生差异。

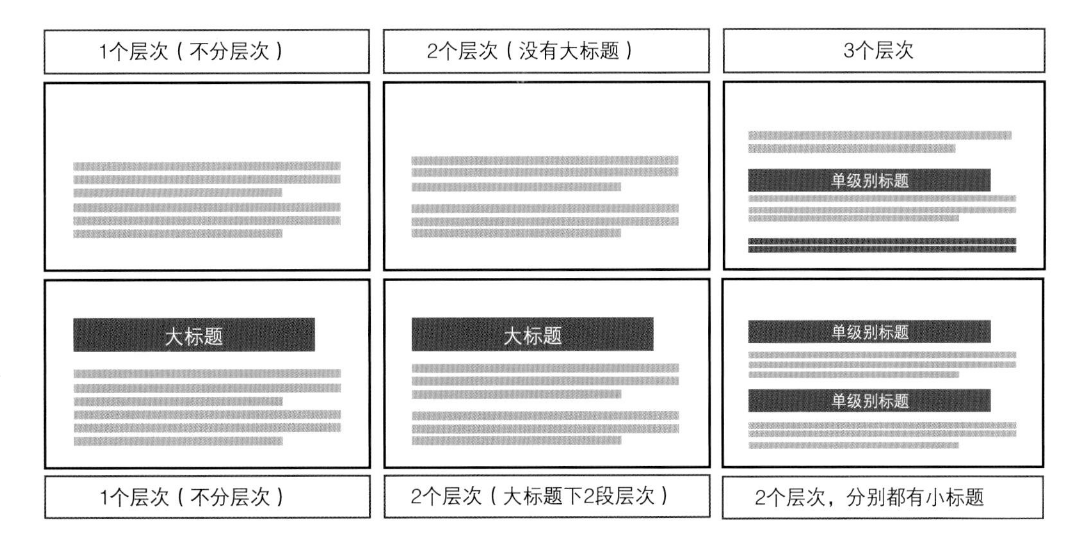

从上面的示意图中可以看出以下几点：

（1）有没有分层次或是分成几个层次没有绝对限定。

（2）页面上是否有大标题没有限定，并且大标题不影响内容部分的层次关系。

（3）在层次处理上，不一定有小标题，只要格式差距足够明显就行。

（4）有小标题，层次更显著一点。

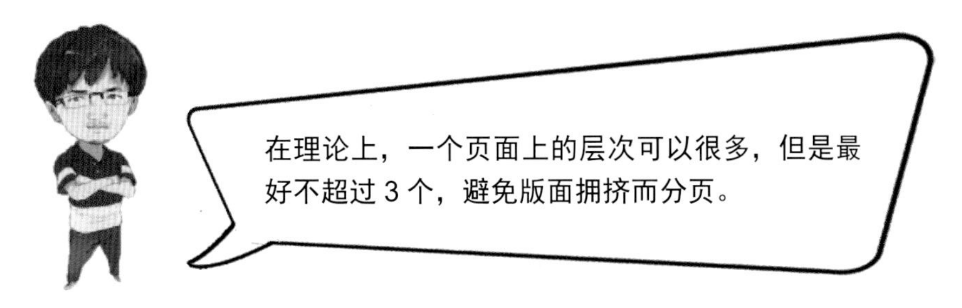

另外，同一页幻灯片中，也可以是多级层次：大标题统领大层次，小标题统领小层次，

更小标题统领更小一级的层次。示意图如下。

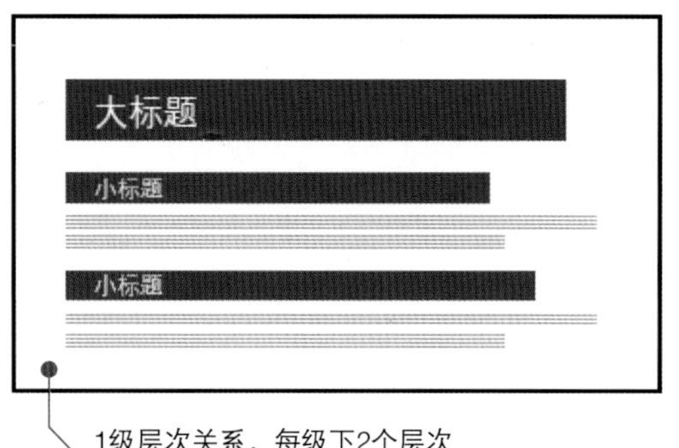

1级层次关系，每级下2个层次
1（层次等级）×2（每级数量）

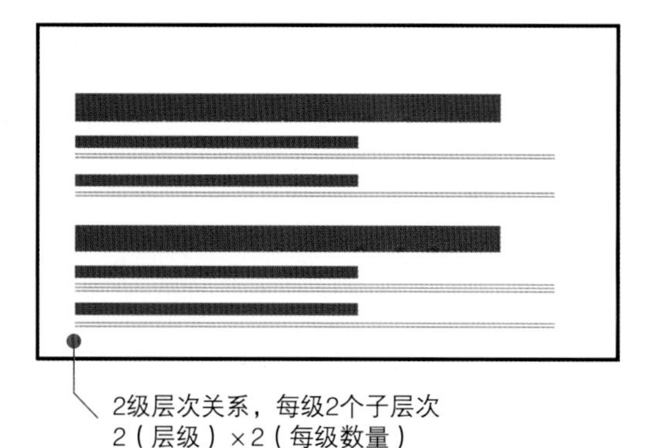

2级层次关系，每级2个子层次
2（层级）×2（每级数量）

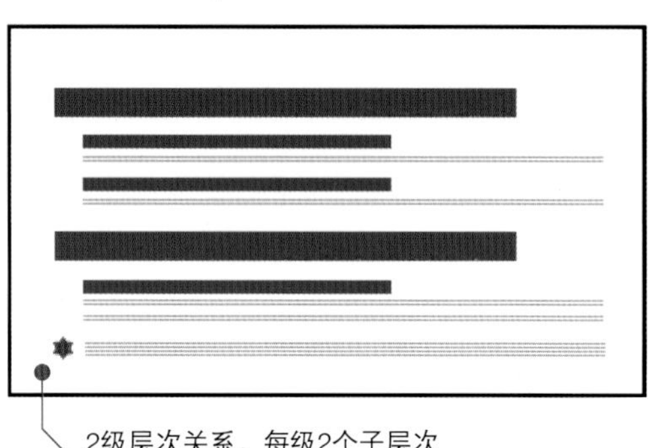

2级层次关系，每级2个子层次
2（层级）×2（每级数量）

3级层次关系，每级层次不等
第1大层2层次+第2大层1层次+
第3大层1层次(底部注释)

上面示意图中纯文字都是左对齐，但也可以右对齐，只是对齐基准不同，都是某一侧的对齐。右对齐的示意图如下。

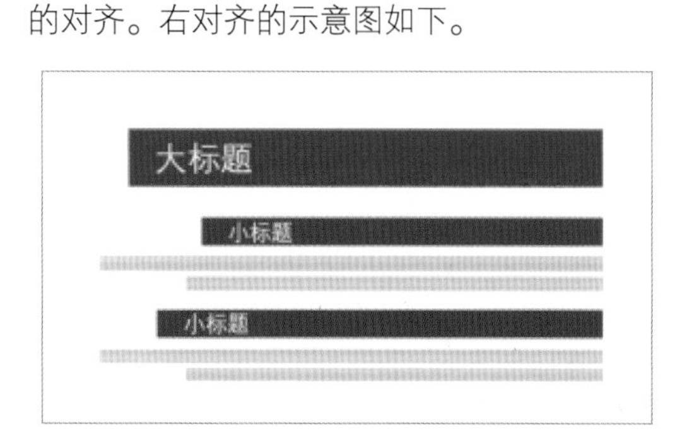

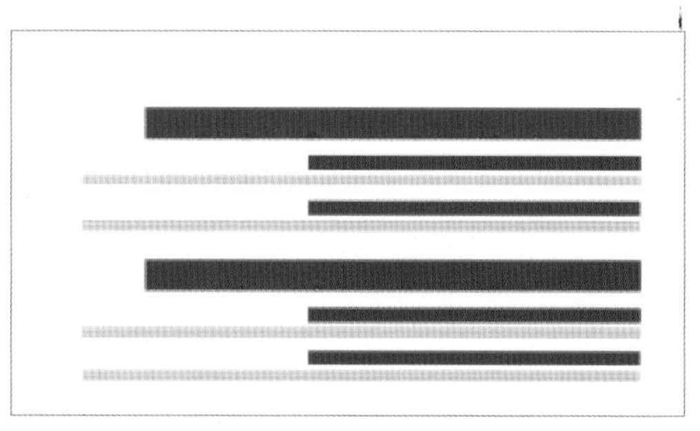

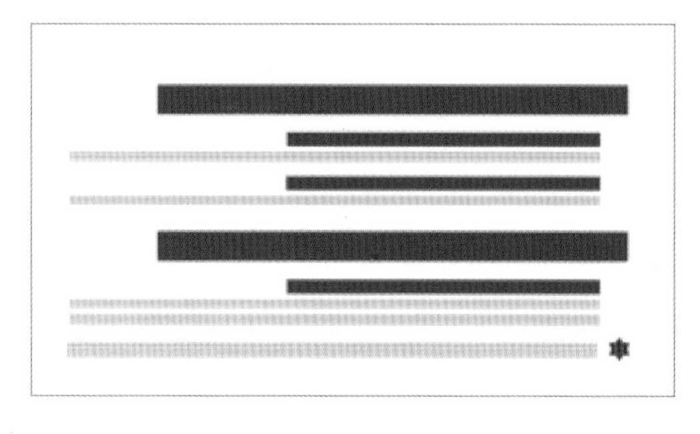

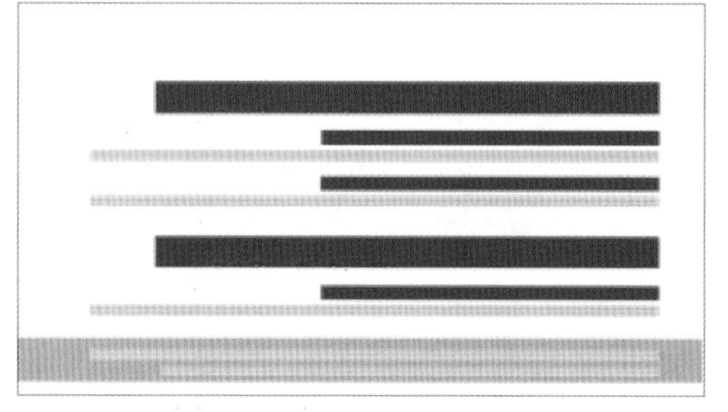

下面为大家展示一些实际案例效果，帮助大家更好地理解掌握。

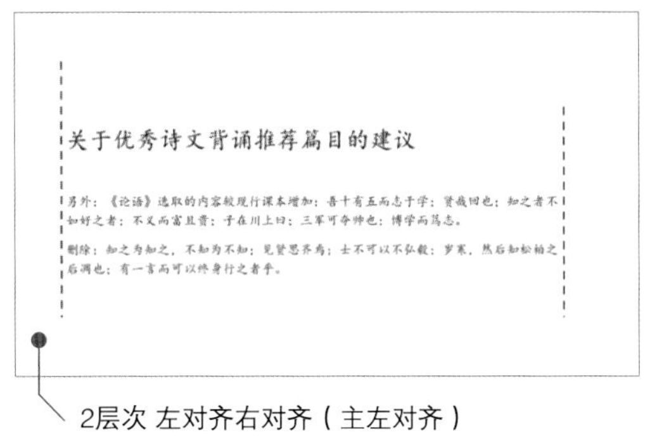

2层次 左对齐右对齐（主左对齐）

2层次 左对齐右对齐（增设小标题）

1（级）×4（层次）右对齐

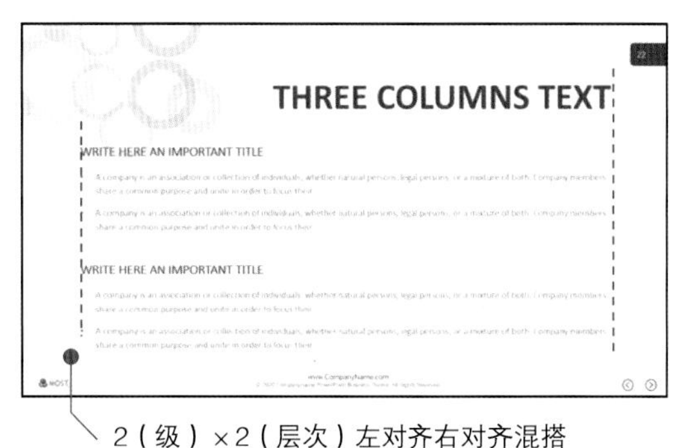

2（级）×2（层次）左对齐右对齐混搭

2. 图文混排类型幻灯片

图文混排类型幻灯片的平铺对齐，可以从6个方面入手，下面依次介绍。

（1）图文左右混排：左图右文或是右图左文

在纯文字的版面里，方正抠出一块或者几块区域，用于摆放一张或者多张图片，变成图文混排版式，然后将文字进行整齐处理。

下面这组示意图中从左边变到右边，是完全一样的整体外形占位，也是同样的层次、大标题和两个段落。只是在第一段内容的左边添加一张或多张图，做成了图文混排类型的平铺对齐。

纯文字：一个标题+正文，单层次

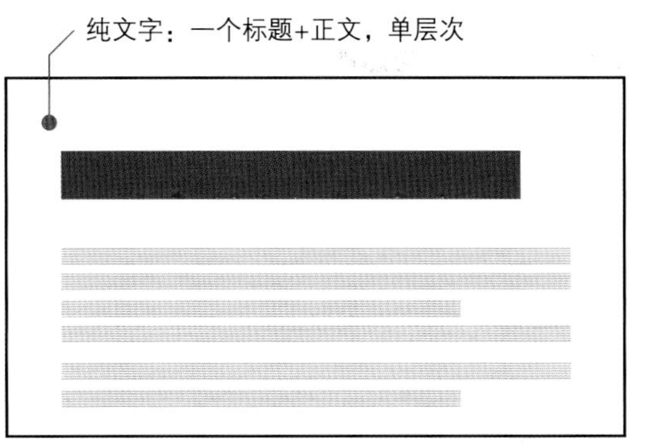

图文混排：标题+图文混排，也是单层次

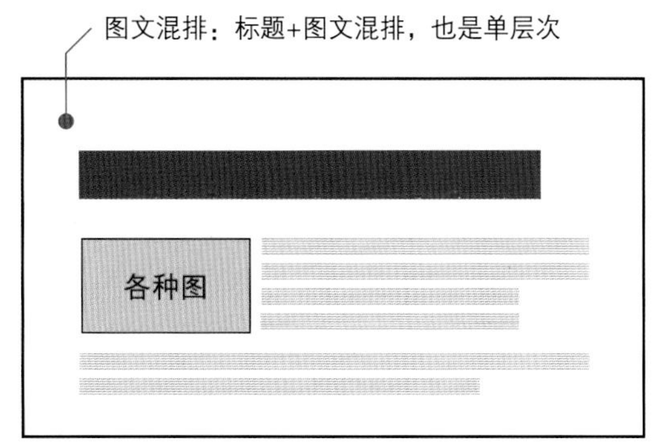

图文混排类型幻灯片中，图片的放置位置有如下几个参考标准：

（1）整齐放同时，图片附近的内容，要尽可能地处理整齐。

（2）视觉上需要注意那些可能暗示的从属关系：图片必须放在对应层次。如“图 2-1”图片明显从属于第 2 个层次，而不是第 1 个内容层次；“3-1”图片明显是属于第 1 个层次。“3-2”图片明显属于第 2 个层次。

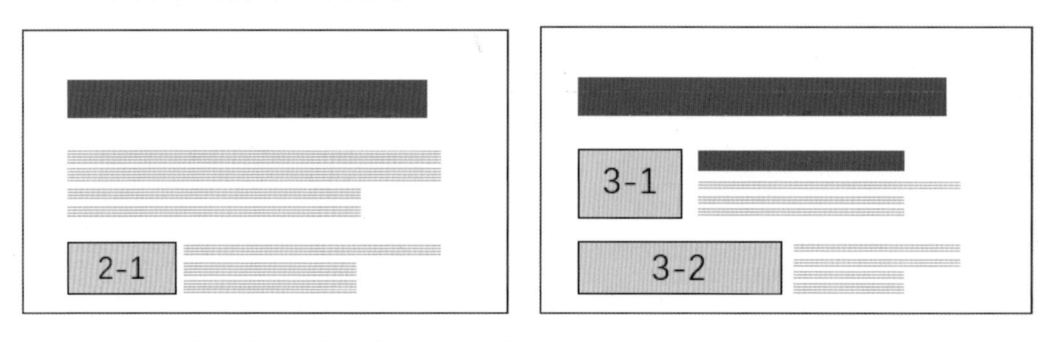

（3）图片也可以跨层次，或者独立自成层次。

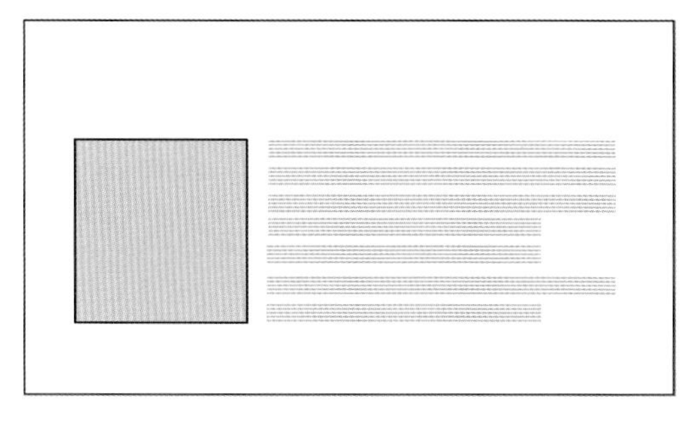

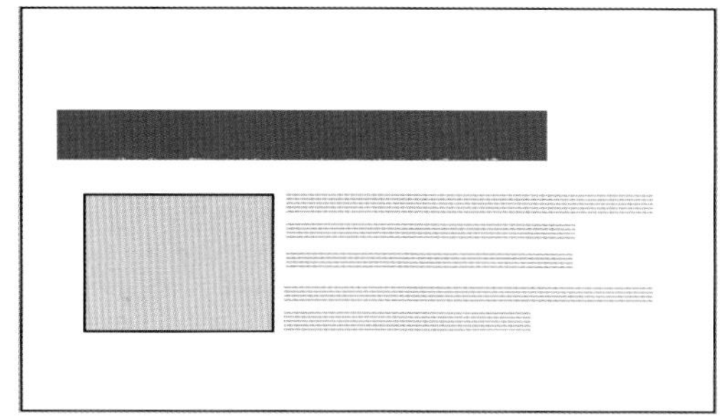

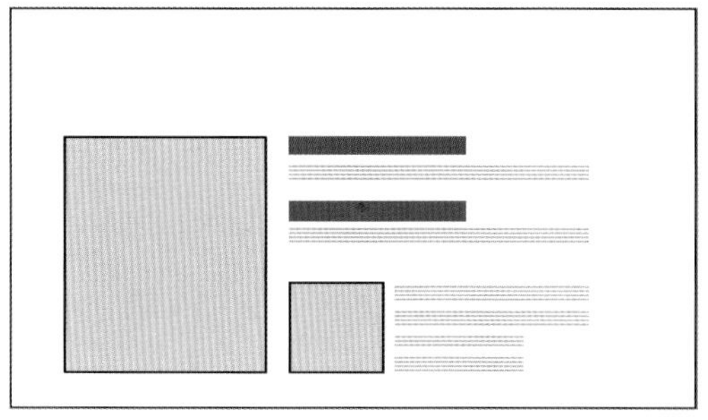

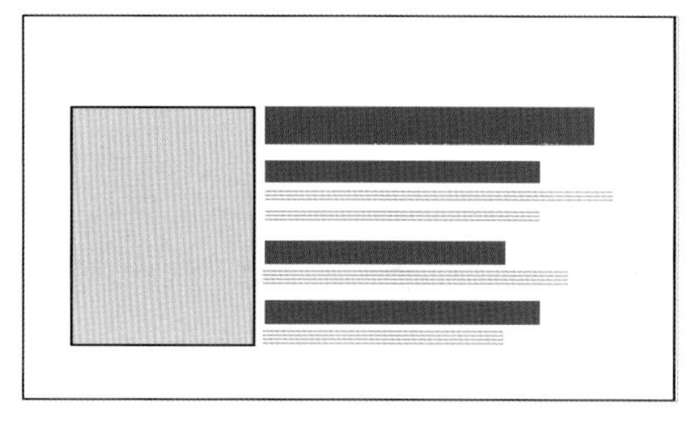

下面通过两个案例为大家展示一些图文混排类型的幻灯片效果。

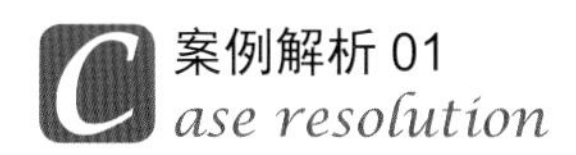

案例解析 01
Case resolution

从 1 号纯文字幻灯片类型演变到图文混排类型幻灯片（2 号 ~8 号是从 1 号幻灯片上演变而来）效果解析展示。

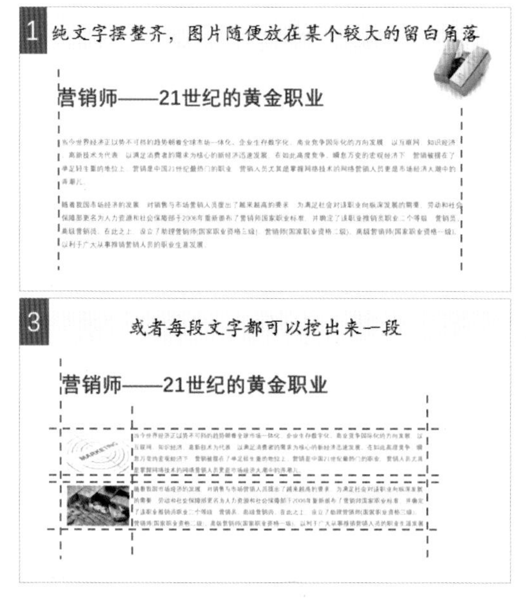

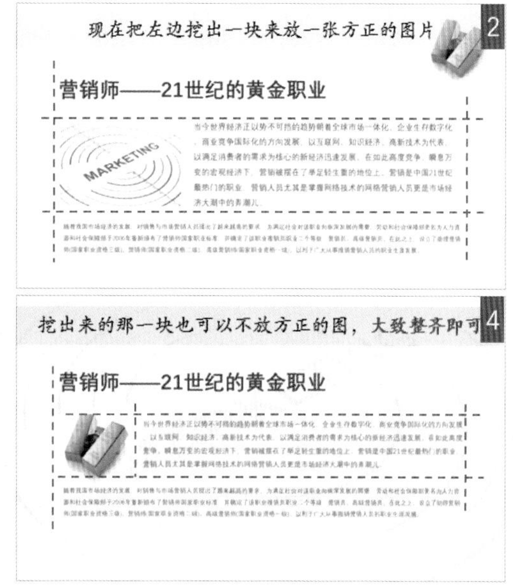

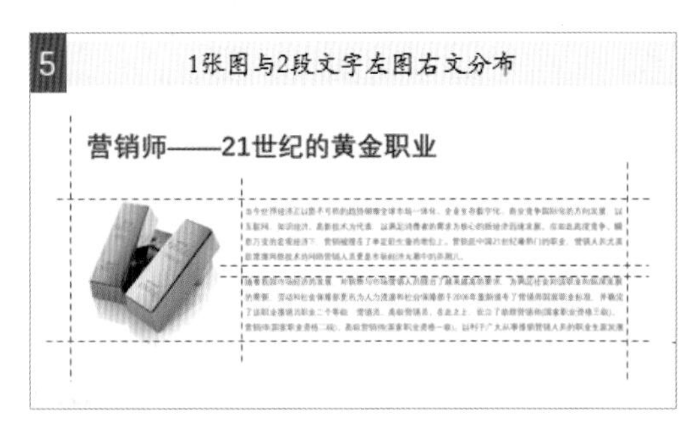

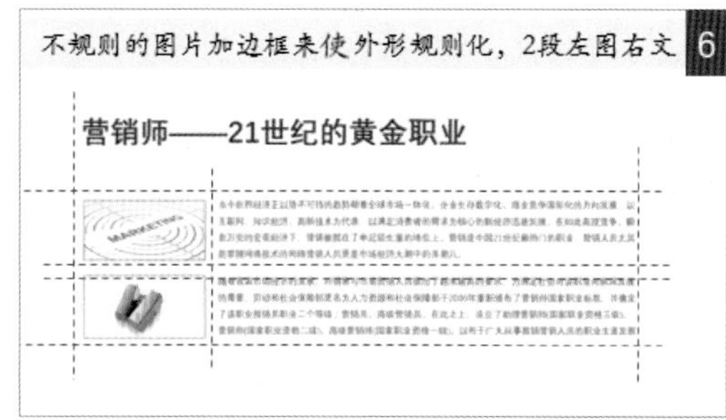

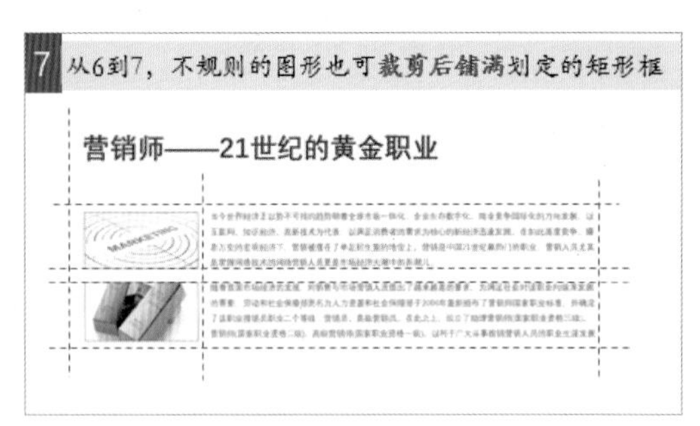

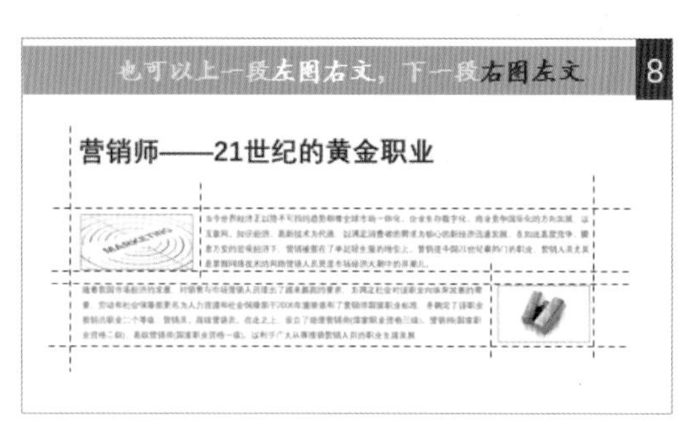

案例解析 02

ase resolution

从 1~2 的变化：文字右移，让出一块，放置图片，左图右文，有套模板，主左对齐，右侧错落。

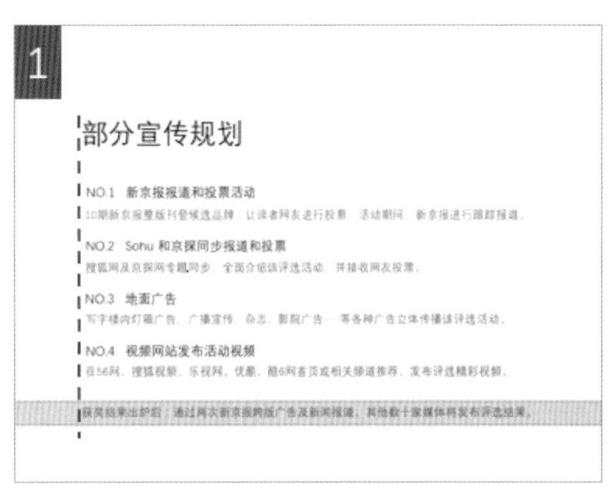

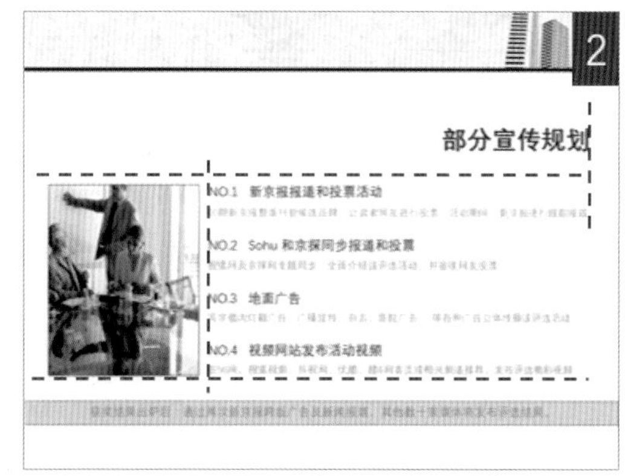

从 3~4 的变化：文字右移，每层配图，左图右文，背景白板，主左对齐，右侧整齐。

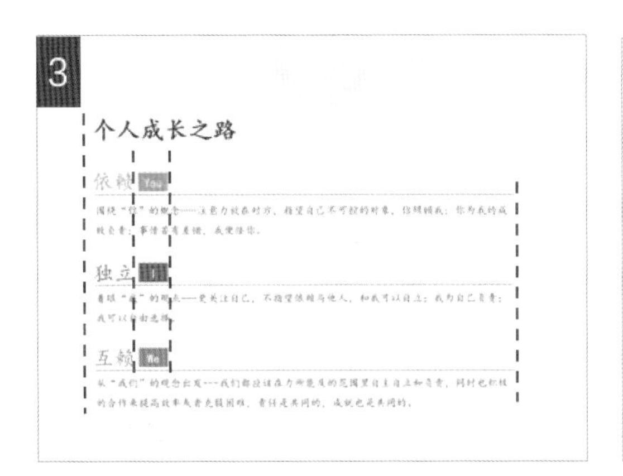

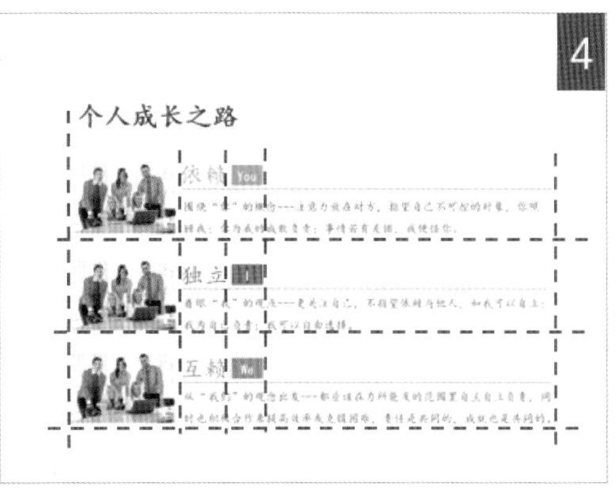

我们这里稍微拓展一下，示范一下怎么解析他人的幻灯片图文混排模型。

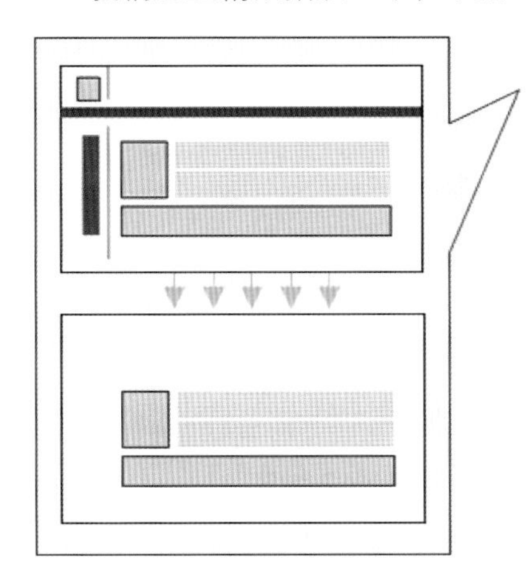

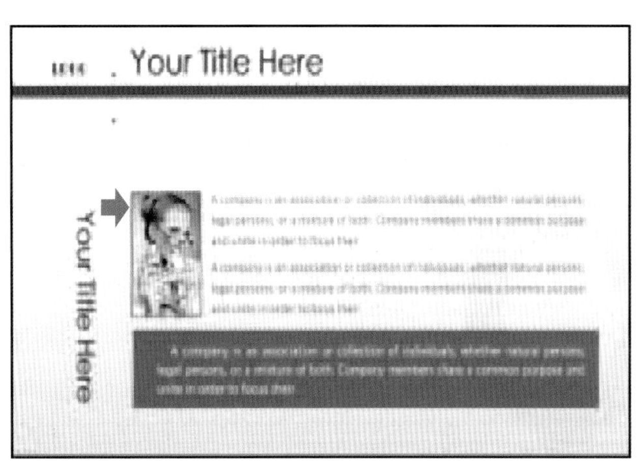

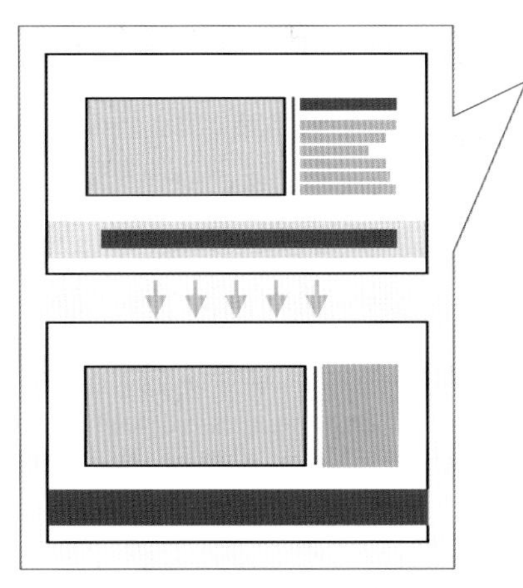

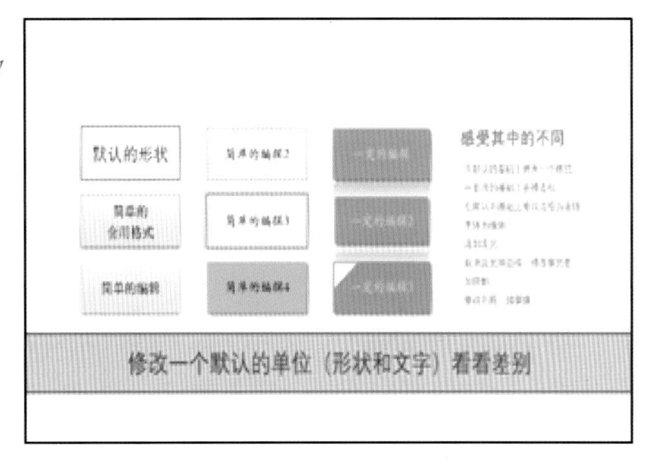

（2）上图下文

图文可以左右分布，也可以上下分布。上下分布分为两种：一是不属于任何一个子层次，独立在版面的顶部，如下图所示。

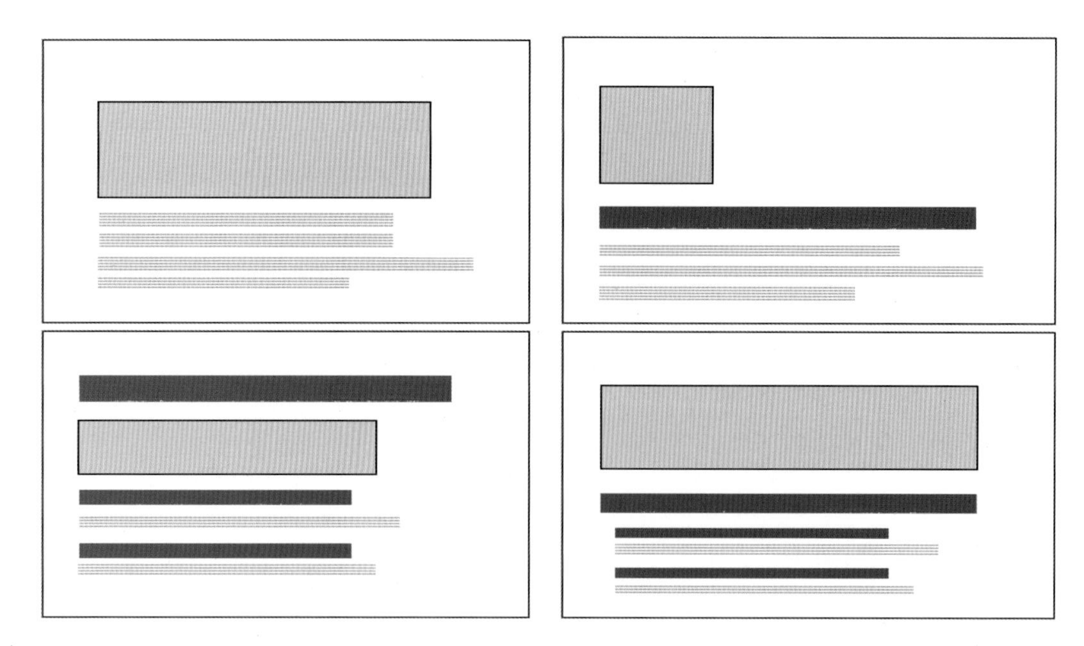

二是局部的图文上下分布，也就是所有图片都属于某个局部层次（局部层次内的图），示意图如下。

图在文（层）外：图片作为一个独立层次在下，文字部分不管几个层次都作为与图片同级的层次在上。

上图下文，图片是横向长宽的图表
背景：纯浅灰色背景板　主左对齐
大标题：大小字体粗细结合的文字群

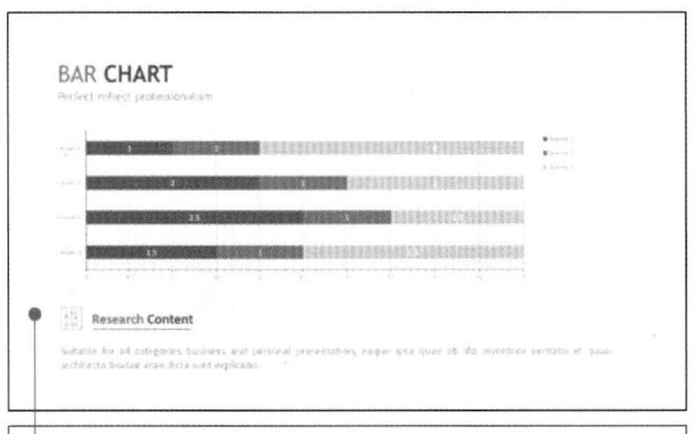

图表下的文本层次标题区，有一个小小的修饰图标；
即这里文本内容部分的标题区，是左图右文的

上图下文，标题、正文与分割线完全左对齐
组图是居中对称于版面的，但总体依然是整齐的风格

上图下文，大标题放在地步穿屏的衬底上
上图部分左图右文（衬底不算图）
上图部分也可认为是组图（衬底算图）
背景：白板　大标题：有　主左对齐

上图下文，通过分割线明显分成2个层次
上部层次可说是左图右文，也可说是组图（衬底视为图）
下部层次文字对称居中，顶部标题文字群右对齐
整体依然偏整齐，主右对齐

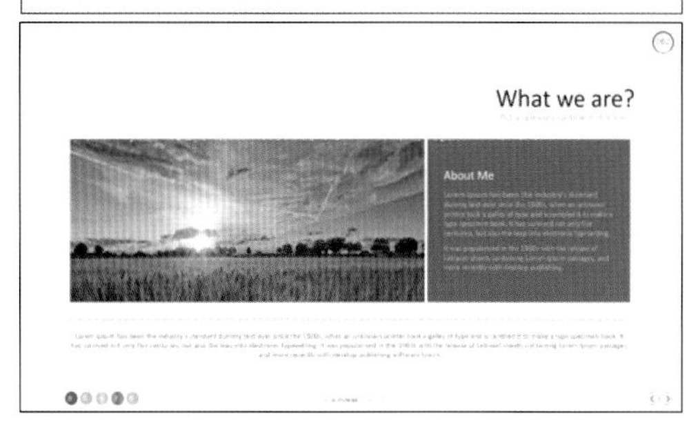

（3）下图上文

下图上文与上图下文逻辑恰好相反，但思路一致，也分为两种：一是图片作为一个独立层次在下，文字部分无论几个层次都作为与图片同级的层次在上，示意图如下。

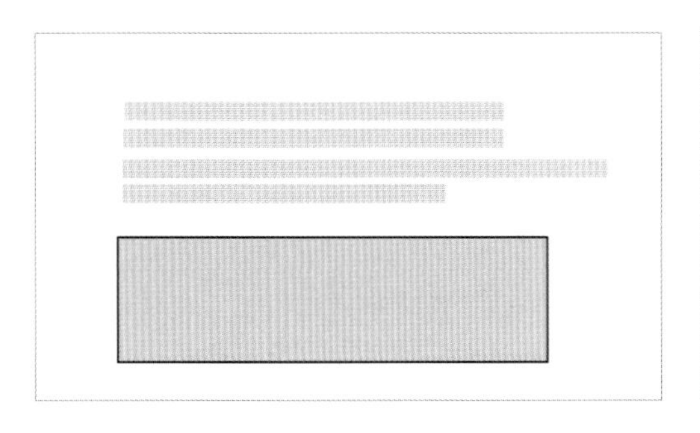

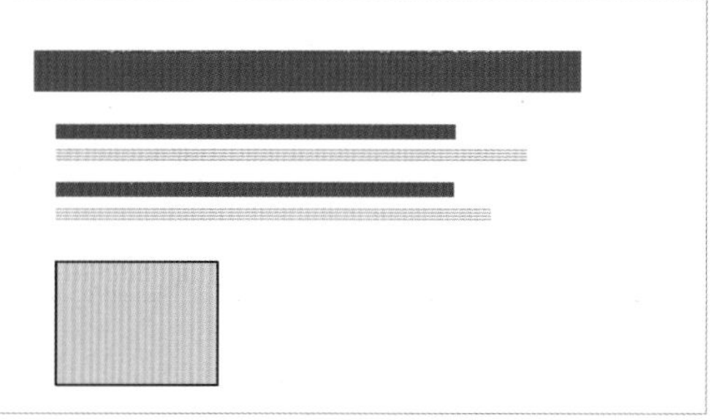

二是图在文（层）中：在一个层次里，图片在下，文字在上，示意图如下。

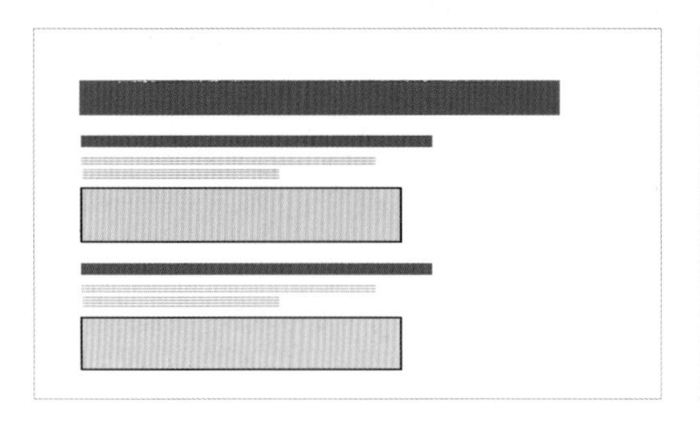

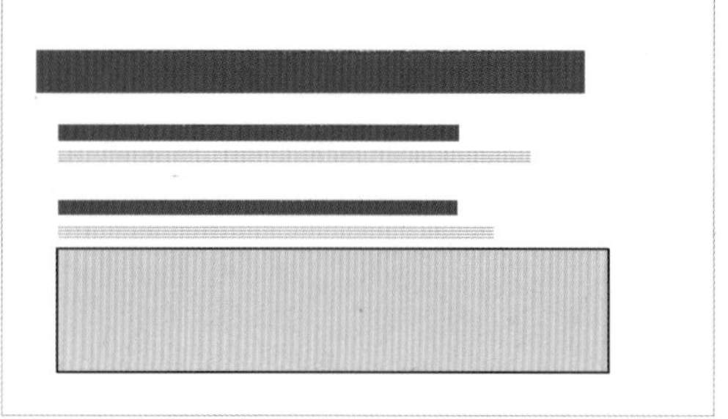

案例展示
Case presentation

分别在上下2个层次都进行了**上图下文**的布局
2个明显的层次都是左右都有对齐、但对齐偏左（文本左对齐换行靠左），大标题右对齐
整体左对齐的处理

分别在上层次**上图下文**、下层次**上文下图**的布局
2个明显的层次都是显著的左对齐，右侧也有对齐处理
大标题右对齐
整体视觉上，依然是左对齐的处理

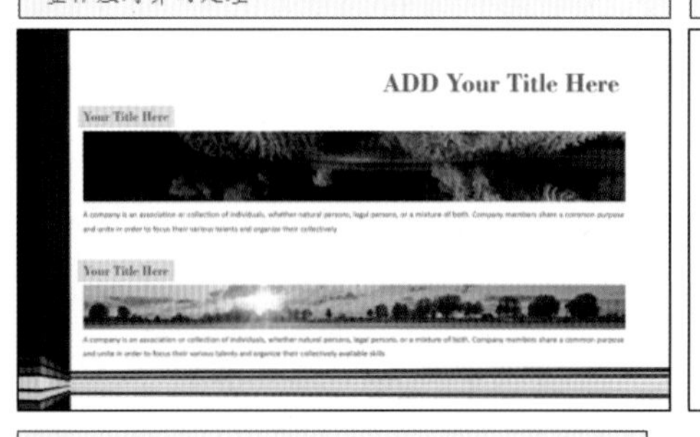

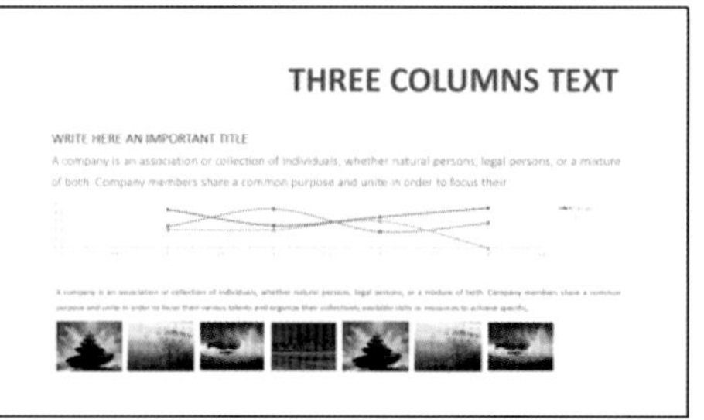

上文下图，图片是2个框线隔开的图表
背景：白板　大标题：有　主左对齐

上文下图，完全的左对齐

版本升级对用户留存度的影响

4月18日2.0版完成升级以后，用户留存数据在升级后整体有大幅改观，但用户流失的情况依然严重4月18日2.0版完成升级以后，用户留存数据在升级后整体有大幅改观，但用户流失的情况依然严重

（4）图在中间

图在中间是指图片自上而下居于幻灯片中部，从属于某个文字内容层次。

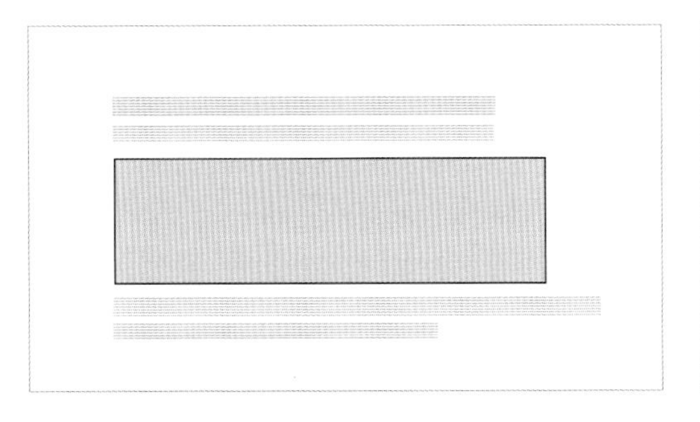

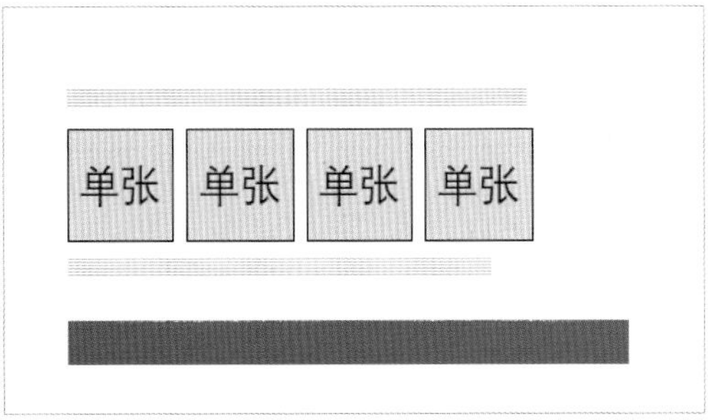

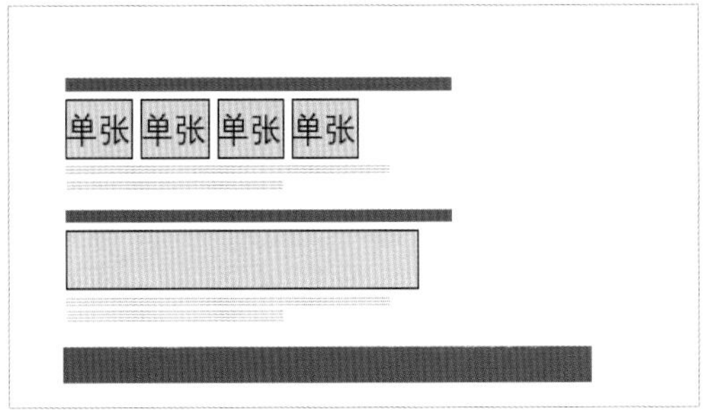

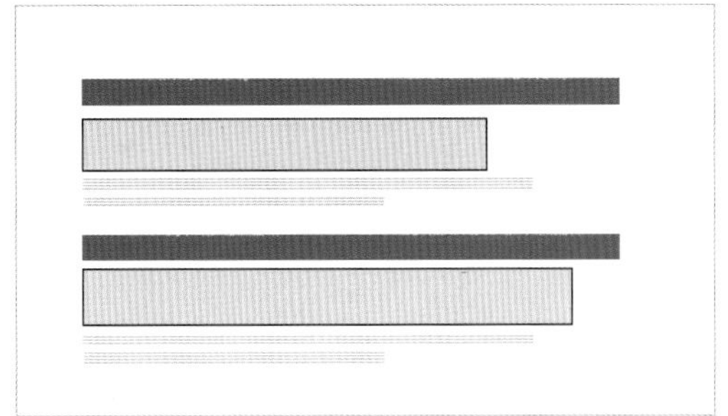

案例解析
Case resolution

图在中部
左右的对齐都很显著，内容部分更显左对齐，标题更显右对齐，因为内容左右的对齐都很明显，所以略微整体偏右对齐

对底部的标题增加贯穿屏幕的衬底，更稳

图在中部
图文部分右对齐，标题也是右对齐，主右对齐；
即使这里标题是左对齐、居中或者其他位置的，也不改变这种右对齐的特征，因为现在内容右对齐太显著了

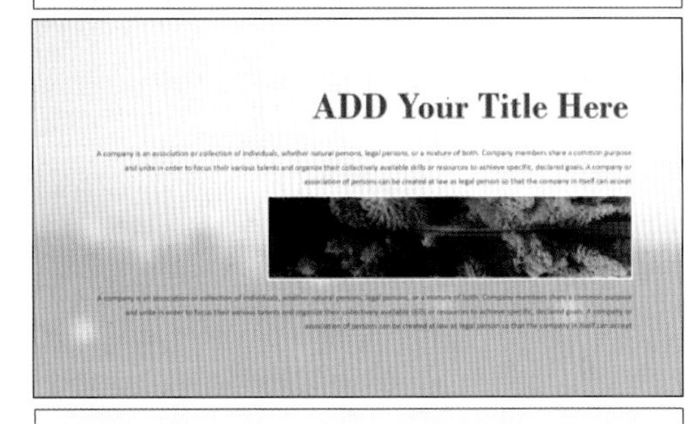

同样是图在中部，长一点短一点都可以，不满意就改变图片尺寸，改变图片的外形可以使用**图片裁剪**工具

另外，横向图片居中，文本内容在两侧（这种版式比较少见，因为它不容易驾驭），通常需要用衬底 / 框线补足整齐，实现版面分区，示意图如下。

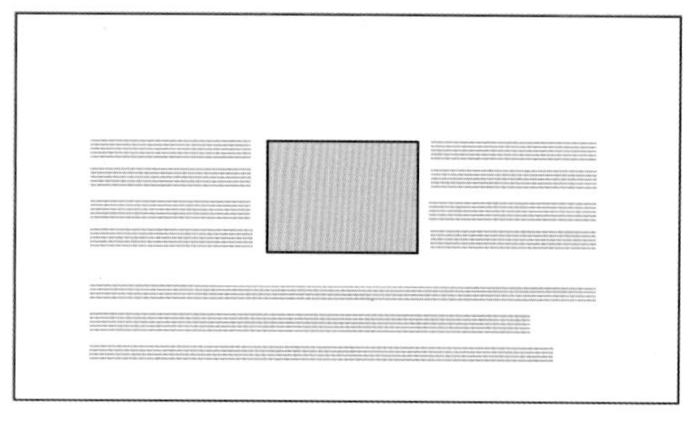

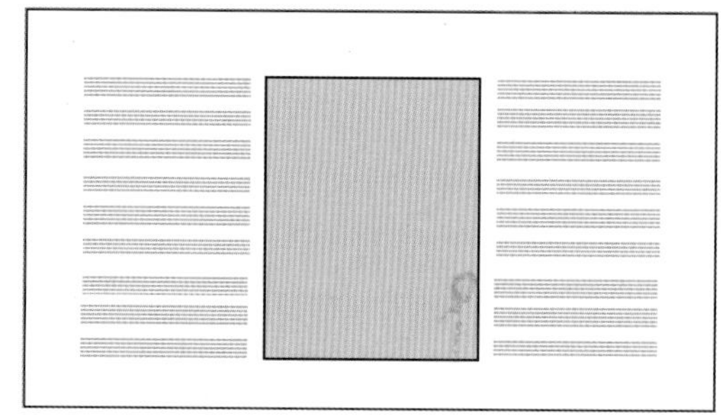

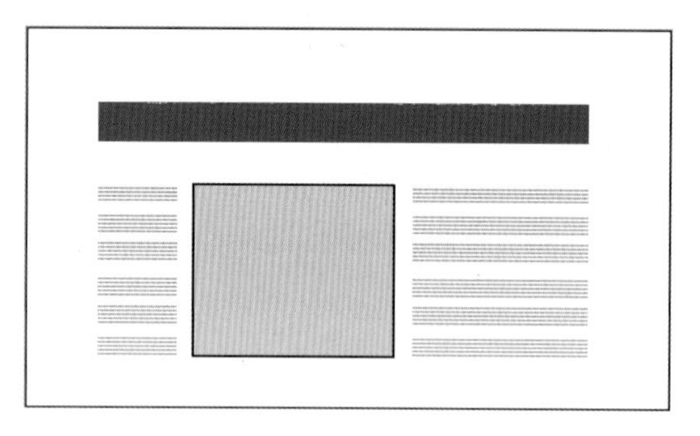

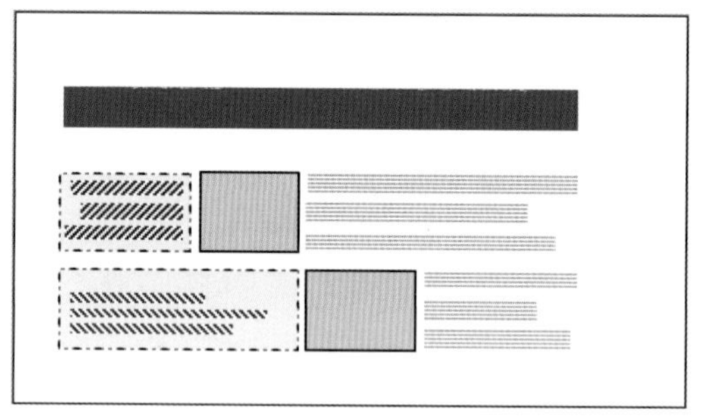

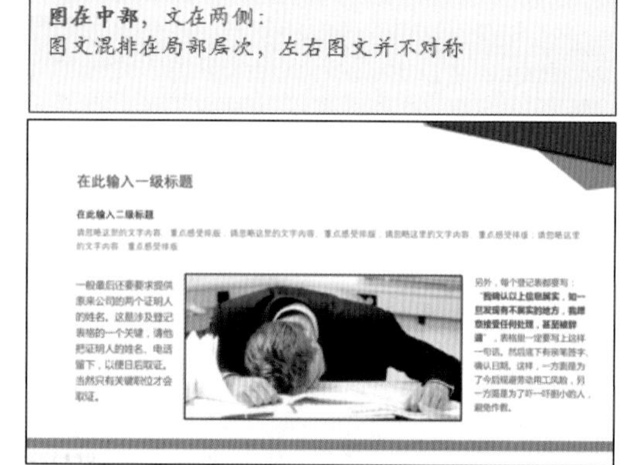

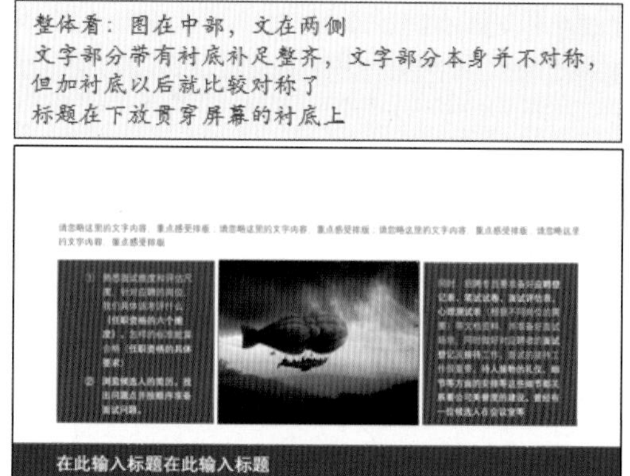

（5）文字在图中间

图片可以放置在文字中部，也可以让文字在图片中部，也就是图在文字两侧，示意图如下。

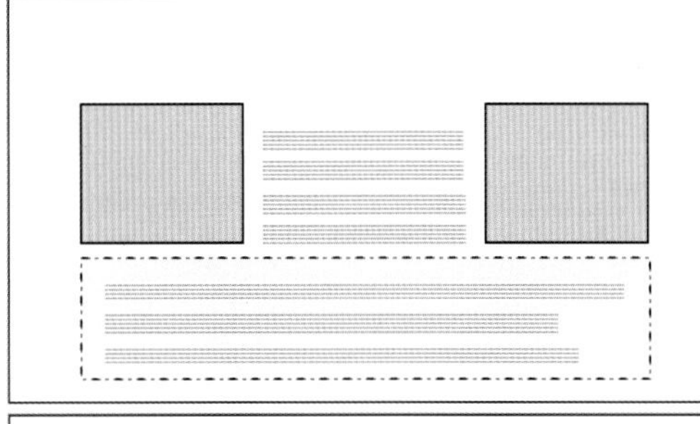

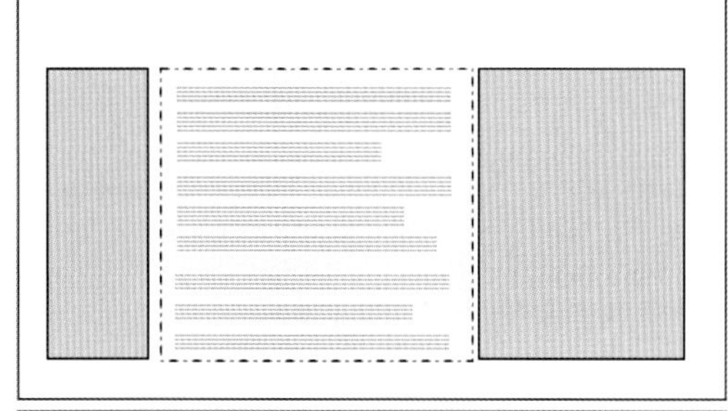

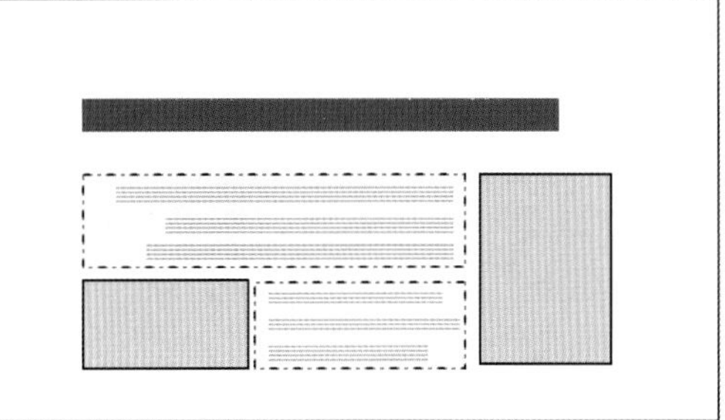

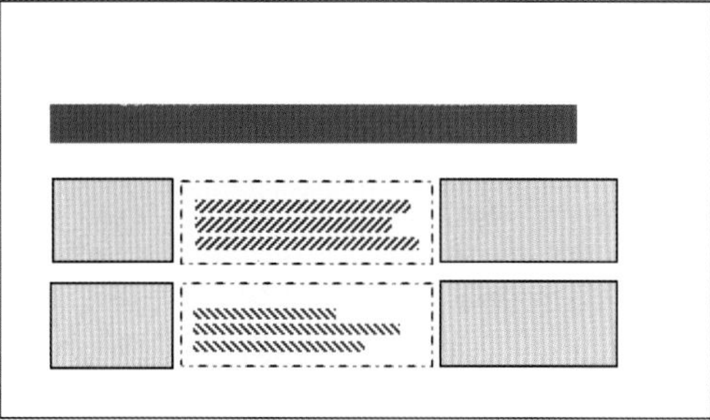

案例解析 Case resolution

文在中部，图在两侧，左右两张图到中部内容的距离相同
文有衬底，整齐感较好
偏左对齐，标题在下，在贯穿的衬底上

图在中部，文在两侧：
两侧的文字，在水平上的整齐，这里特意处理的错落（不完全对齐），也完全的ok

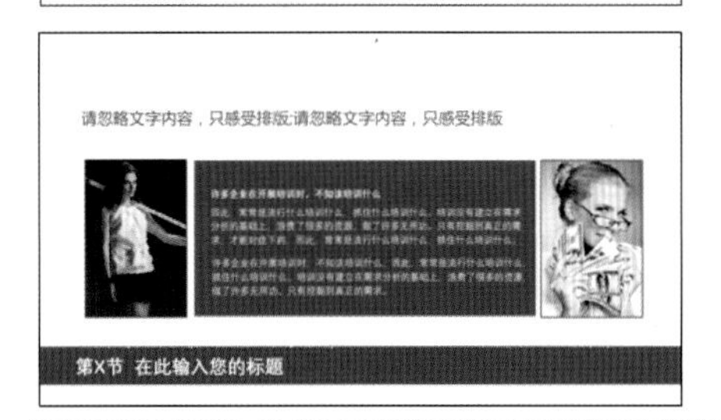

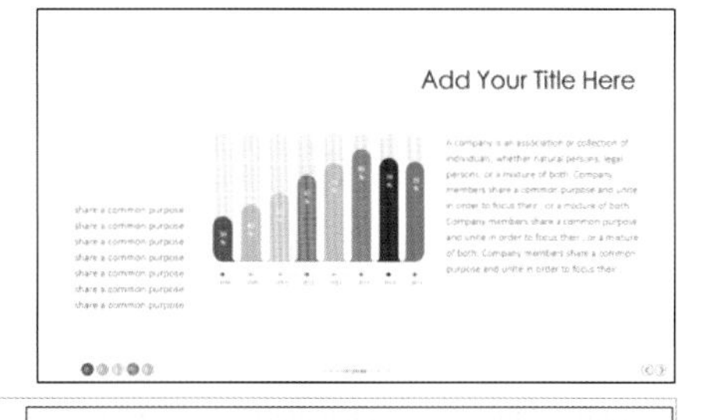

图在中部，文在两侧：
中部是一组关系图
左侧一组图文，分四个小层次，左侧部分严格整齐
右侧纯文字，标题+一段文字，右侧部分内也基本严格整齐
左中右的整齐都不是很严格，但整体依然足够整齐，左中右是间隔等距的。

整体看：图在中部，文在两侧
分开看：上一层次，主要是左图右文，下一层次是图在中部
左右都很整齐，主右对齐，因为右侧的内容更重要

（6）混合应用

在布局中可以将上面列举的 6 种图片排版方式进行混合应用，示意图如下。

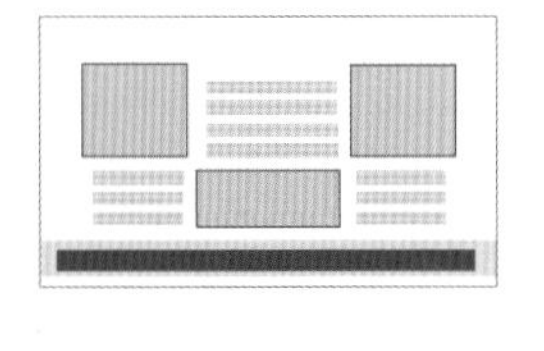
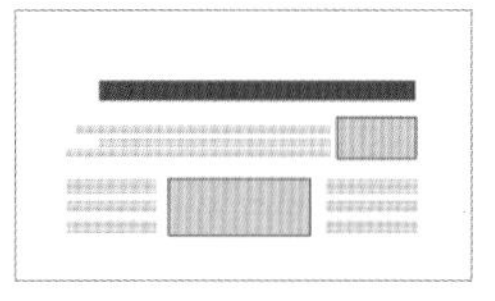
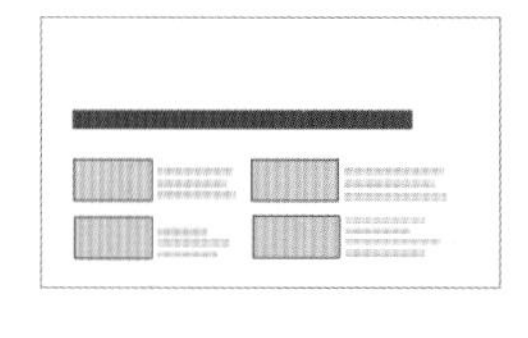
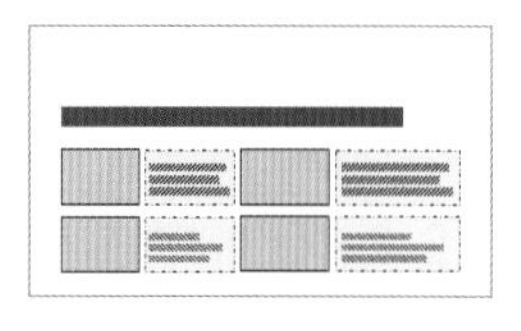
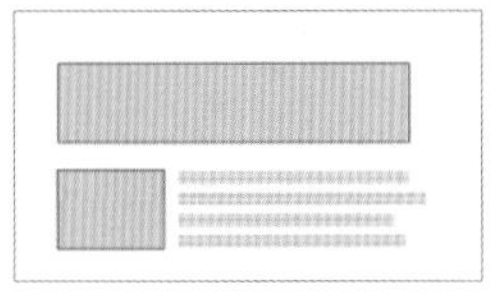
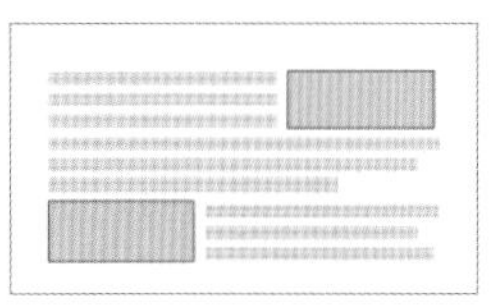
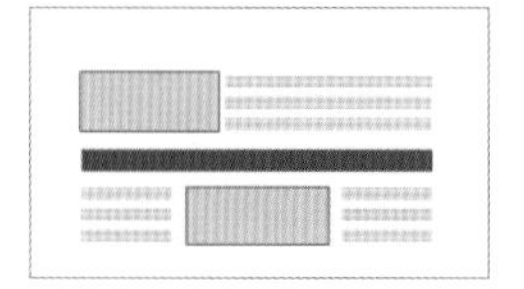
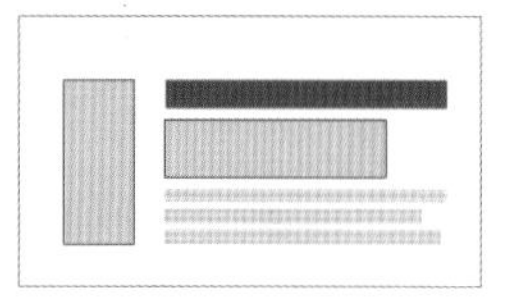

左**图**右文+左文右**图**混搭

左**图**右文+左文右**图**混搭

左**图**右文+左**图**右文+左文右**图**

上下图文交叉混搭

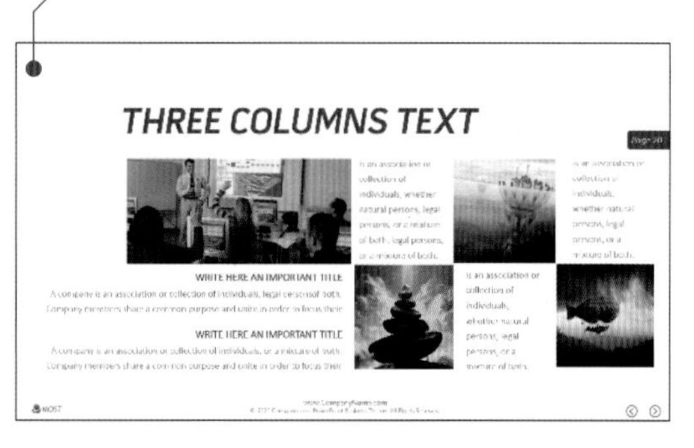

7.1.2 分区平铺

分区平铺，是对内容的排版占位空间进行分区和排版，属于整齐平铺的另一种做法，与图文混排有一个共同的基本逻辑：形成整体上长宽的矩形占位。怎样实现分区？主要有四个要素：距离、框线、衬底和其他明显不同的边界和隔离感。

1. 二分区

一般情况下是从水平或者垂直方向将幻灯片一分为二，将内容分成两块矩形的区域，可以等分，也可以不等分，示意图如下。

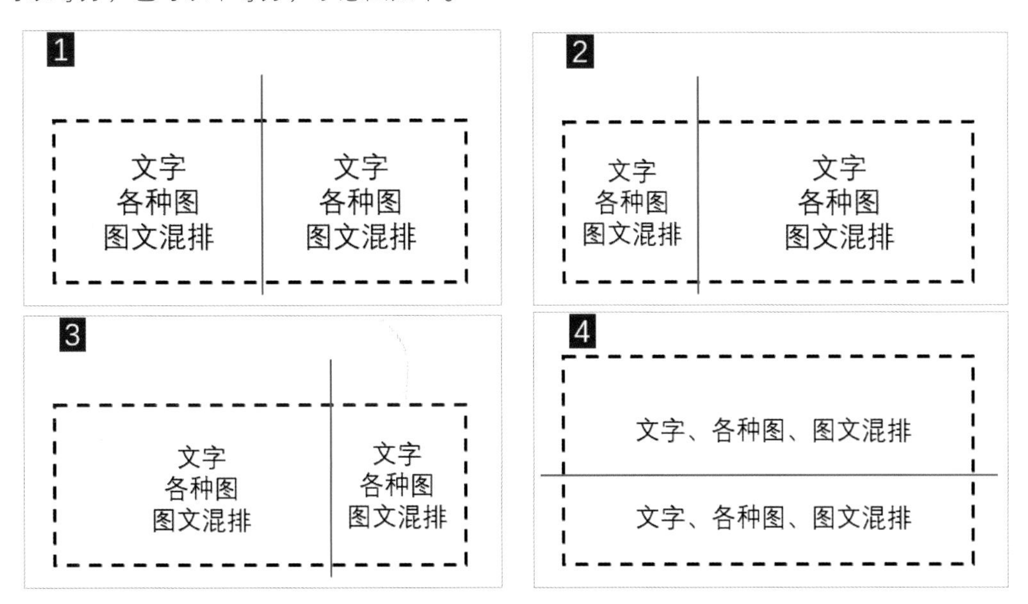

示意图中1、2、3号竖着分。4号横着分。每一个分区内部，既可以是纯文字和图形图片，也可以是图文混排，甚至还可以再分区。注意要做到分区的层次关系与内容逻辑层次关系一致，即视觉与逻辑一致。

不同类型的两个分区，每个分区内都可以是图、文、组图、图文混排等各种类型。

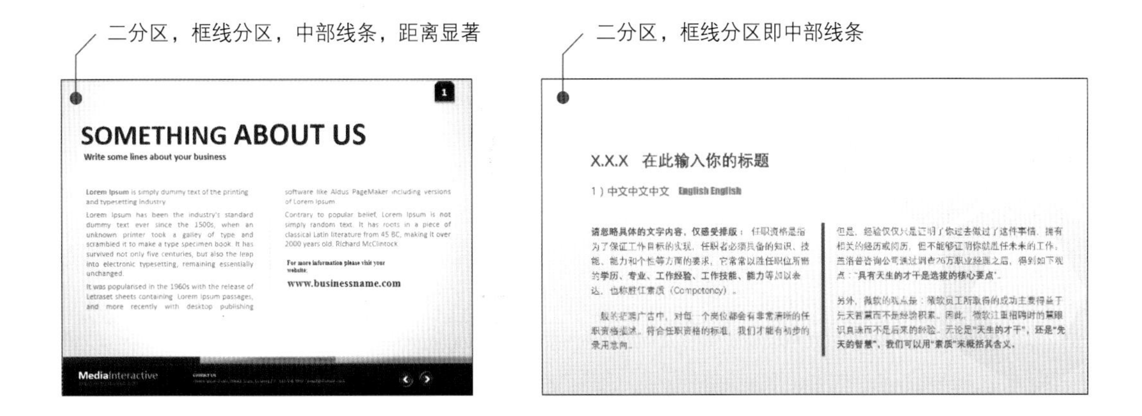

二分区，框线分区，衬底分区，距离显著

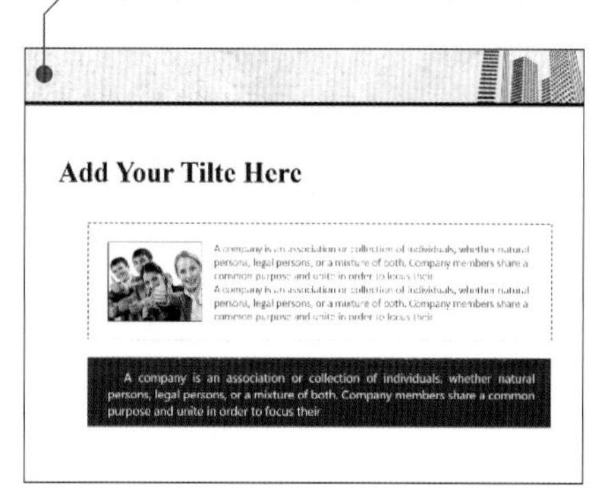

大区，二分区，衬底分区，距离显著，
4图还可以再分小区

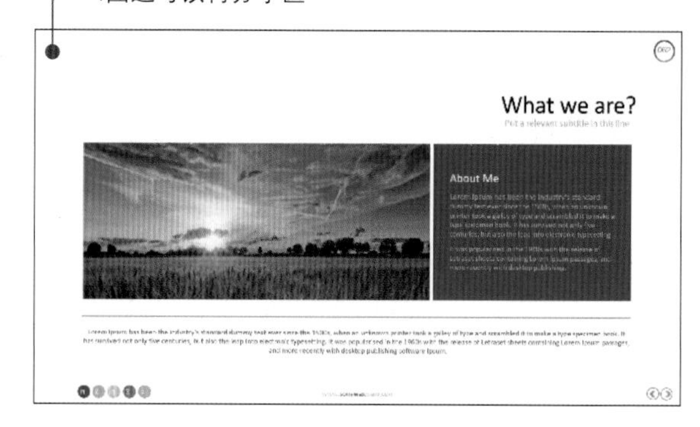

框线左右的二分区，当然，左侧还可以看成分上下二区

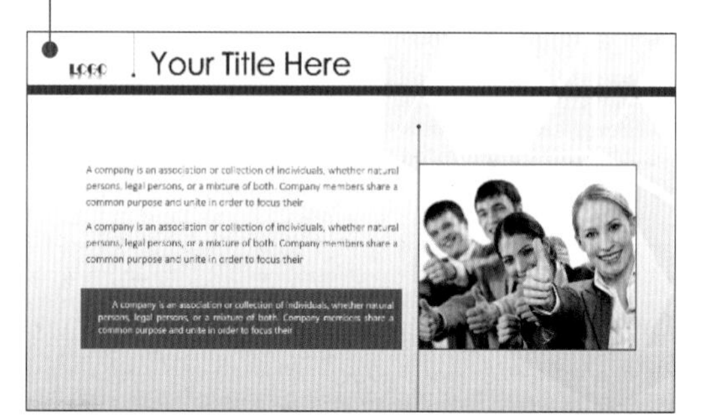

对称的关系图，距离控制的二分区

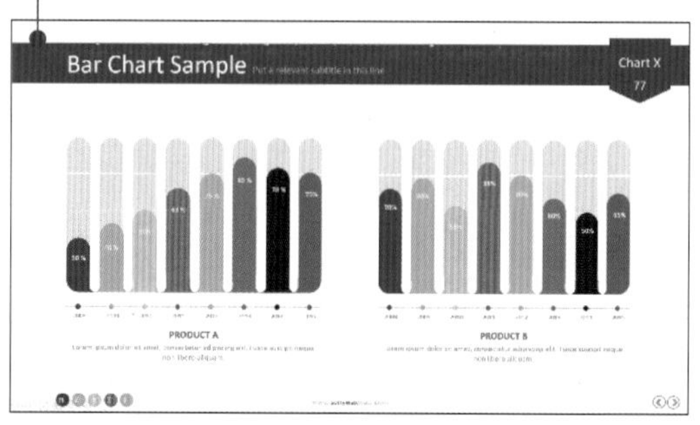

2. 三分区

把版面分成三块矩形，每个分区可以是纯文字、纯图形图片或者图文混排。只需竖向切两刀、横向切两刀或是一横一竖各切一刀，示意图如下。

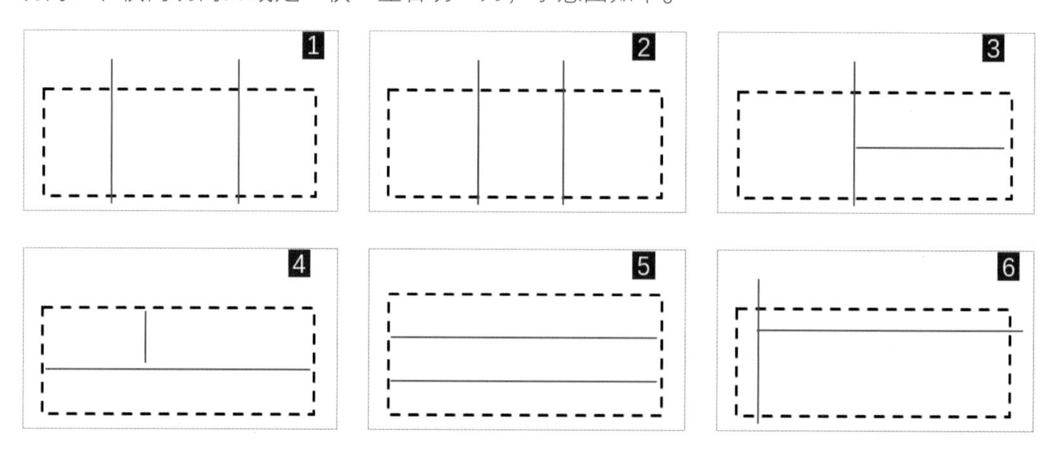

三分区在幻灯片设计中的实际应用展示。

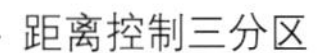

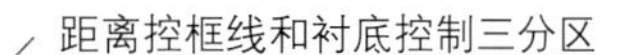

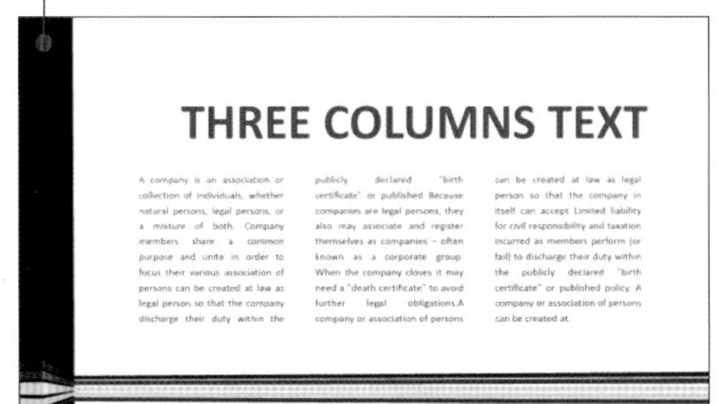

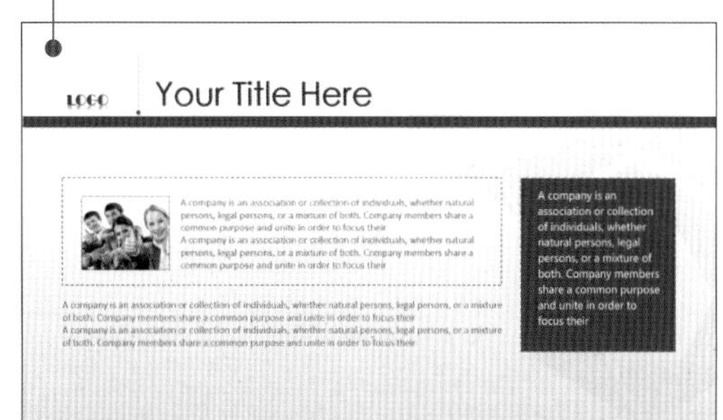

距离和格式差异控制

距离控制三分区感受

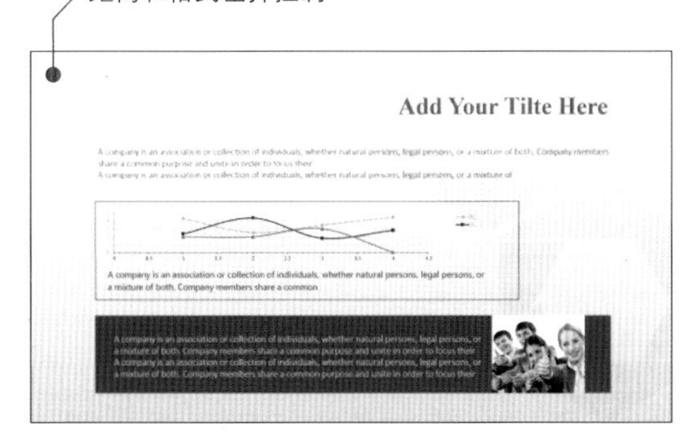

处理的效果好不好，有如下两个关键点：

- 整体分区形成的整齐感受——决定大势。
- 分区内的排版——细节决定成败。

3. 四分区

四分区，用十字刀或是三刀切将版面分成四个块，如下面示意图中 1 号和 5 号是用十字刀将版面分成 4 块；2 号、3 号、4 号、6 号和 7 号是三刀将版面分成四块。

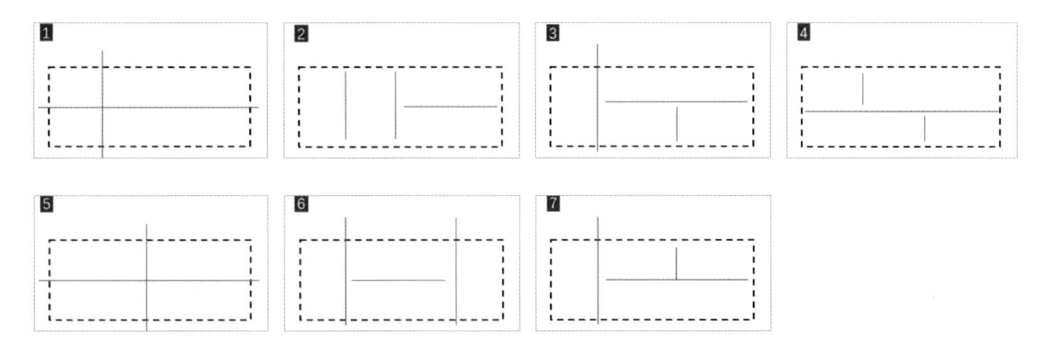

四分区，每个分区都有格式一致的三块内容整体，左右都严格整齐而且对称，标题右对齐，所以整体右对齐。

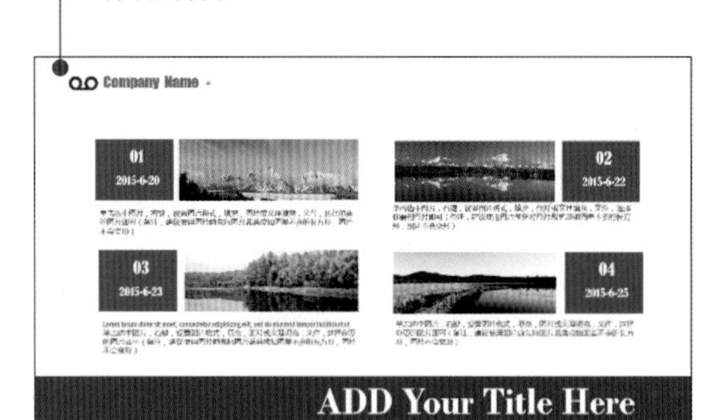

四分区，每一分区都有格式一致的图文混排内容，整体上严格整齐且对称。

先对内容进行分类，再切分内容占位的区域，确保分区数量与内容，以保证实际的分区数量与内容要占用的分区数量略多或相等。

4. 更多分区

内容分区，实际是把版面分成若干方块，拼成一个横向长宽的整体占位外形。因此，可以有更多的分法，甚至是无穷无尽的分法。只要能够搭好积木、做好拼图，让整体外形矩化。同时，注意各个分区内的元素，跨分区的整齐和规律的细节。

下面为大家展示一些分区示意图，帮助大家打开思路。

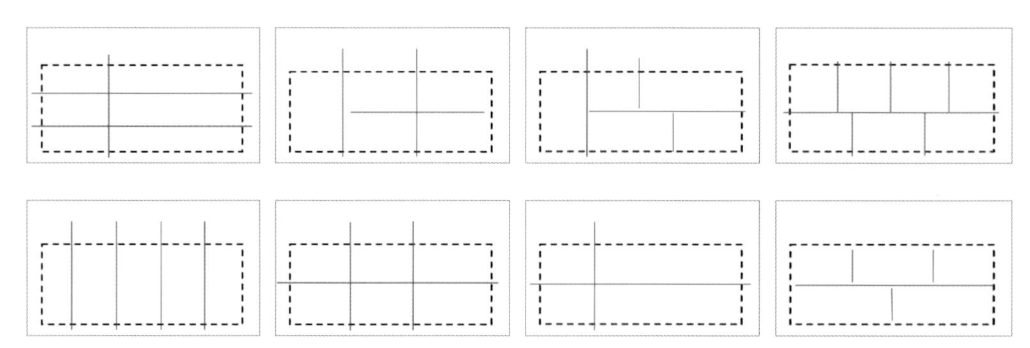

局部的三分区，局部的上图下文；
距离和摆位上实现视觉上的分区感；
整体是二分区上下框线隔开。

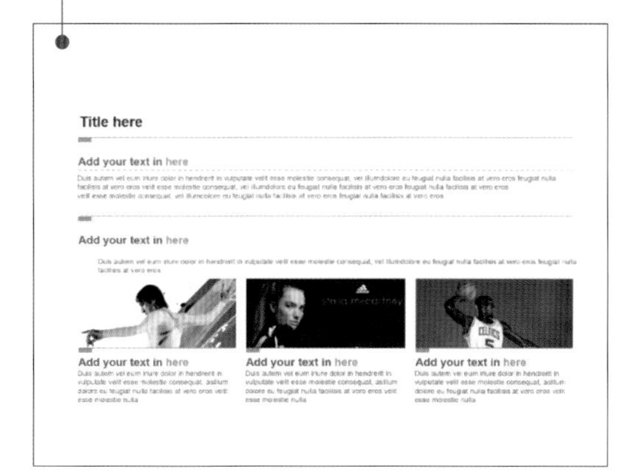

整体的三分区，上图下文；
模板中黑色块未填充图片只是占位；
距离和摆位上实现视觉上的分区感。

局部的三分区，局部的上图下文；
距离和摆位上实现视觉上的分区感；
整体是二分区上下框线隔开。

整体的六分区，上图下文，距离和摆位上实现视觉上的分区感，也有淡淡的框线。

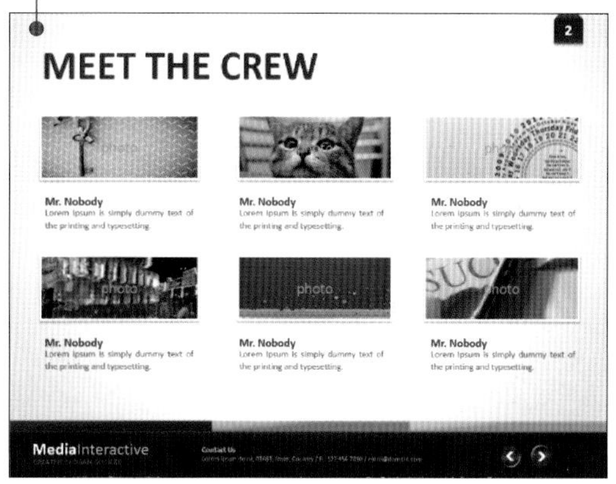

上部二分区，衬底和距离控制分区；
上下框线二分区；
标题右对齐于整个内容区。

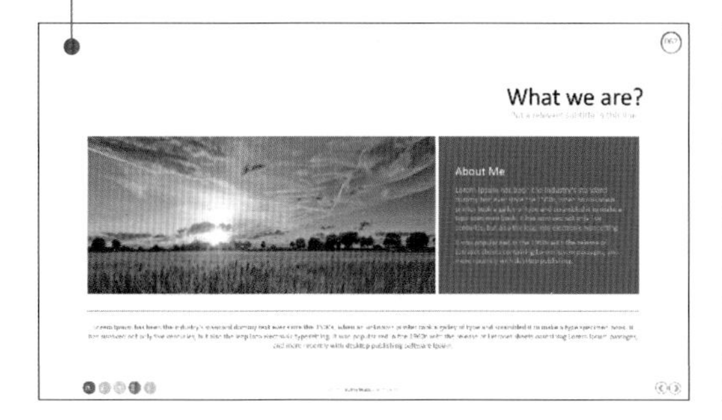

上部二分区，距离控制分区的视觉感；
上下框线二分区；
标题右对齐于上部左分区的图。

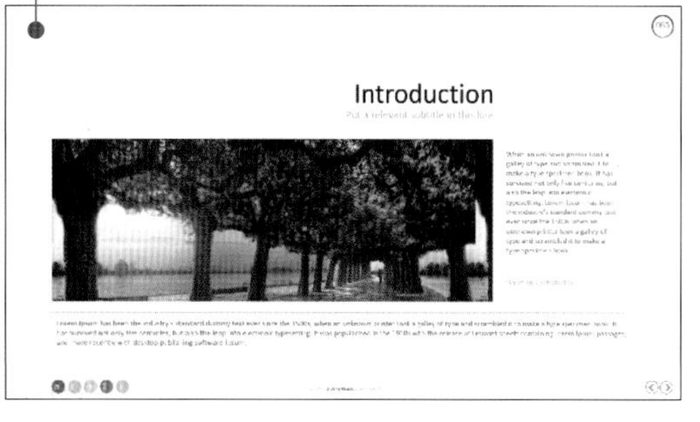

5. 特殊分区

另外，补充两种特殊的分区方法：一是曲折的分版，示意图如下。

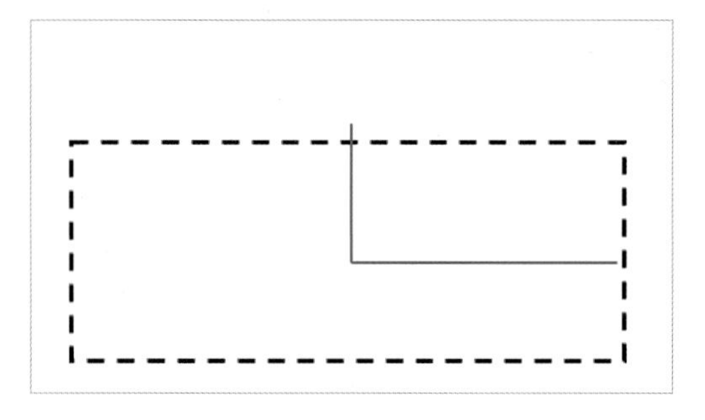

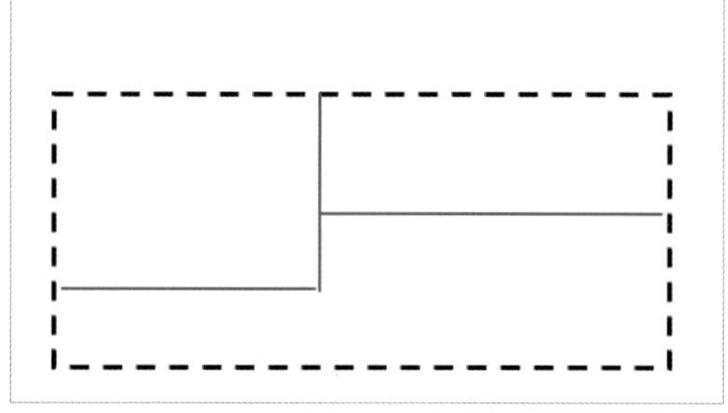

二是全屏的分版，用矩形分区拼凑占满整个版面，没有任何留白，示意图如下。

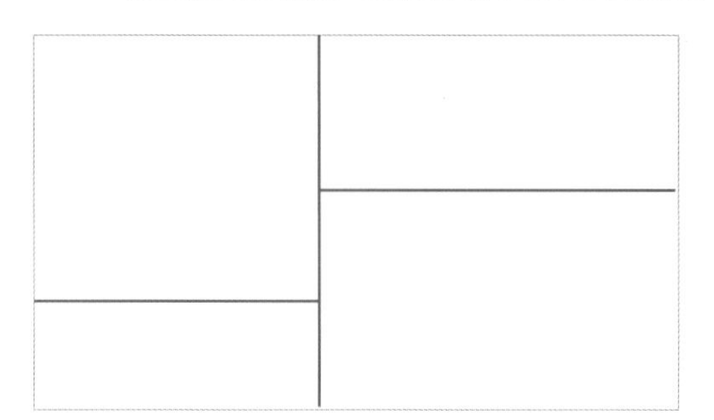

C 案例展示
ase presentation

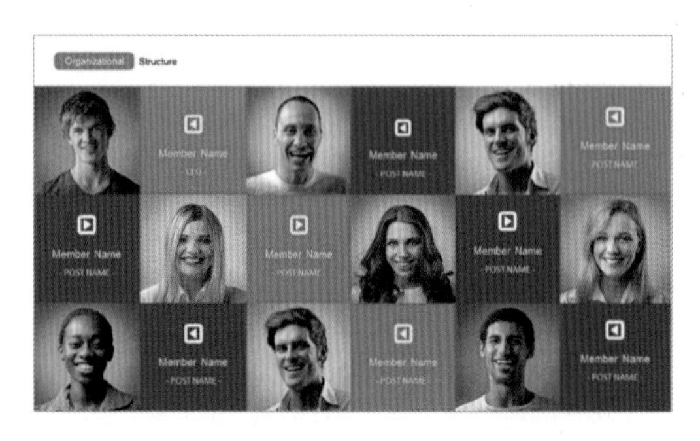

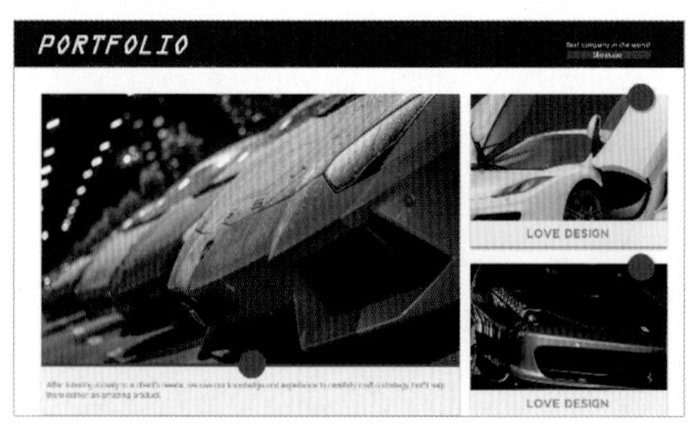

内容分区与版面分区的逻辑差不多，只是分区占位全屏化（版面分区法中会有详细讲解）

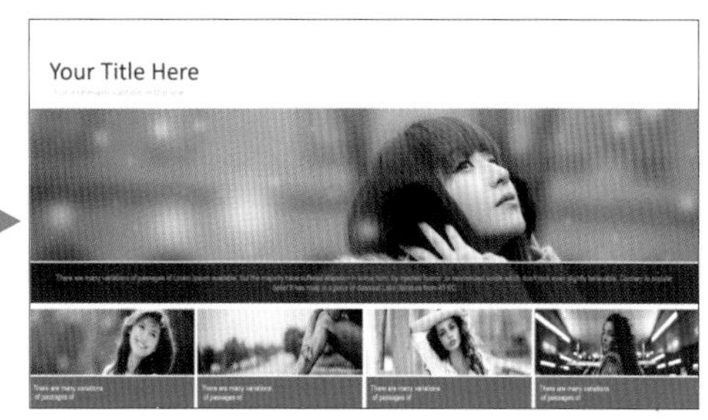

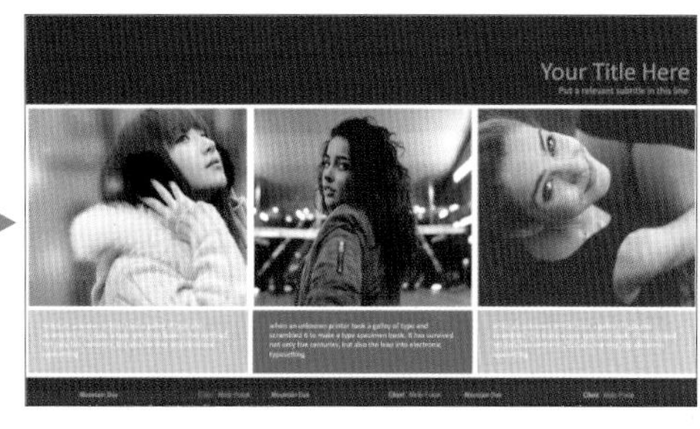

C 案例解析
ase resolution

当内容分区变成版面分区时，很少有页面大标题，标题都在各个分区内，或者对大标题划出专门的分区。

二分版面，左侧，左对齐，右侧，左对齐

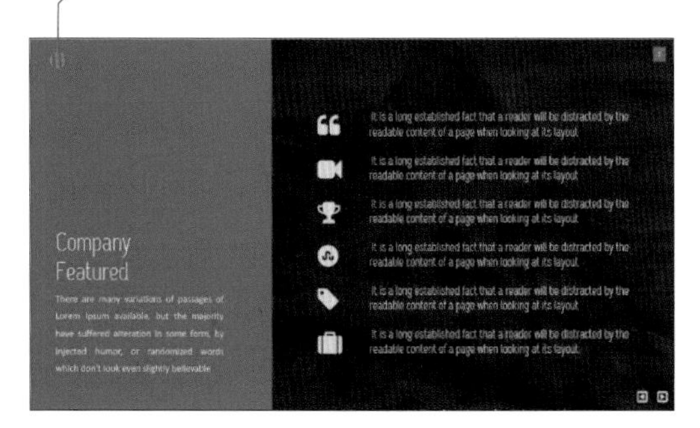

三分版面，左侧，左对齐，有错落，右侧，右对齐

三分版面，左侧，左对齐，右上图，右下，左对齐文字

七分版面，一律左对齐，标题顶部分区

小节回顾　整齐的平铺

（1）整齐的平铺，首先是整体上矩形长宽的占位，或者是整齐的占位，无论是纯文字、图文混排，还是版面分区，都是这个基本逻辑。

（2）整齐的平铺，做分区，最好做方正的分区：这样比较好驾驭，分区感受也比较规律和明显。

（3）注意页面里面，还有分区内部的整齐、留白、距离、层次关系。

（4）内容单纯一点，遵循前面讲解的单纯原则。

（5）页面内的零星修饰，可以不受上述限制。

（6）如果在某个模板内使用整齐平铺的方式，注意最好使用整体风格的模板，或者模板对页面内容整齐平铺影响很小的那些模板。

（7）在上述原则的基础上，排版的方式多种多样，根据内容元素特征灵活展开。

7.1.3　对称平铺

常规对称平铺，可简单理解为内容的整体占位与版面呈居中对称的关系和视觉特点。虽然允许同时整齐，但并不一定必须整齐。所用范围大体可分三类：纯文字、图文混排和内容分区。下面逐一展开讲解。

1. 纯文字

● 页面只有一块文本内容

标题可有可无，可在顶部，也可在底部，既可以比正文长，又可以比正文短，也可以完全一样长。示意图如下。

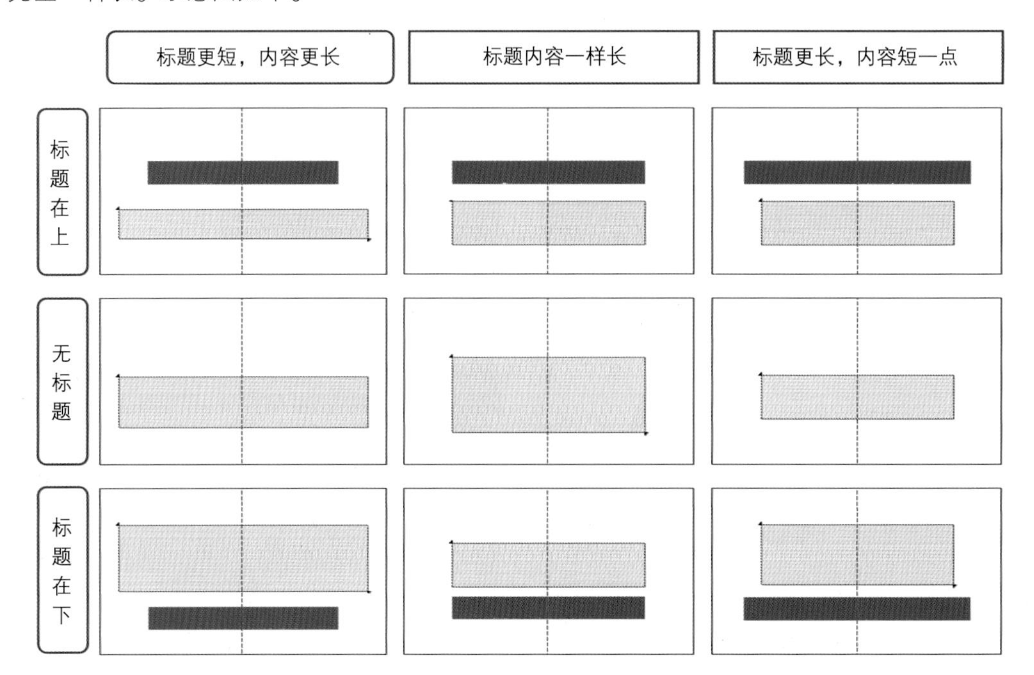

● 页面只有两块文本内容

一个页面里有两块独立的内容：内容的格式不要求一致，间隔也不要求相同层次的一致性。标题位置和长度都没有特殊要求，示意图如下。

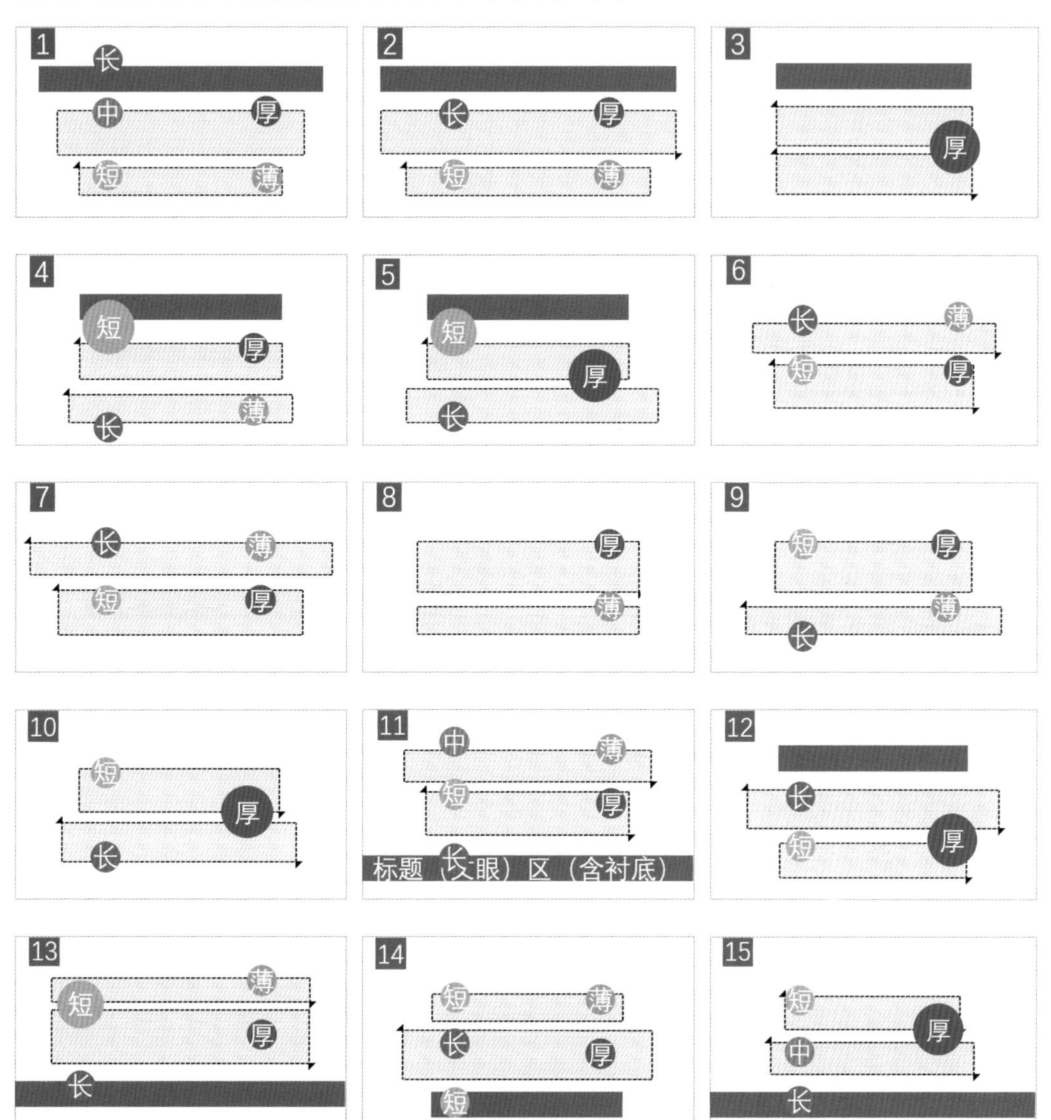

特别解析几点：

- 注意 11 号、13 号和 15 号。在标题、要点或是文眼下面加衬底做横向贯穿版面的区域，经常会有奇效（版面会比较稳）。
- 2 号、3 号和 8 号比较特殊——左右严格整齐对称，即整齐又对称，兼具对称和整齐的特点。
- 这些示意不用死记硬背，主要目的是拓展思路。
- 多行文字，一般不做居中对称的对齐，因为换行上的不规律，导致阅读起来会费劲很多。

- 另外，对称和单侧的整齐结合起来，非常别扭，也就是比较乱，因为对齐基准比较乱，最直接的方法是通过衬底、框线来补位，如 3 号；或者可直接调整文本段落，增加或者删减一些文字，调整字号等，让文字段落恰好能够左右都正好整齐。否则就别用居中对称的布局，老老实实用整齐的平铺。

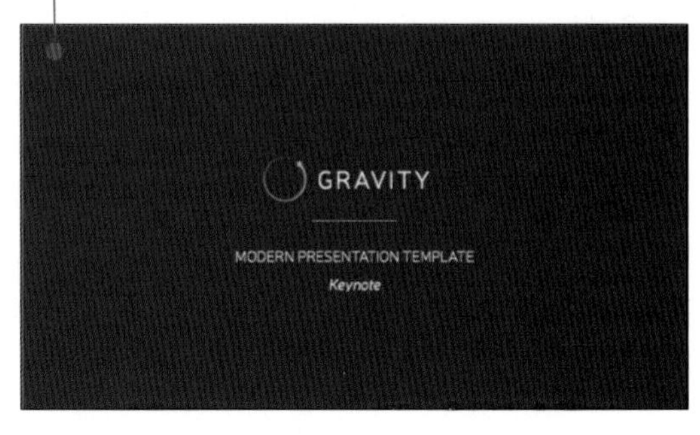

- 页面较多甚至是大量文字

较多或大量文字，同样可以对称平铺内容，案例如下。

中-短-长
内容段落
基本
即对称
又整齐
2段文字
1小标题

THREE COLUMNS TEXT

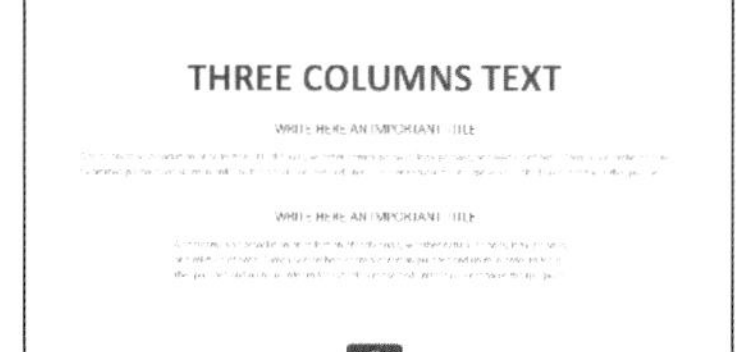

中-短-极长
-中-长
2段文字
2小标题
2个部分

中-长
内容段落
基本
左右都
整齐

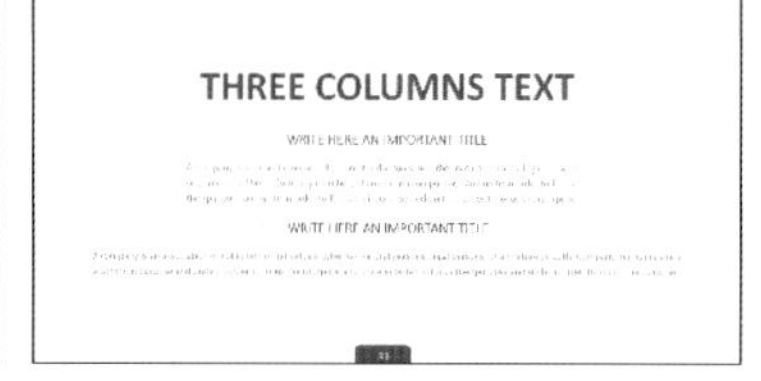

中-短-中-
短-长

由于衬底的外形优先影响视觉，其次才是衬底内的文字和内容，所以衬底里面内容是否对称，都不影响整体的对称处理。示例图如下。

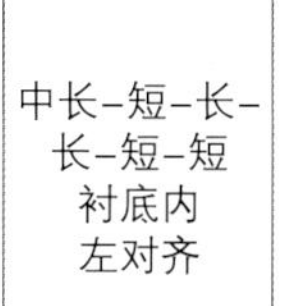

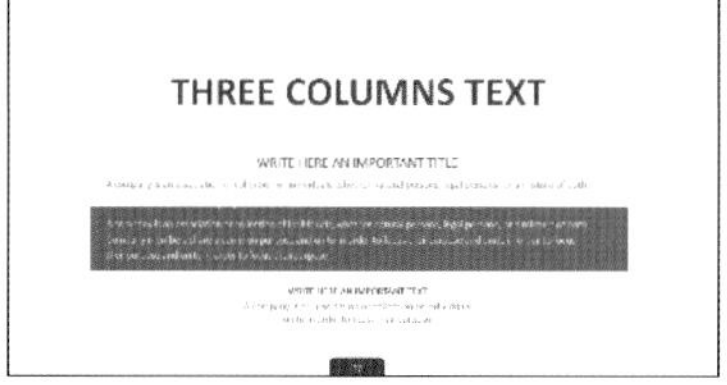

中-略短-中-
略长-略短-
略长
衬底内基本
对称

短-中-短-
长-短
衬底内
对称

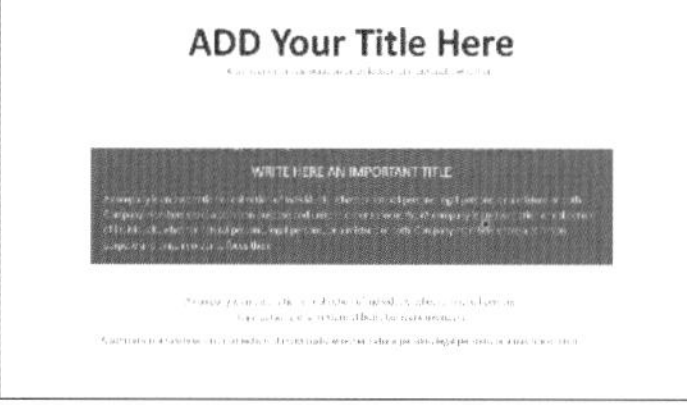

中-短-长-
中-略短-长
衬底内基本
对称

中-长-短-
短（中）
衬底内
左对齐

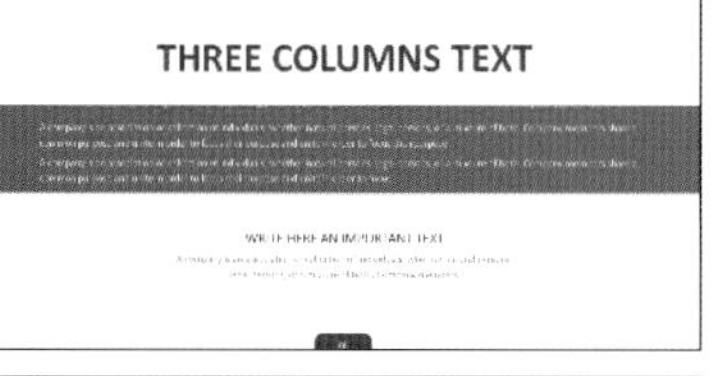

THREE COLUMNS TEXT

中-略短-中-
略短-极长
衬底内基本
对称

短-长-中
衬底内
对称

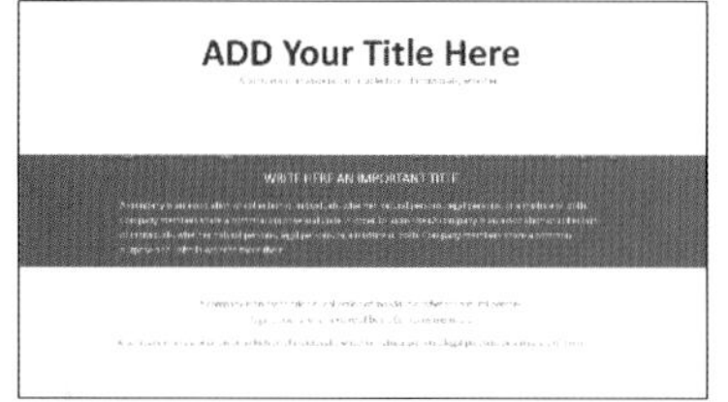

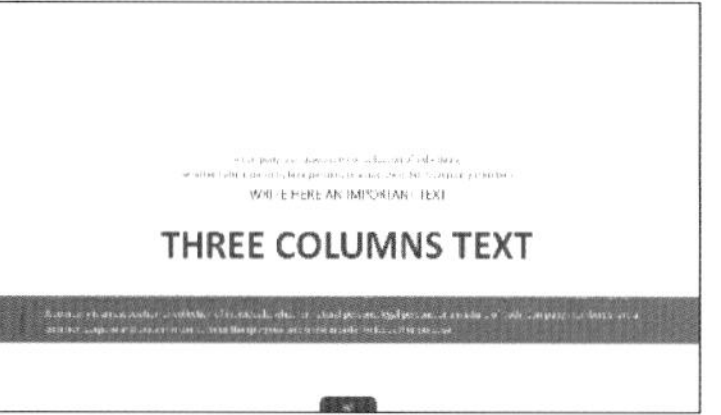

略短-中-短-
中-长
衬底内基本
对称

有一个较为简便的处理方法：将所有文本都放在衬底里面，不同内容段落很容易对称整齐，示意图如下。

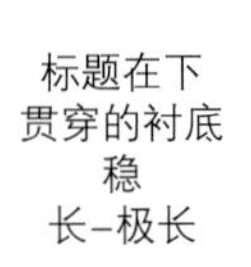

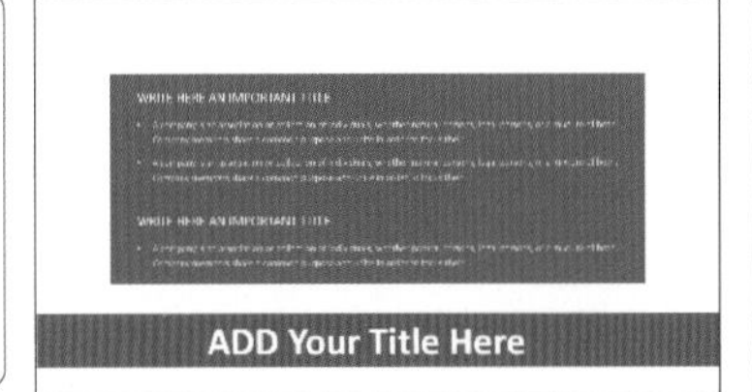

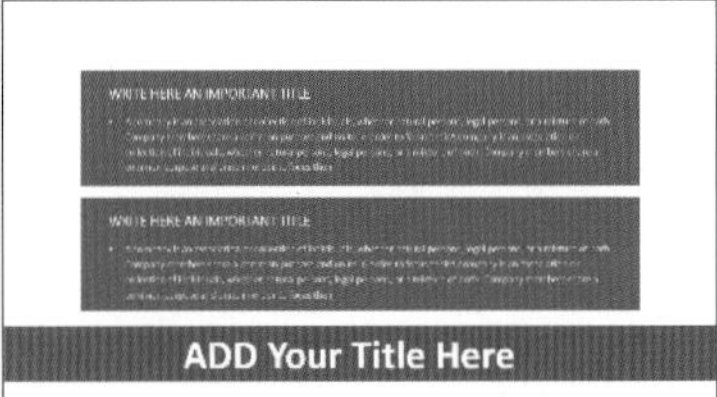

标题在下
贯穿的衬底
稳
长-极长

无标题
一样长

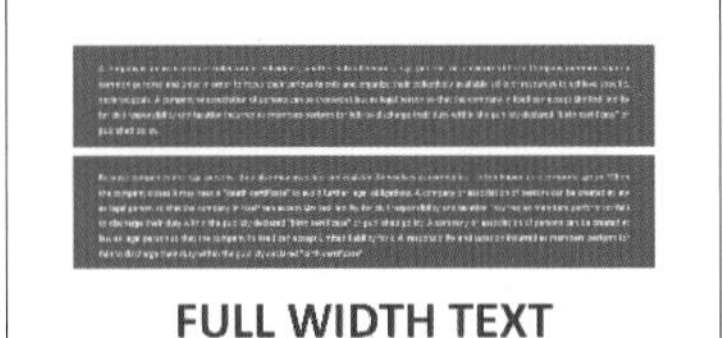

标题在下
长-中
不是很恰当的
版面

● 少量的文字

少量的纯文字可以居中对称排版，宽一点、窄一点都可以，只需进行一些尝试和比较，如各部分的字体大小、占位宽窄等，案例效果如下。

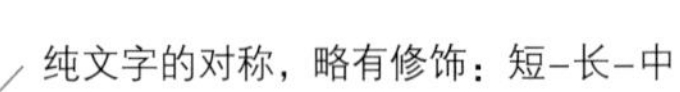

基本纯文字的对称，略有修饰：中-略短-中（接近矩形）

配色、版面的简约风格突出，但这种对称其实不好看

比左边案例的版式强很多

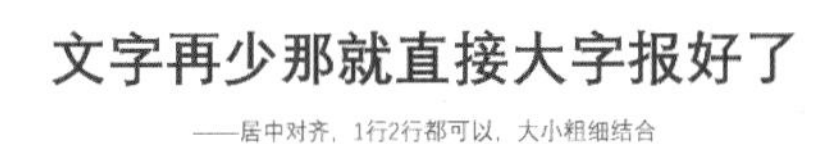

——居中对齐，1行2行都可以，大小粗细结合

文字再少那就直接大字报好了

大段文字

大段文字虽然可以做对称版式，但阅读会比较费劲，所以一般不建议直接对称平铺，而是通过分栏或者分区的方式，示例如下。

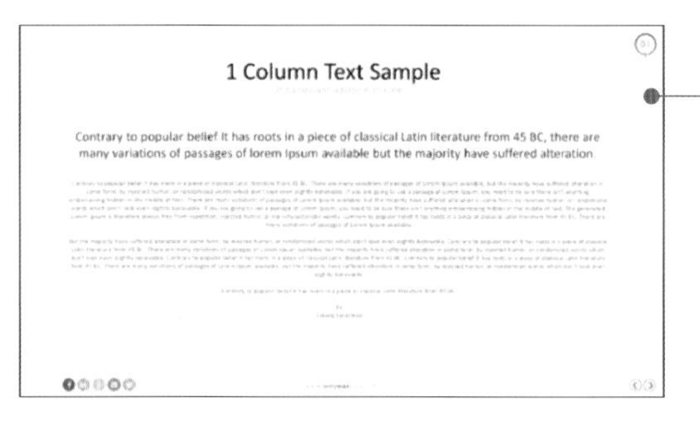

短（标题部分）–长（正文部分）–短（注释部分）；
居中对齐的换行是居中；
同长度的行，换行的起点都不一样，
不合常规的阅读习惯，阅读较费劲

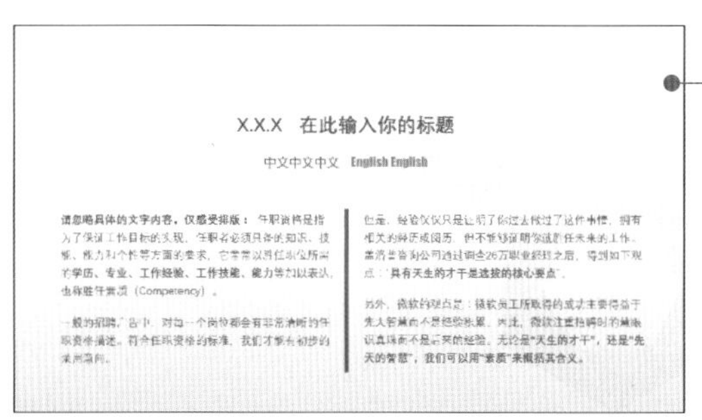

文本分栏——每个分栏都是常规的整齐处理；
整体保持对称特征；
这样的方式更容易阅读

要点提示 初学者难以驾驭的两种类型

对于初学者而言，大致上有两种类型很难驾驭，最好避开：一是呈现为显著的三角形（无论是正三角，还是倒三角）或者是尖锐的梯形、菱形；二是明显不同长短的部分太多或者文字上的内容太多。

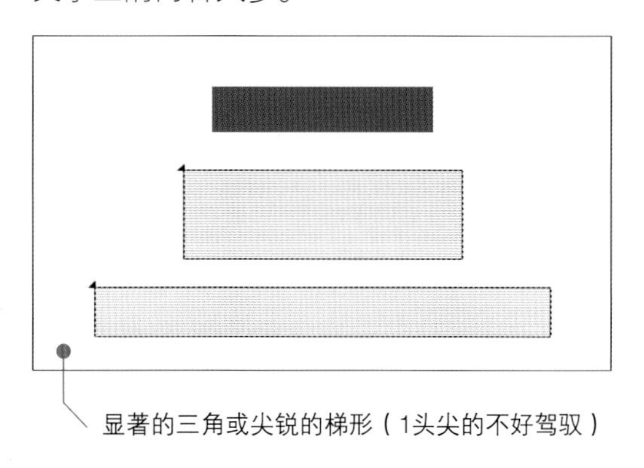

显著的三角或尖锐的梯形（1头尖的不好驾驭）

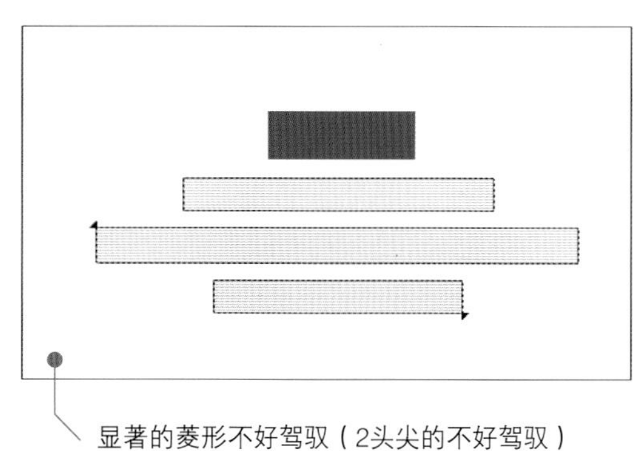

显著的菱形不好驾驭（2头尖的不好驾驭）

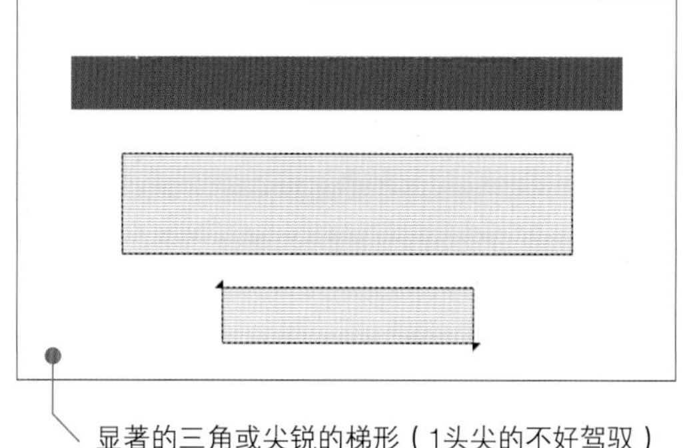

显著的三角或尖锐的梯形（1头尖的不好驾驭）

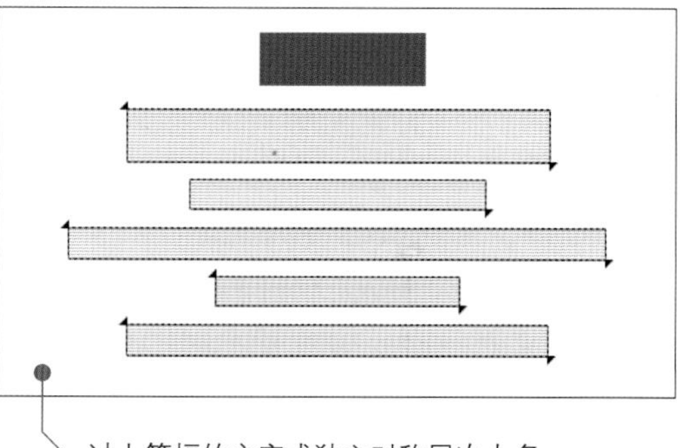

过大篇幅的文字或独立对称层次太多

若避不开这两种情况，可以做出以下四个方面的调整。

（1）调整错落差异部分（每一独立对称对齐的层次或者部分）的数量。

（2）调整错落差异部分的宽度、高度或是位置。

（3）精练 / 补位、单纯或是处理留白等（对称就不需要整齐了）。

（4）先进行统一色彩处理，再换色、修饰或是更丰富的尝试。

另外，分享一个最安全的处理方式：在版面的最下面放置有点厚度的长内容，作为稳定重心的元素。参考示例如下。

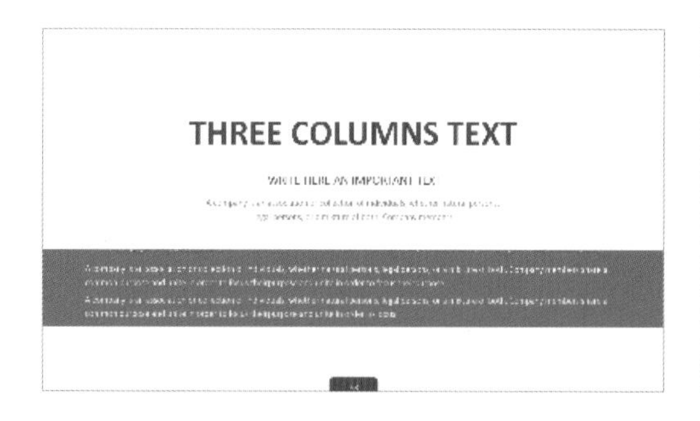

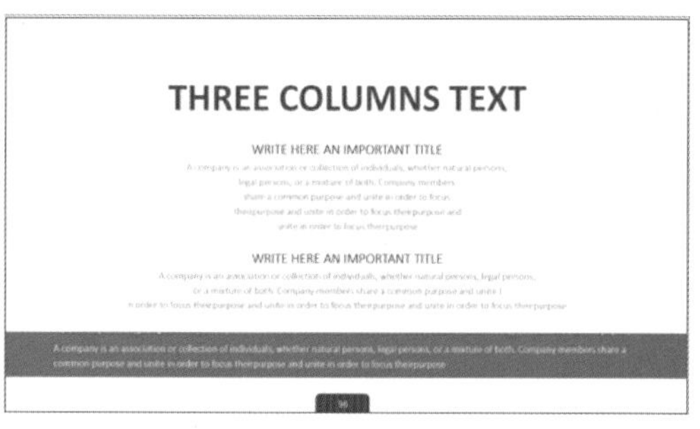

2. 图文混排的对称平铺

图文混排的对称平铺，与纯文字对称平铺的基本逻辑差不多。根据笔者多年 PPT 设计经验，大体可分为两种情况：内容少和内容多。

● 内容少（一组图文）

一组图文的基本做法：只需在纵向上保持基本对称的摆放在版面中部，示意图如下。

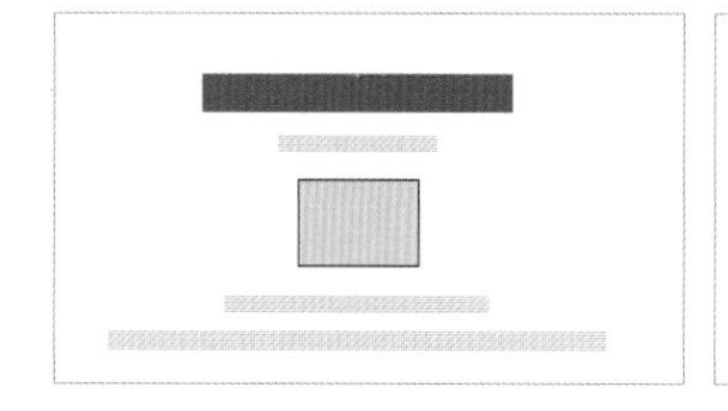

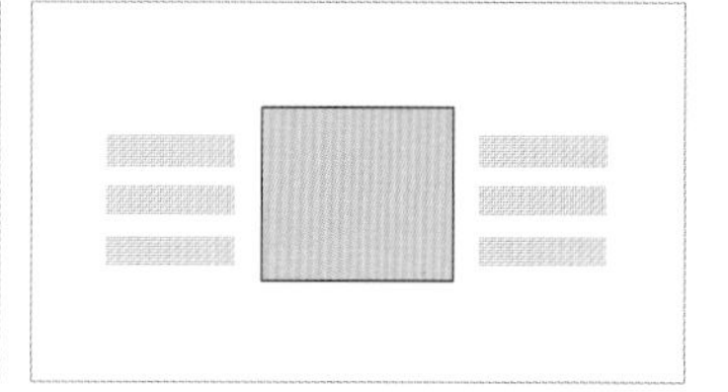

案例解析 01
ase resolution

标题长度中等
中部三张图占位极长
最下方有中等长度的小文字注释

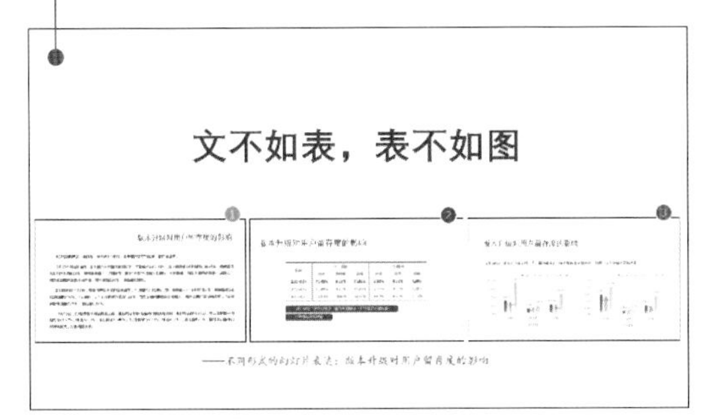

标题较短而薄，内容长而厚的两组图文，以版面中轴为对称轴，完全对称的分别向左右展开，左侧右对齐，右侧左对齐

案例解析 02
ase resolution

“旦”字形布局，即厚重的田 / 口外形，放在底部长宽元素上（底部的镇版是重要的必需元素）。

一张图口字

一组图：旦字

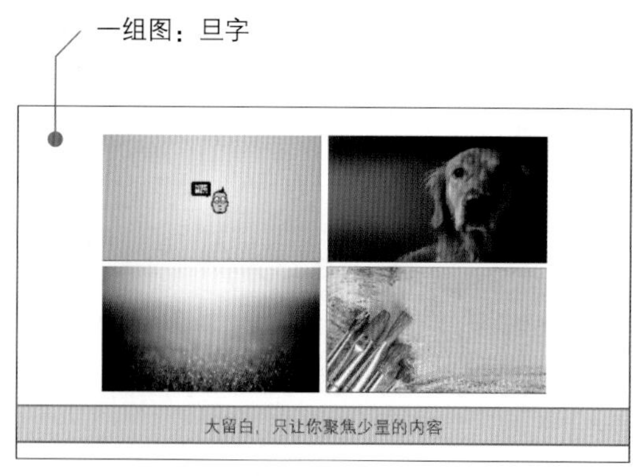

案例解析 03 Case resolution

很多时候，只需简单的自上而下顺序平铺，居中对称，就可以搭配出不错的效果。

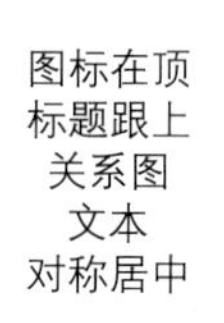

图标在顶
标题跟上
文本居中
有无引号修饰
皆可

顶部图标
标题文字
正文文字
占位较窄

标题在顶
图文居中
文本奠基
图是对称的正
圆形

案例解析 04 Case resolution

相当大量的专业关系图都是对称布局，可以找到对称轴。

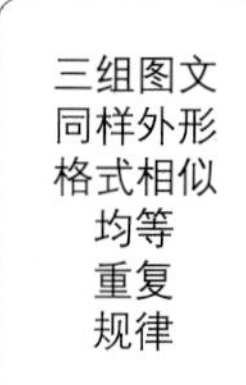

三图一文

一组关系图
外形相似
格式相似
对称布局

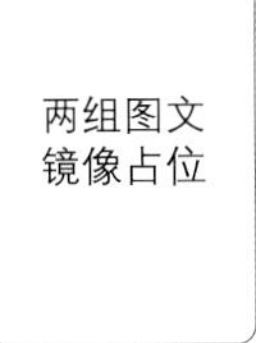

● 内容多（一组图文）

内容多与内容少的图文混排版式原则和方式差不多，只不过搭积木的方式多一点限制，下面给大家展示一些拓展思路的示意图。

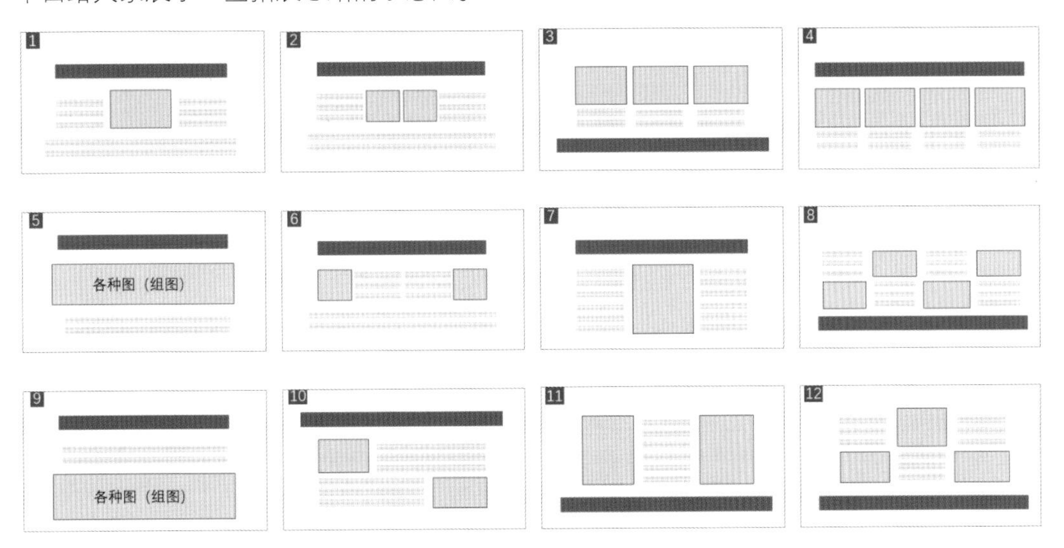

提示：在实际中，文本的长度可能不那么整齐，但可以通过衬底和框线来重新划定内容的外形。

C 案例展示
ase presentation

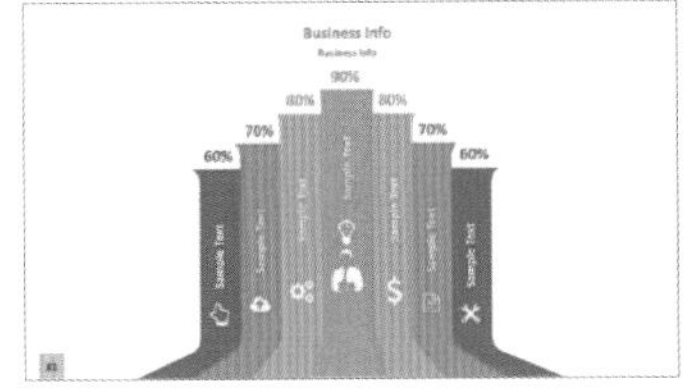

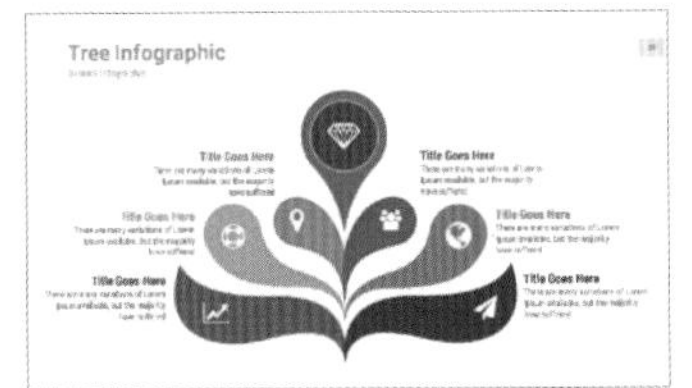

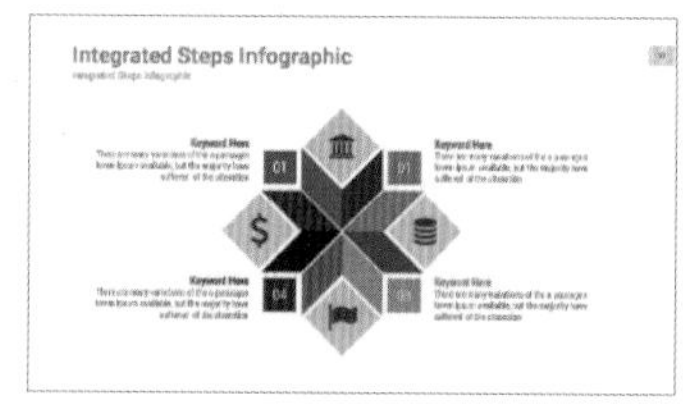

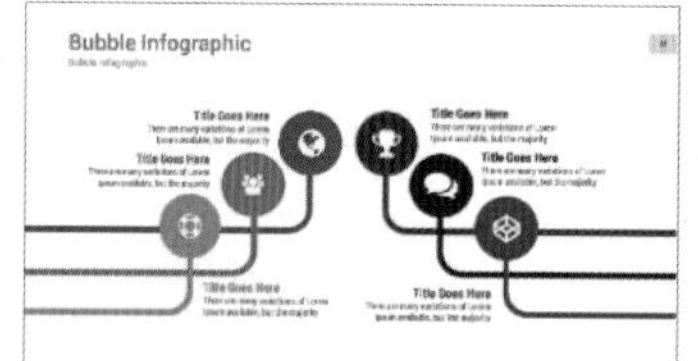

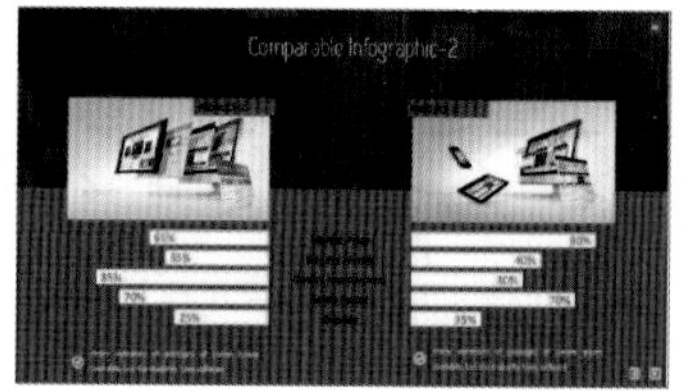

3. 图文混排的绕轴对称

绕轴对称，是一种常用、常见、流行的对称版面方式，多用于时间轴或是表现顺序的关系图中，但并非严格的镜像对称，而是交叉和错落。

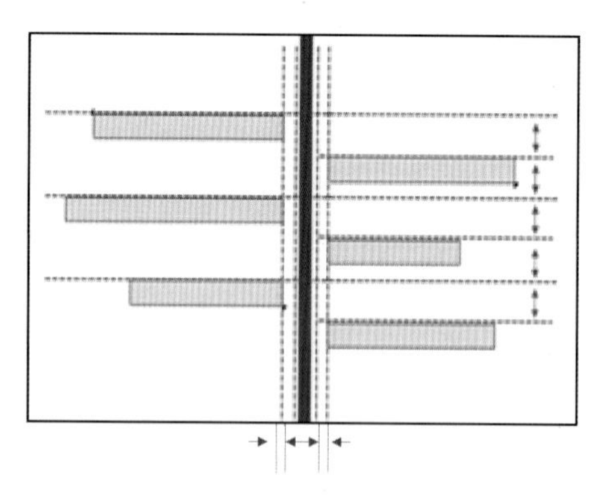

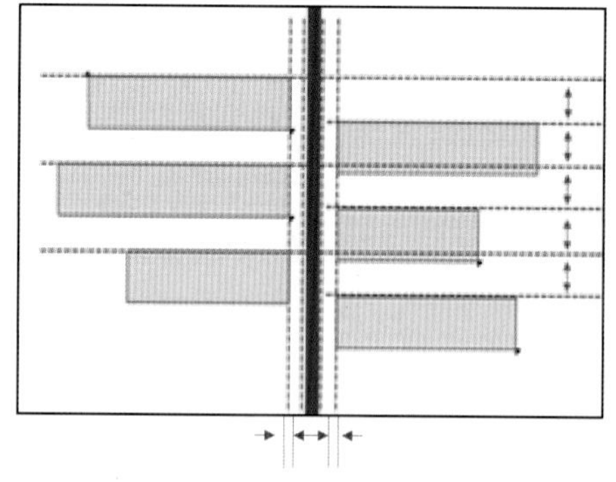

其要点主要有如下三个：

- 必要的整齐处理，轴左边的部分，通常都是右对齐；轴右边的部分，通常是左对齐，让左部、中间和右侧的轴有 3 条平行的视觉线；
- 轴俩侧的内容，一般要让它们的外形一致、格式相似，并且纵向上的间隔一致；
- 不是严格的对称，而是左右错开，错落的对称。

案例解析 01
Case resolution

下面的案例虽是一个对称的关系图，但非常讲究规律和统一：每一个层次里的同类元素外形都非常一致。并且格式也是全部统一。

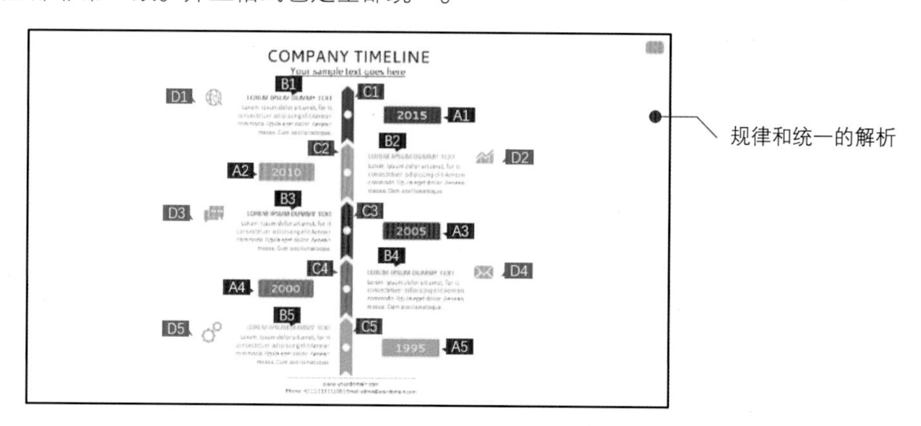

幻灯片中的关系图由 ABCD 四组构成：

A 组：衬底都是圆角矩形，大小一致，内部文字格式一致，只是颜色不同。

B 组：都是 1 个彩色小标题 +3 行文本，向版面中轴方向对齐，文本摆位外形基本一致，格式一致。

C 组：完全一致的图形组旋转的 V 形 + 圆点，外形完全一致，只颜色不同。

D 组：基本同样占位大小的图标，虽然外形并不一致，但占位大小一致，色彩一致。

案例解析 02
Case resolution

下面的案例中每一个层次内容都是基本整齐的处理，如这些文本，不同的内容部分和层次里面的整齐都非常细致。

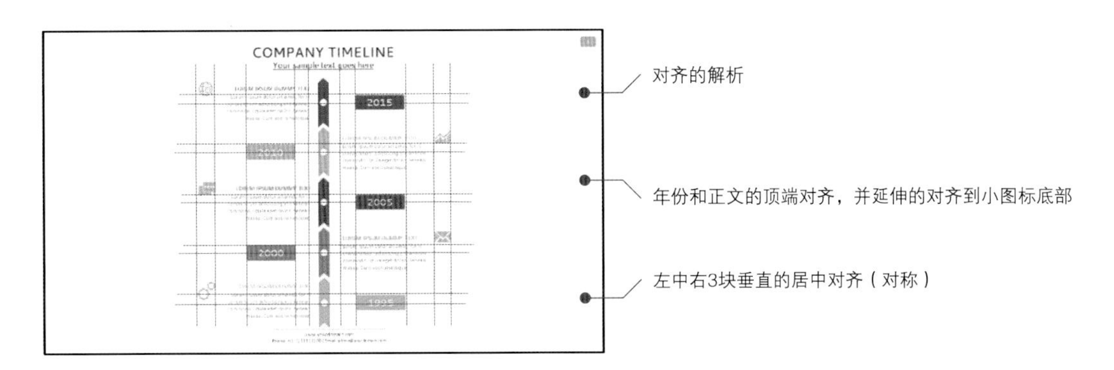

案例解析 03
Case resolution

每个层次之间，每个层次的细分元素之间，间距都尽可能在纵向上等距分布。

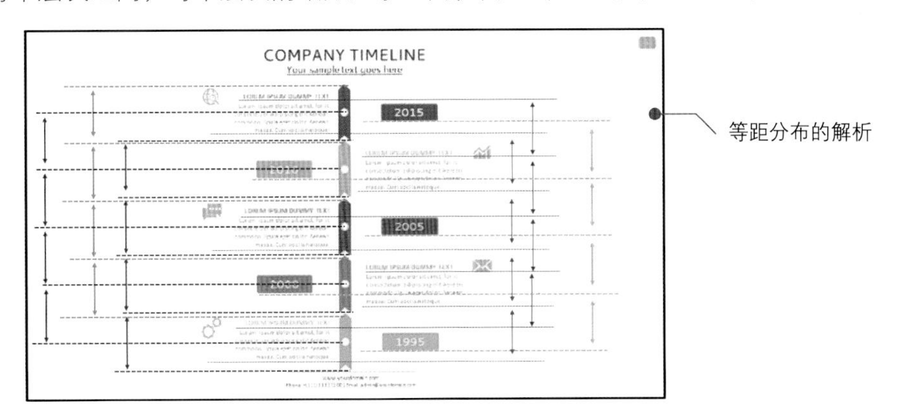

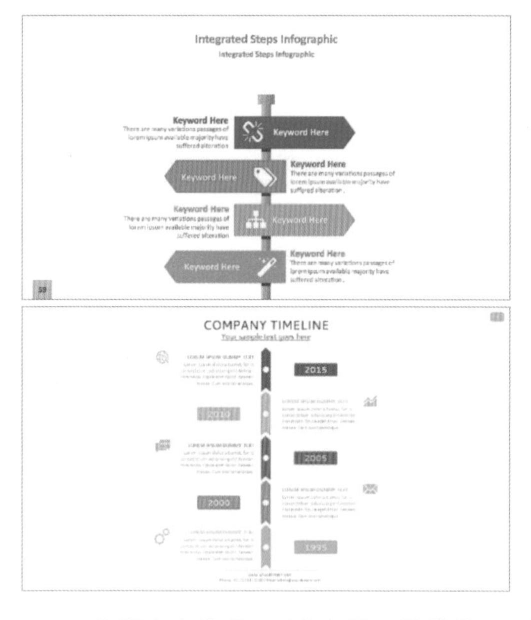

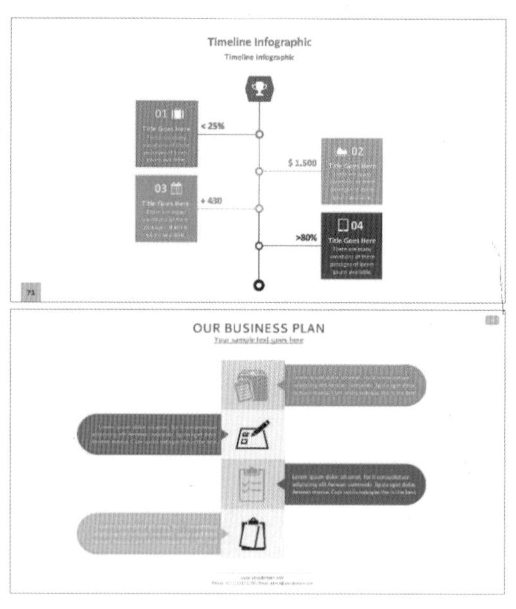

一些朋友会发现：对称如果不是错落，而是完全镜像，不是也可以吗？答案是肯定的，下面的翅膀形示意就是一个很好的示例。

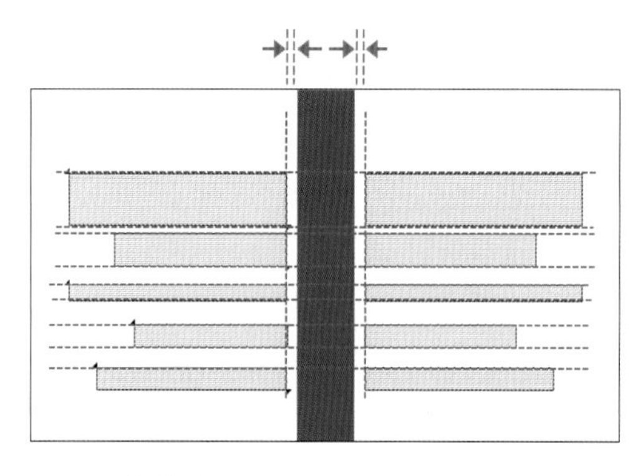

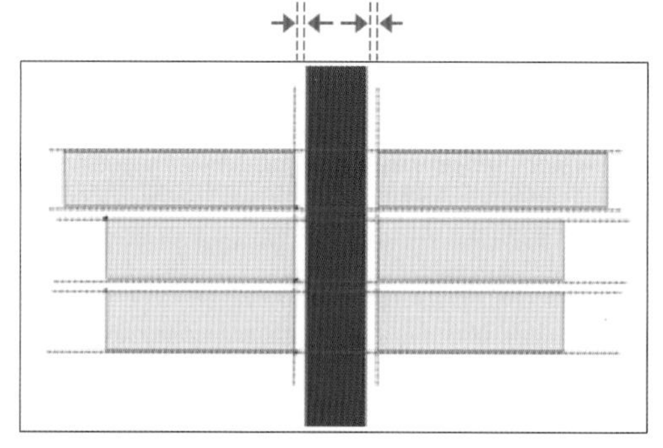

4．内容分区

对称平铺，一样可以对内容进行分区排版，先排版整体的分区关系，再排版分区内部，让整体内容在版面呈现对称特点，示意图如下。

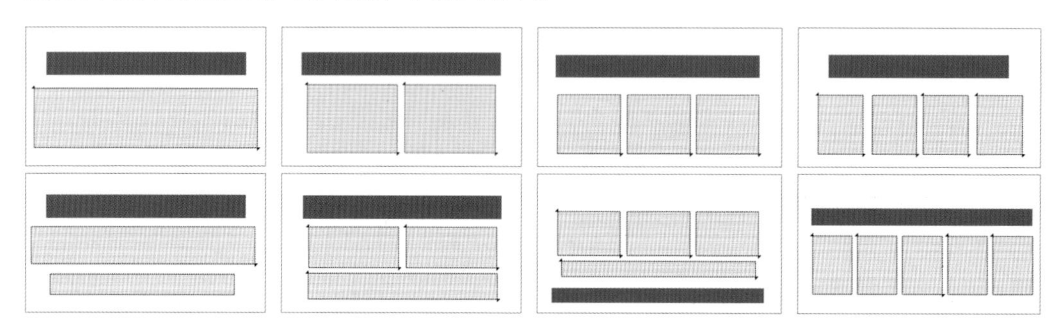

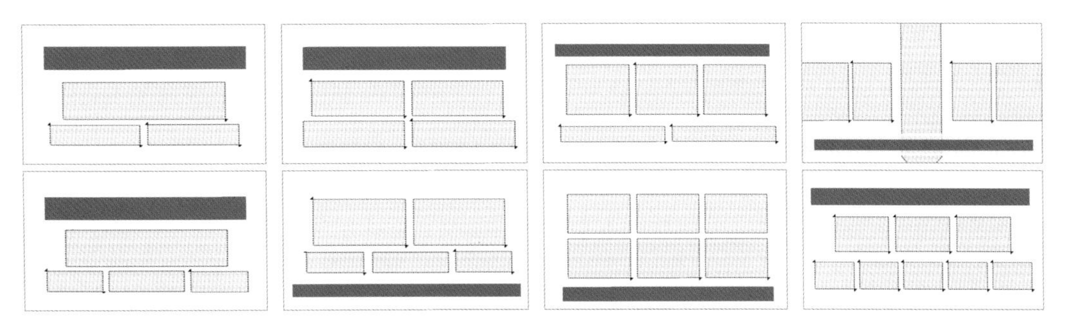

对于新手，笔者建议尽可能地让间隔一致、外形基本相同。这样更容易规律性的展示。

案例展示
ase presentation

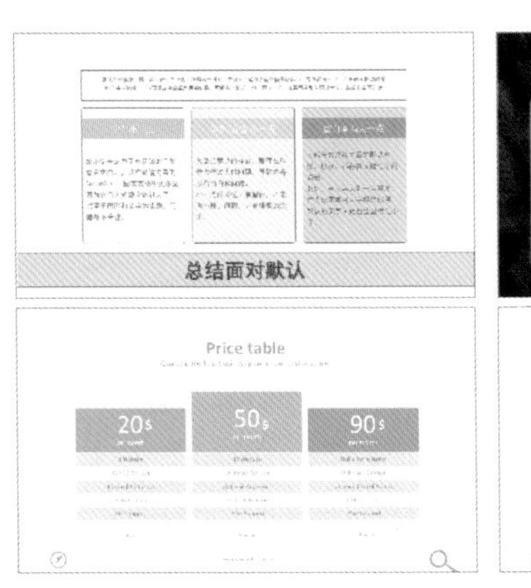

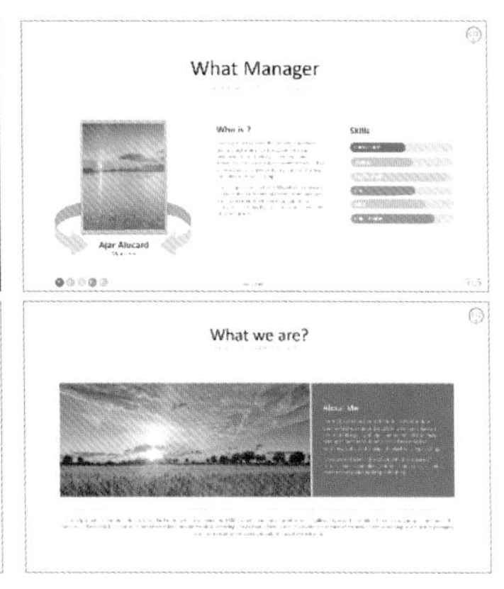

5. 全屏分区

对称同样可以用于全屏分区，只需把握好分区整体的对称关系。

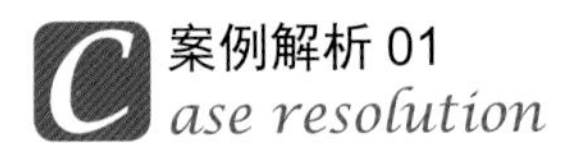

案例解析 01

ase resolution

七分区，每个分区都是图文两部分（并且有子分区）所有文字内容在分区内都是对称的

三分区？五分区？都行，中部很窄
两侧图片，中部主要是文本（有图标修饰）
对称的展开

用一个等腰三角形做衬底（遮罩）分区。
背景是一张柏油路面的纹理图
图文对称的混排，除了手势的部分都集中在下部分区
矩形版面，等腰三角形带阴影覆盖在底层，配合圆形扣住角形顶部，模拟信封的感觉

分区是半透明的，背景是图片
在背景图的单纯区域放置比较显著的内容
在半透明衬底上放置另一个部分的内容

纵向三分区，两侧是完全空置，完全OK
有背景图和深色半透明的遮罩，只有中部是纯色块

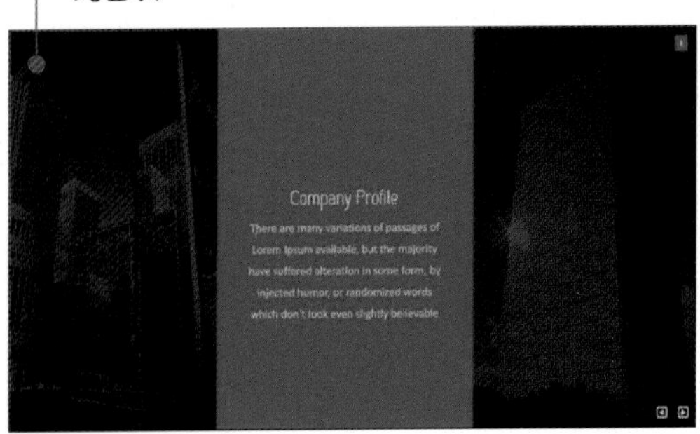

对角的对称（或者说中心对称）的版式

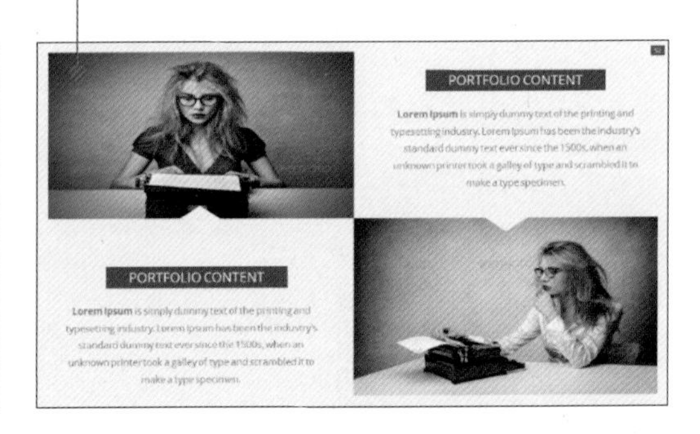

案例解析 02 Case resolution

用分区示意、逻辑和原理，解析下面的不同分区类型的案例。

上图下文，上下两分区，下部对称的铺设标题和正文

主题内容三分区（三等分），每个分区内有半透明衬底，衬底上整齐的铺设文字，中部的文字部分错落到上部，为标题留出顶部狭长的分区

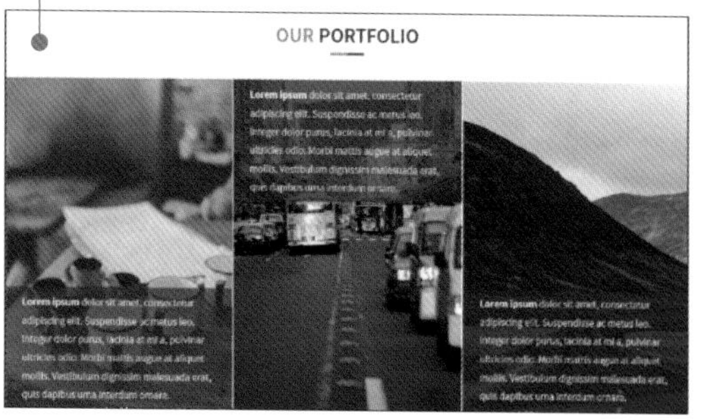

分区内图文是整齐的，左分区右对齐，右分区左对齐

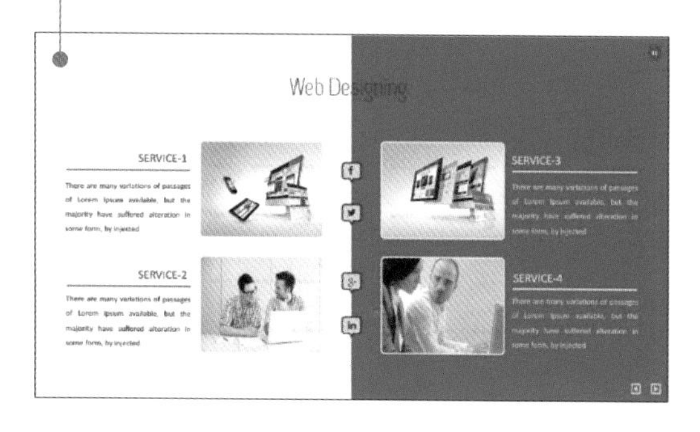

左右分区都是文本左对齐，但不影响整齐的镜像感受

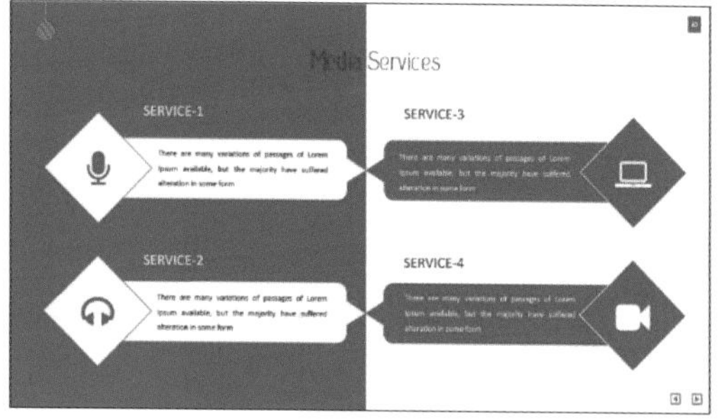

小节回顾 对称平铺

在 PPT 设计中使用对称平铺，可简单总结为如下几个要点。

（1）标题可有可无，如果有，可以在最上、也可以在最下。

（2）内容在整体上横向展开、对称分布。

（3）图文混排中的图，包括衬底、框线、形状、图表或表格等一切非纯文字的元素。

（4）纯文字的、大量的纯文字处理成对称，不是很好的体验——阅读费劲。

（5）对称平铺时，整体内容的视觉呈现，建议有适当的错落——没有错落就是严格的整齐＋对称，在内容多的时候，版面会显得有点笨重。

（6）错落过大、过多，又容易显得比较乱，所以需要适当调整。

（7）局部层次和分区内部可以对称，也可以整齐，也可以既对称又整齐。

（8）在外形处理上，既可以使用衬底或者框线补充占位，也可以补充对称或者补充整齐。

（9）严格的对称不仅是在整体上，同样在显著的视觉要素上，如图片，修饰等。

7.2 个性突出的布局

个性布局，没有明确定义，我们可以简单将其理解为除常规平铺排版外的排版。特别适用于中量或者少量的版面内容。当然，如果处理方法得当，也可以用于有大量内容的版面。

下面为大家讲解一些适应性比较好的、非常常见的、有方法的，易于处理的个性布局方式。

7.2.1 居中布局

居中布局，可简单理解为让幻灯片的主要内容布局在幻灯片的中部，示意图如下。

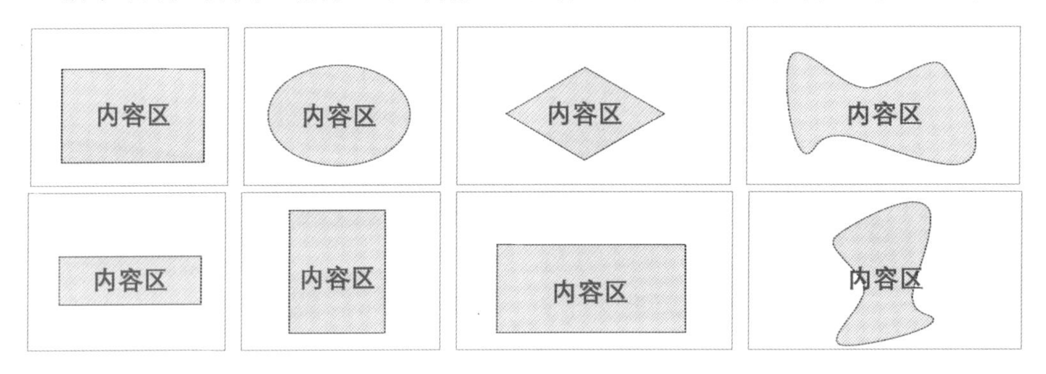

示意图中表示内容区的图形外形都不一样，是想告诉大家，内容区是一个模糊的范围，具体呈现为任何外形都有可能。

1. 典型居中布局

大字报，往往内容较少，甚至是只有几个字。因此，居中布局特别适用，也特别典型。大字报的做法在 3.2.3 中已具体讲解，这里就不再赘述，下面为大家展示几个大字报样式。

非常少量的内容

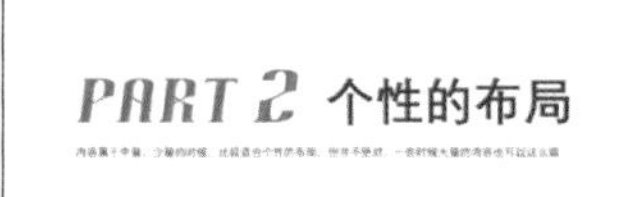

2. 横向长宽的居中布局

内容比大字报多一点，居中的布置是最常见、适用性最好的一种类型，是横向长宽的居中。下面为大家展示分解几个较为典型的案例。

标题+对称的组图（人物形象形状）+正文+修饰对称的居于中部

使用墨迹素材，文字顺应素材的倾斜摆放，整体居中接近对称

一组大小不同的圆形摆放在版面基本中部位置；圆形内部，对称的铺设文字内容

一组大小不同的圆形、基本对称的摆放在版面基本中部的位置

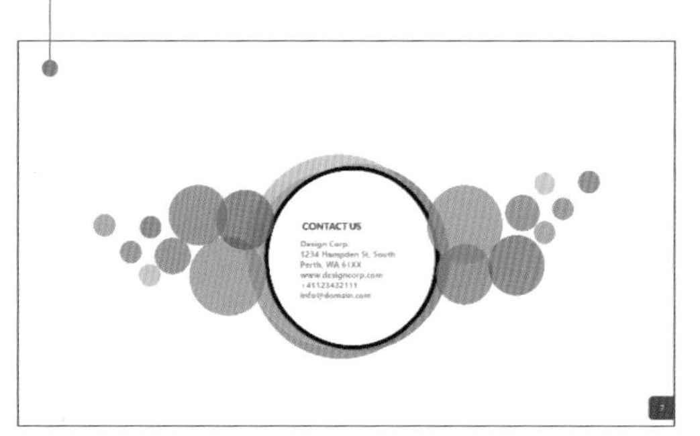

3．纵向高窄的居中布局

纵向高窄的居中布局，是指内容的占位呈现纵向高而窄的整体外形。下面通过具体案例为大家讲解纵向高窄居中布局的实际应用。

一组关系图居中对称的摆放在版面中心对称的位置

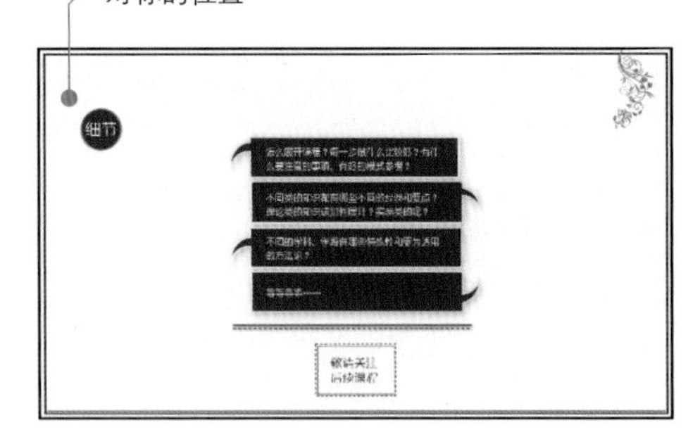

三个矩形色块，间隔相同，一起形成区域贯穿版面

一个贯穿版面的矩形色块，内部图文居中对称的混排

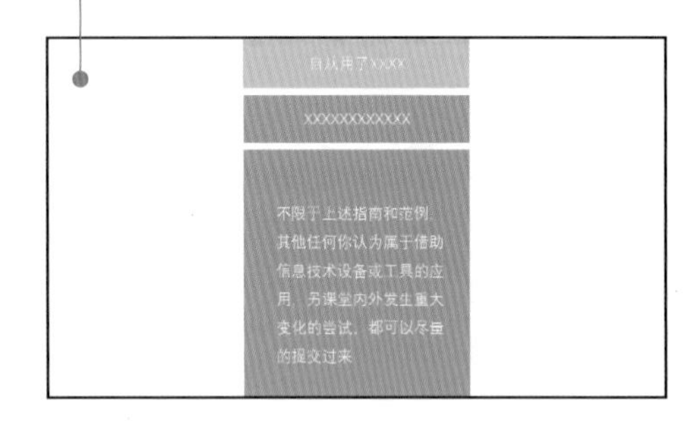

少量而且微小的边角修饰，对版面的影响微乎其微
背景图如果没有明显的占位前景元素，则一般不影响前景部分的布局特点

4．中心方正的居中布局

如果幻灯片的内容整体占位既不长宽也不窄高，而是比较方正，接近正方的状态，就可以采用中心方正的居中布局。下面用实际案例进行展示。

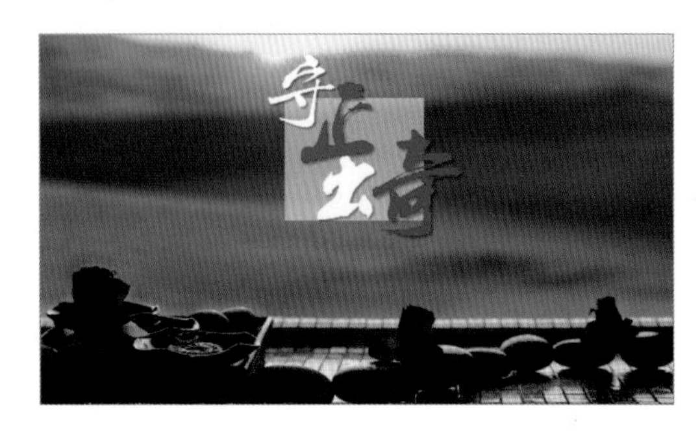

小节回顾 中心方正的居中布局

由于中心方正的居中布局限制非常少，所以方式和选择就非常多。能够提炼出三个共同要点。

（1）居于中部。

（2）不需要对称，也不一定要整齐。

（3）大面积的边角留白，至少核心内容和主题的字体足够大，识别度高，否则就是对称或者整齐的平铺了。

7.2.2 对角布局

对角布局，简单概括为构成幻灯片内容的主要单元或元素呈对角分布，适用于少量或是中量内容。示意图如下。

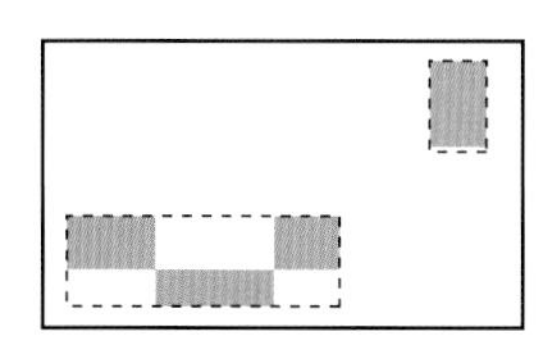
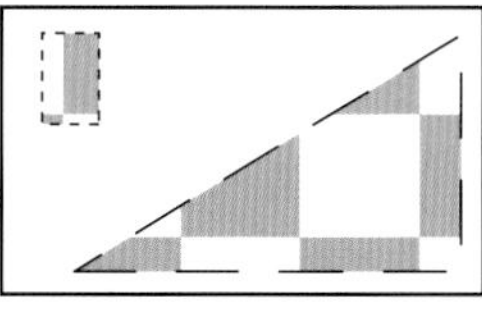
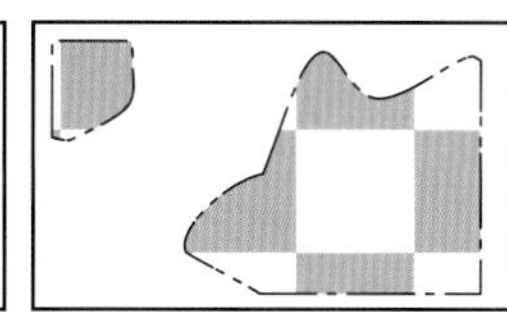
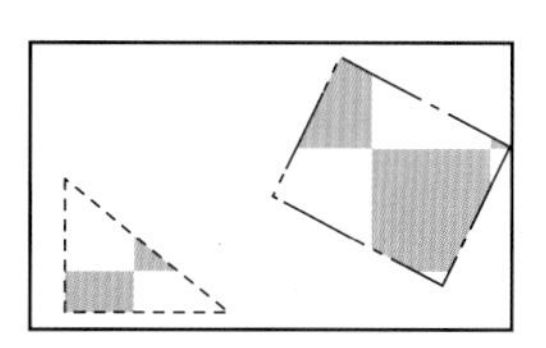

对角布局有三个方面指标或是要求。

（1）构成幻灯片内容的主要单元和元素，能够拆分成两个独立的部分或区域。

（2）独立的部分和区域，对角的分布必须是一头大、一头小的对角分布。

（3）大面积的中部留白，同时主题内容或文眼需要醒目。

下面通过一组案例进行展示和分解。

案例展示
ase presentation

大头部分：
把一个圆形的标注置于一个中英文大小字体结合的文字群落上
标注的衬底上放置四个斜体的文字

小头部分：
只有一个倾斜的数字

大头部分：
英文的大小字体，粗细结合，这里对整体摆成矩形以后的三行英文，进行旋转；
并且，文字下面的部分是相对聚光和高亮的（但这一点不影响版式关系，但聚焦更突出一些）

小头部分：
三行文字，其中第1行的概括文本是黄色字体，较大字号强调
下方两行解释内容字体较小、斜体
三行文字左对齐

大头部分：一张裁剪了外形的图片放在左上角

小头部分：一组文本扎内相对比较小的放在右下角

小头部分：很整齐的四行文本，大小字体结合的文本群，放在左上角，虚线来辅助视觉效果和补位

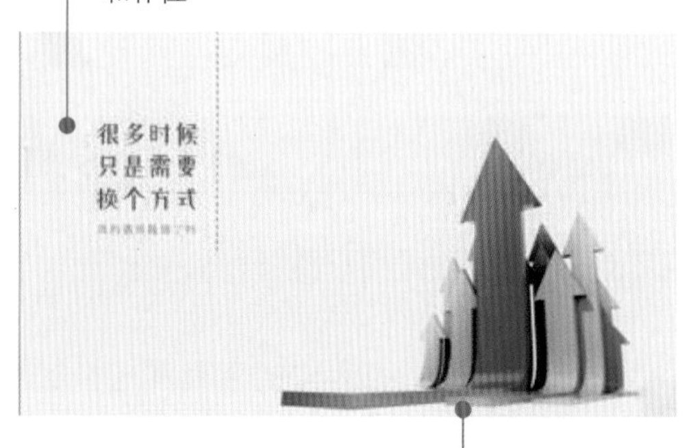

大头部分：一张无背景的插图摆在右下角做大头

小节回顾　对角布局

对角布局的方法特征非常明显，所以做法也比较明确，最重要的是一头大来一头小，当然并不一定，你一样大能做好看也行。简易图如下。

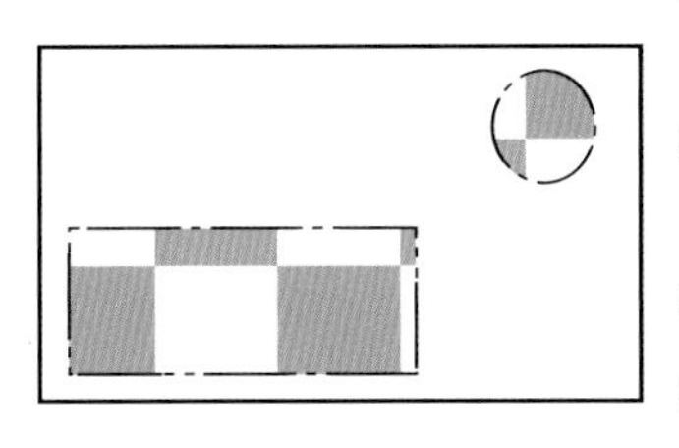

- 视觉上，只在一组相对的角落里存在内容，另一组相对的角落为空白或背景性质的图；
- 对角的内容，可以是内容和内容，也可以是内容和修饰、甚至是内容和背景图的前景要素；
- 一头大来一头小，占据版面相对的两个角落；
- 大面积的中部和角落留白，但至少主题内容或文眼需要醒目。

7.2.3　边路布局

边路布局，让主要内容块靠在幻灯片的某一边或者两边，且平行的沿着某个边界展开内容，示意图如下。

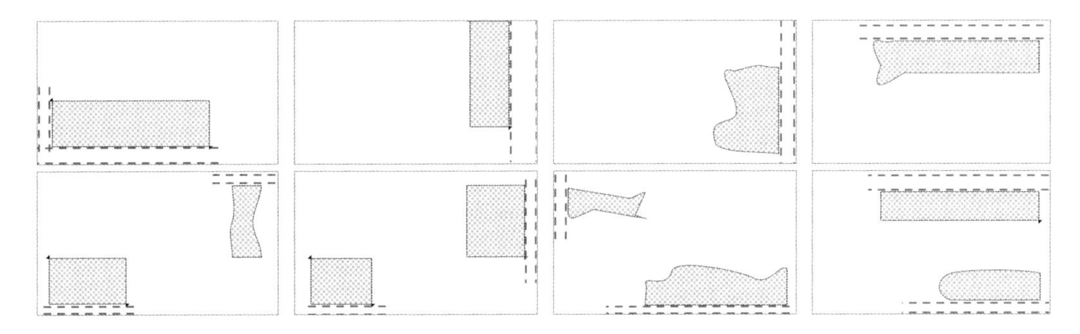

它有如下6个指标点。

- 1块独立内容，靠一个版面的侧边；最多两个内容区域，分别靠两个版面的侧边；不可更多。
- 页面里的独立内容应与它所靠的边保持平行和整齐的视觉特点。
- 大面积的中部或者边角留白，因此，边路展开的内容占位不能太大。
- 如果靠两个边，则一般两块内容需要是对角的靠边。
- 整齐的处理边路内容，比较容易制作和驾驭出较好的效果。

三行文字构成三组下边（偏左）的文字段落群。其中标题部分有大小字体粗细结合；
对部分文字进行彩色修饰
段落文字左对齐，平行于版面左边

横线从图片底端水平的延伸到标题群的文本中（上一行文本的底端、下一行文本的顶端）增强整齐；线条的色彩比较淡，淡化了切分的感受

文字整体分两部分
上部分接近标题性质，使用不同大小、色彩、字体的文字，对标题群的不同部分进行了区别
正文部分的文字相对普通和统一所有文字行左对齐，平行于版面左边

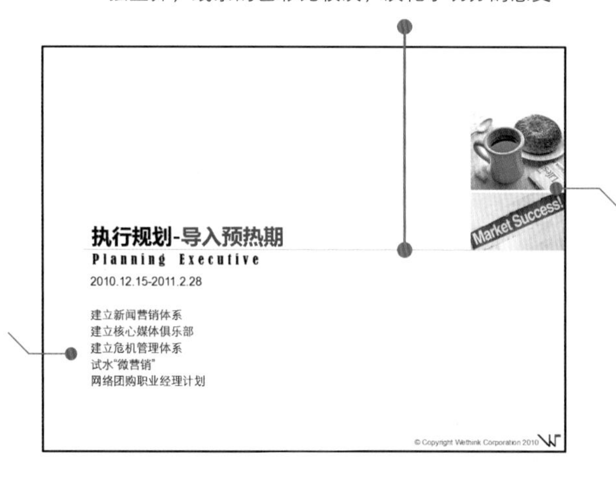

两张矩形的图片，左右对齐，纵向拼接；整齐感强
整体与版面纵向平行，当然也平行于右侧的内容整体外形（或者说左边）也平行于版面的左边和右边

小节回顾　边路布局

边路布局的应用技巧其实很简单，大家可灵活变通使用，只要掌握下面的 6 个核心要点。

- 一块独立内容，靠一个版面的侧边；最多两个内容区域，分别靠两个版面的侧边；不可更多！
- 页面里的独立内容，应该与它所靠的边保持平行和整齐的视觉特点；
- 一块内容，它的哪个方向较长，一般就更靠那个较长的方向的相邻边；——并不绝对；
- 大面积的中部或者边角留白，因此，边路展开的内容占位不能太大；
- 如果靠两个边，则一般两块内容需要是对角的靠边；
- 整齐的处理边路内容，比较容易制作和驾驭较好的效果。

7.2.4 单大布局

单大布局，一张图（图形或图片）自边角开始独占幻灯片大片，文字在剩下的部分相应布局。它有这样如下几个明显特点。

- 一张图（图形或图片）自边角开始独占幻灯片大部区域，文字在剩下的部分相应布局。
- 图与幻灯片边界的结合部大多无缝衔接。
- 非内容进入的边角部分，多以留白为主。
- 进入的图需要足够大，配合少量的文字构成内容区。

单大布局示意图如下。

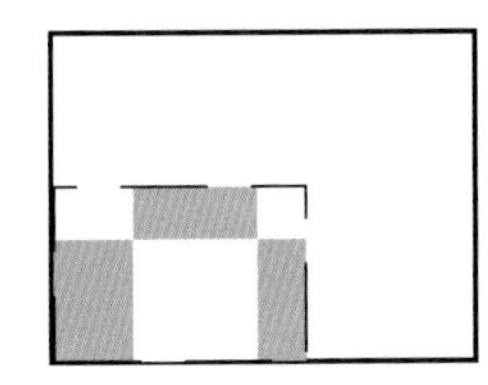
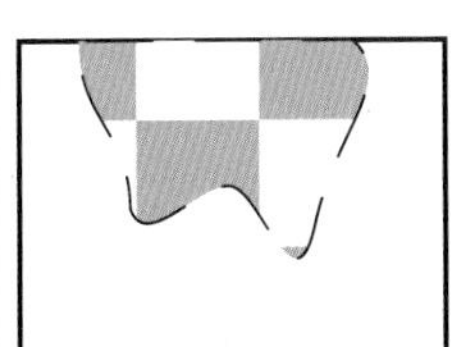

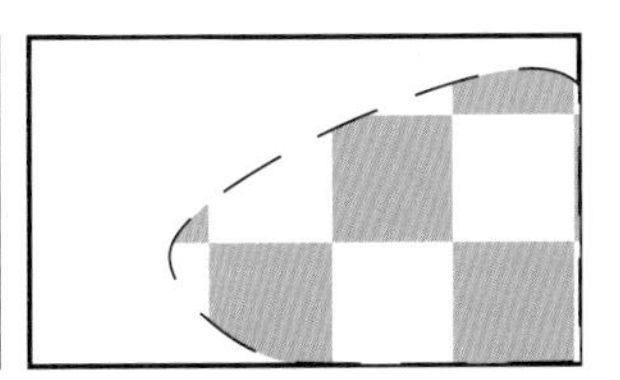

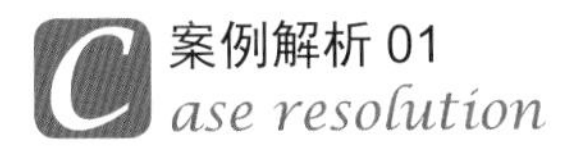

相比一般图片边界也在版面内可见的情况，这样无缝的图片让人更容易感受到是背景图的前景部分

一张大图自幻灯片底部进入幻灯片，并且与版面无缝衔接

这样就别扭了吧？好像图片不完整

文字内容大小字体粗细结合，共同组成一块整齐的文字群，这里用到了两种不同的字体

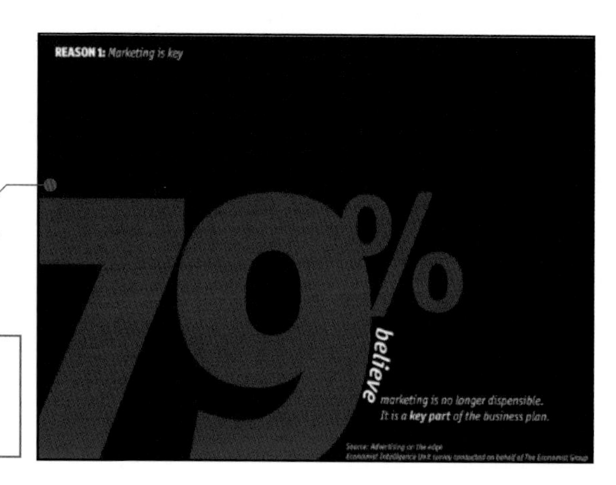

超大号数字自左下角进入幻灯片，并且无缝与幻灯片版面结合

所谓“图”，是广义和宽泛的概念，文字符号的特殊呈现，也是一种区别于正文的图

小节回顾 单大布局

单大布局比较少见，处理操作需要一定的设计功底。大家在合适的素材下，既可以灵活应用它，也可以用笔者分享的套路，简易图如下。

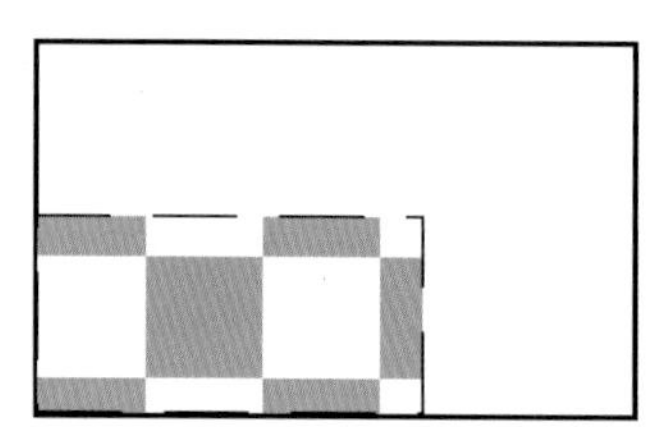

- 一张图（图形或图片）自边角开始独占幻灯片大部区域，文字在剩下的部分相应布局；
- 图与幻灯片边界的结合部大多无缝衔接；
- 非内容进入的边角部分，多以留白为主；
- 进入的图需要足够大，配合少量的文字构成内容区；
- 很多图片素材，有一半，甚至露个头，就可以表达全部的含义了；相应地，占去的版面会比较少。图片和幻灯片的边界之间没有一丝空隙，结合的非常浑然一体，无论这个图片实际呈现多么不完整，你的视觉上都会自己想象在版面外还有它剩下的部分，所以：一是你常常会有一点意犹未尽的感觉；二是你不会觉得图片不完整。

7.2.5 画中画

画中画，在幻灯片内划出一个新版面，用于放置主要内容或是主要单元的一种布局方法。下面简单示意几类常见的画中画切分新版面方式。

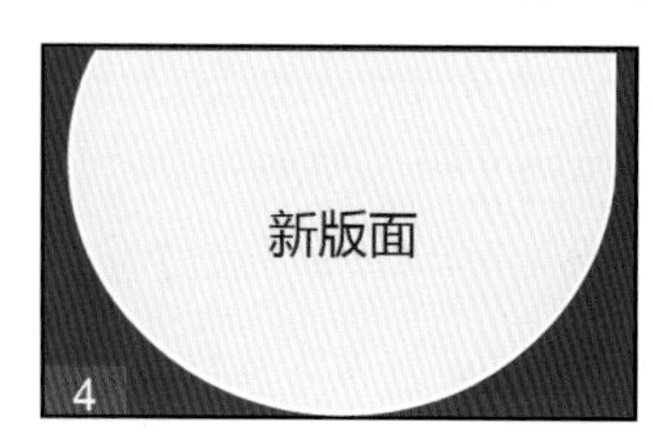

其中，1 号、2 号、3 号比较接近 4 ：3 和 16 ：9 的常规版面；4 号、5 号、6 号与常规排版空间差距比较大的版面，需要进行相应地调整和处理，如进行整齐、对称的平铺，或是顺势而为。

案例解析 01

ase resolution

案例解析 02

ase resolution

一个微立体的修饰，像纽扣一样扣住新版面和空置的版面

显著的线条（这里是白色）可以有强烈的分割感，这里是为了更强的区别内容部分和空置的版面

一些模板会使用遮罩来修饰，让版面有修饰和个性化的处理，但很多时候这样的处理会产生新版面，如下面几张幻灯片。

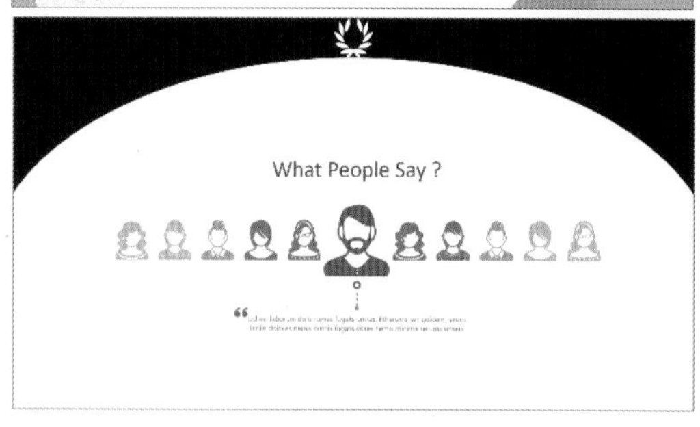

另外，不规则且很个性的画中画分版方式，需要在不规则的版面中对内容进行顺势而为的摆放。如下面的这张幻灯片。

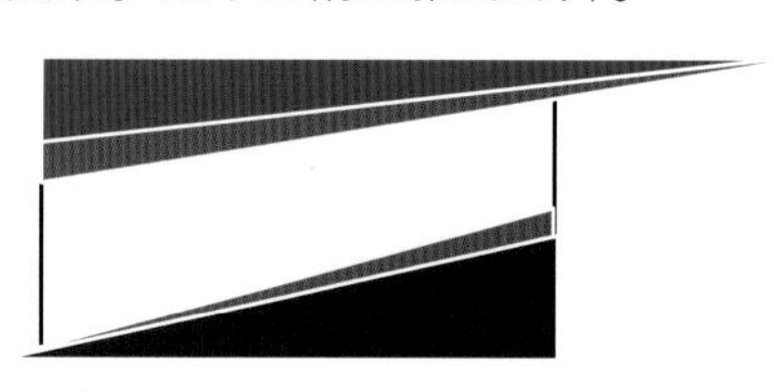

遮罩带有阴影效果出一点立体的感受

使用白色虚线修饰

小节回顾 画中画

新版面

- 在现有版面的基础上，重新划出来一个面积更小的版面；
- 可以用规则的直线规则地画出新版面，很安全；
- 也可以用曲线划定不规则的新版面；
- 制造的新版面只能有一个；
- 画出新版面，意味着内容不能太多，才能一定有空置的版面；这也是在内容少量或中量的时候，减少一点版面空间的方法，让版面不至于太空；
- 怎么制造一个新版面很简单，但是怎么在新的版面上排版，就不一定容易；越是个性的版面，越是需要我们有一定的功底，或者做更多的尝试。

7.2.6 版面切分布局

版面切分布局，也被称为分割布局，是把版面使用衬底或是框线切分成两个或是两个以上的不同子版面，然后分别铺设内容，常见示意图如下。

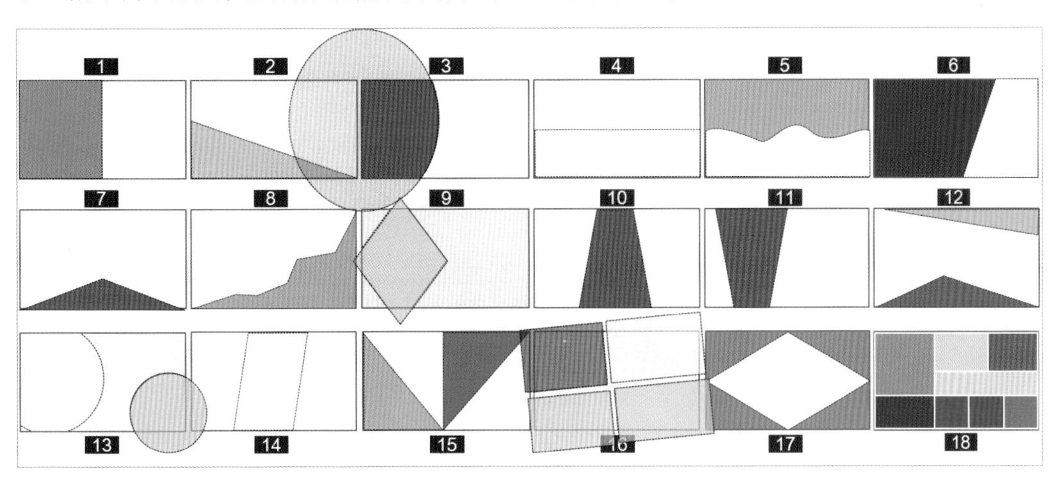

怎么实现切分呢？需用一层遮罩（色块或是图片）分切。对于一些比较特殊的分切，如 5 号波纹，PPT 里没有现成的，需用曲线工具和编辑顶点手动绘制。

8 号虽可用一堆三角形拼出来，但比较费劲，可以用折线工具画出来，然后绘制任意外形的节点。

18 号是用 8 个矩形色块整齐的拼满版面，而且分区之间都有明显的白色界限，可能是色块设置的白色边框，或者是白色背景间的间隙。

画中画与版面切分布局的关系

画中画是版面切分布局的一种方式。同时，画中画只能切出 2~3 个分区，而版面切分布局可以画出多个分区。另外，画中画只在 1 个子版面（最大的那个）上排版实质内容；而版面分割法则是在多个子版面上排版实质内容。

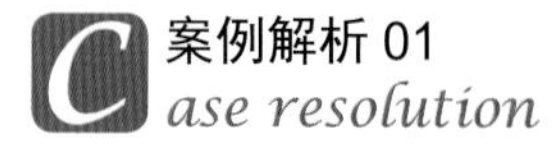

案例解析 01
ase resolution

用一个椭圆完成分版，版面分上下两部分

用椭圆分成两个子版面，上部分放标题，下部分内容上下均对称的局部，并且基本上都属于中部布局的方式

一个椭圆+一个矩形色块，将版面分成上中下三部分

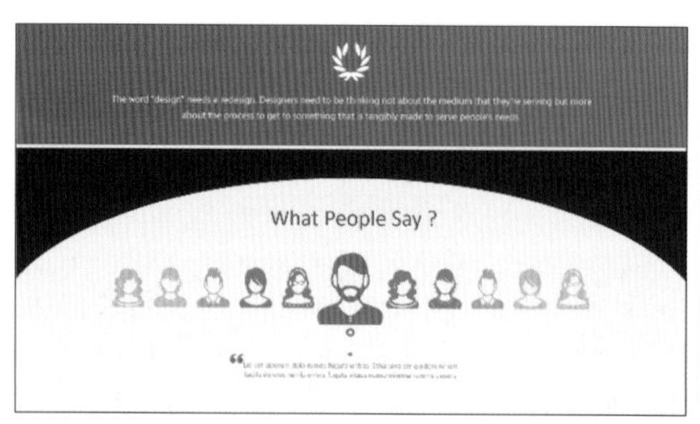

分成三个子版面，上下的子版面各自放置一块独立内容，中部子版面空置。上下均对称的局部，并且基本上都属于中部的布局

案例解析 02
ase resolution

用一个矩形就可以完成分版

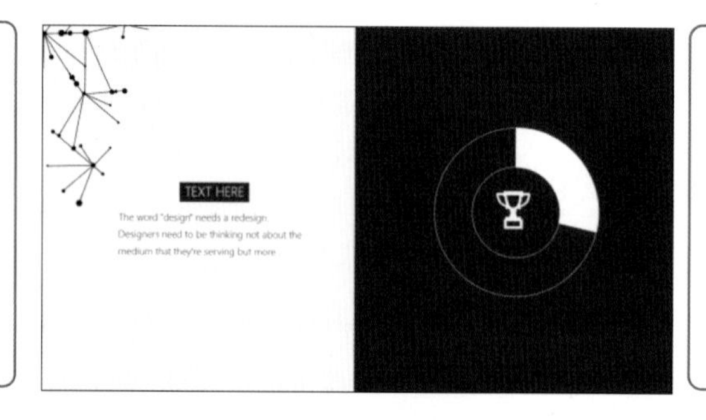

版面分左右两个子版面，左边是文本的居中布局，右版面是一个信息图（左版面的修饰物用于补位，不显空旷、空虚，换其他修饰物摆放也不难——多试即可）

用矩形图片垂直整齐的切割版面为左右两部分

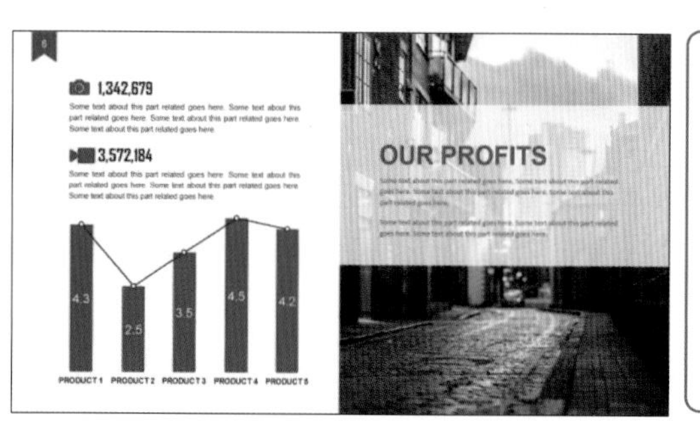

左版面图文整齐的混排，顶部有图形修饰（页码）
右版面存在铺满的背景图，背景图上层铺设半透明衬底，衬底上层文本整齐的平铺

小节回顾 版面切分布局

无论怎样分版，子版面都可以选择，如空置（完全或者几乎不放东西）、用图片铺满（图片的质量要高），或者纯文字 / 图文常规的混排，如果子版面的数量少于三个，则一般不会空置。

任何外形的子版面都有可能处理很好，但矩形方正整齐的分版很容易出效果，也比较好驾驭。

7.3 其他无定式布局

版式设计，是一个博大精深的话题，上面分享的这些方法和经验法则，是让大家快速改善排版的捷径和技巧，在初学 PPT 时，尽量利用它们；但是不要迷信和局限，更不应该成为创意设计的枷锁。

要知道设计无定式，理解原理、感受创意才会打开更大的门，当看到很多个性的版面，如下面的几组案例，无法用已有的方法来解析，但没关系，只要用学过的知识去解析，就会进步飞快！

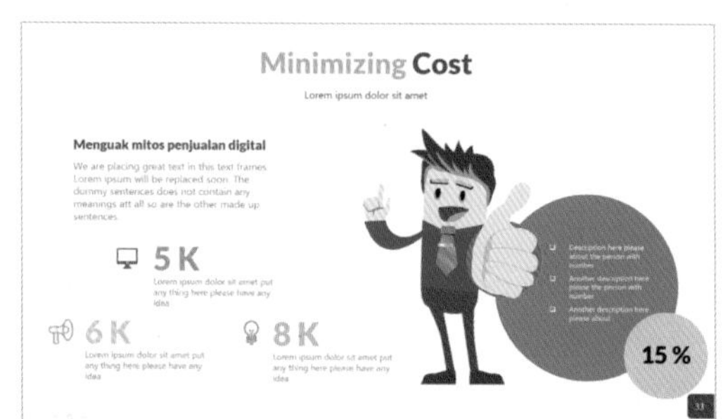

本章金句

在本章中向大家介绍了三大类常用的布局方式：常规平铺、个性突出布局和其他无定式布局。笔者已将其布局方式用直观明白的示意图和示例展示给大家，各位朋友可直接套用，也可以在其基础上拓展发挥。最后达到设计无定式的高阶设计水准。

PPT 设计的五大基本思维

本章中我们将会分享五大幻灯片设计的基本思维，用于解释相当大量的设计套路和方法，除了可以直线提升 PPT 的设计能力外，还决定我们到底能达到怎样的高度。

8.1 亲密性思维：把目标归类 / 聚拢

亲密性思维，是对一个页面里的各个元素在视觉上进行归类和组织的方法，可以让不同元素之间的逻辑关系直接体现在视觉感受上。

【原理】

相邻单位之间，视觉距离越近越有视觉上的相关性暗示和认知：TA 们是一类、一群。

【方法论】

利用亲疏关系（物理距离的远近差异）对内容进行组织和聚拢，不要让内容无组织、无序或者平淡的堆砌。

关联的内容逻辑归类；不相关的内容不建立联系。在视觉上独立处理（间距较大或者分割）。

【注意】

除了距离之外，显著的分割线或者连接线，也会极强地改变亲疏关系。

8.1.1 利用间隔对内容进行视觉分类

下面一组图片中，上图中是一块内容，下图中由于有明显更大的间隔，视觉上就会认为是两块内容。

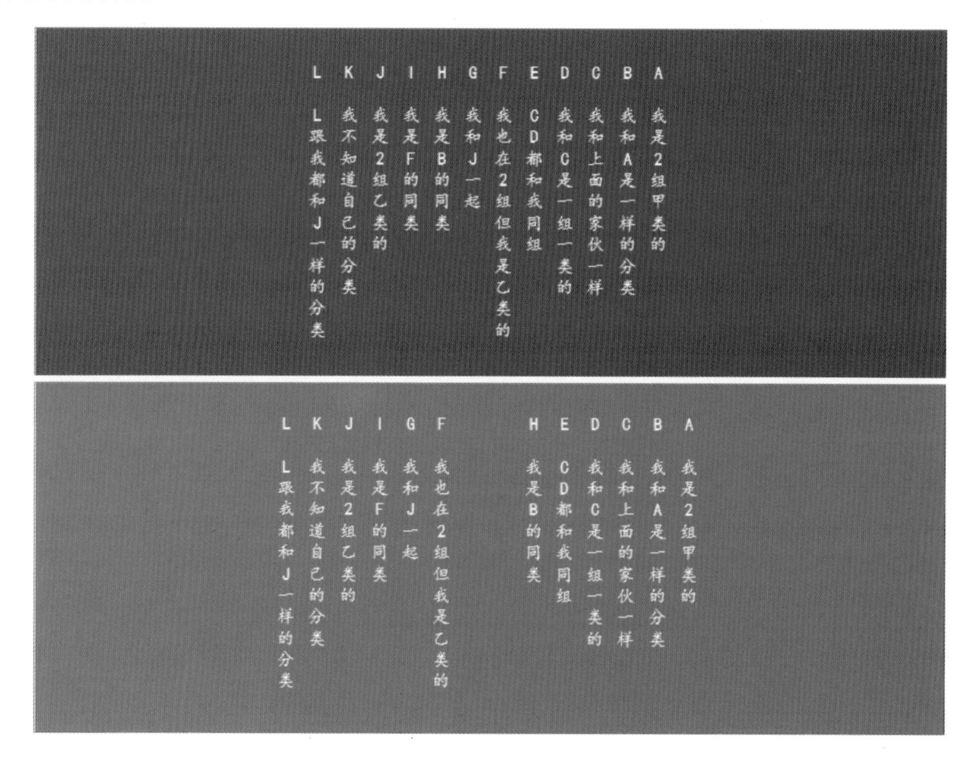

下面的菜单案例中，左图是没有对分类内容进行视觉上的处理，导致不够直观、不够便利。只能按顺序看，如找饮料，需逐行查看才能找到。

右图在不同类别之间给出更大的距离，用亲密思维进行归类，在视觉品味和欣赏感上得到明显提升。

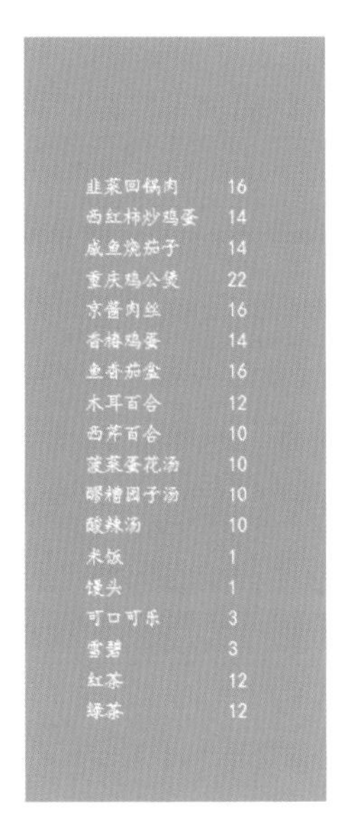

没有群分

没品味、没逻辑、没重点、没便利、没分类，只能依次看。

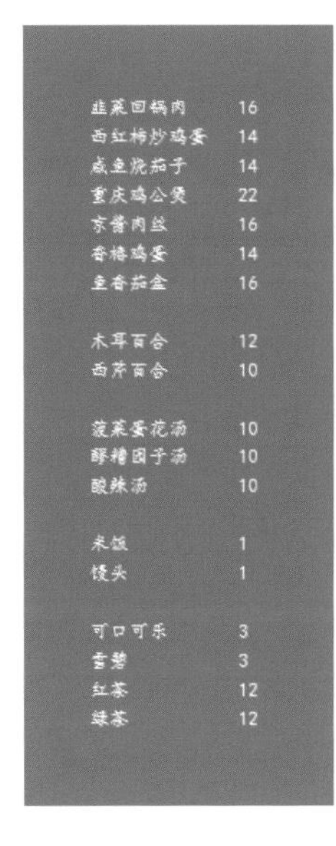

物以类聚

用亲密性思维，从距离的控制上实现组织和层次。

在幻灯片设计中，亲密性思维随处可见，下面看一组案例，感受亲密性思维的运用。

案例展示
ase presentation

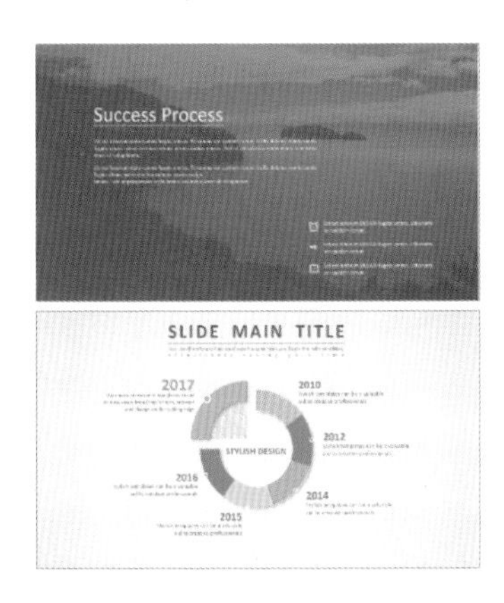

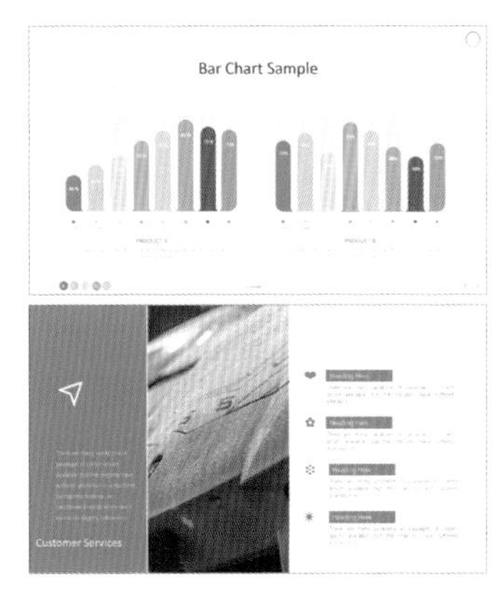

8.1.2 隔离物让独立性更强

除了间距之外，隔离物也能影响不同部分的亲密程度。在下面这组示意图中可以看出：隔离的间隔性框线越是显著不同，独立和无关的作用就越强。

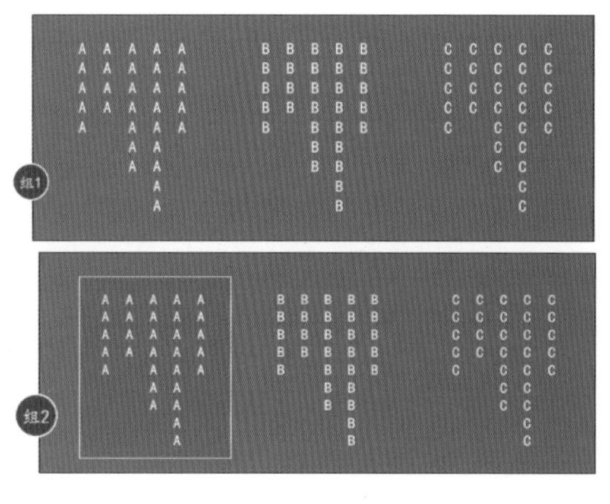

ABC三组文字群格式一致，间距一致，三组案例均如此观察不同的边界和隔离处理带来的不同内容分类感受隔离物越是显著，让目标独立和相对无关的作用就越强

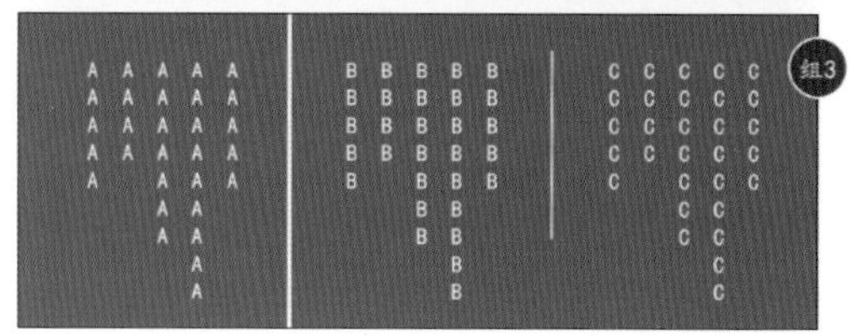

组 2、组 3 里面 A、B、C 的格式和间距完全一样，但组 2 的 A 部分明显更独立一点、更不同，因为有明显的隔离框线。

组 3 里面，AB 之间独立性更强，BC 之间的独立性较弱，但比中间没有隔离物的独立感更强。

8.1.3　利用关联物亲密连接

显著的关联物也常比距离的影响更大，即使远在天边，只要有明显的关联物链接，就自然有显著的关联。如下面的一组案例。

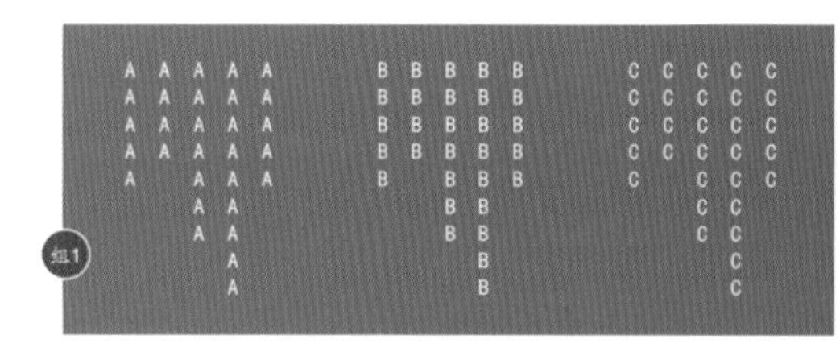

组1组2 ABC三组文字群格式一致，间距一致，组3 AB较远
观察不同的链接状态下，3组文字群的分类关系差异即使远在天边，只要有显著的链接，就自然有了显著的关联。这在3号尤其明显，尽管A、B2组之间的间距大得多，你依然会认为AB是一大类，C是另一大类。

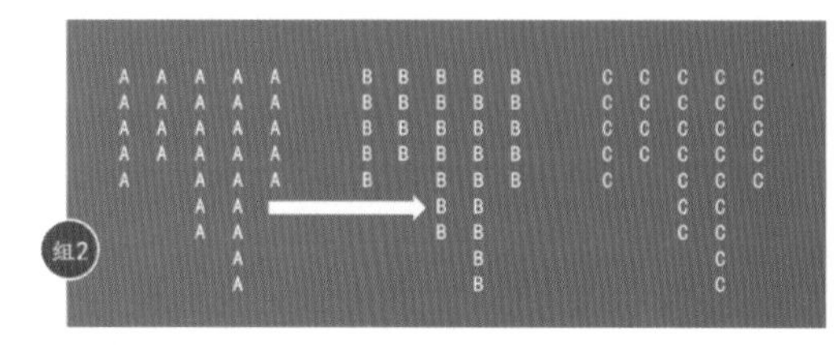

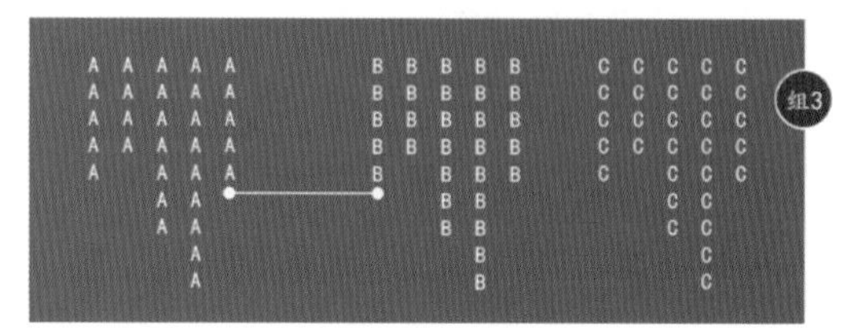

组 1 和组 2，ABC 三组的间隔一样。但组 2 的 AB 之间，有一个很明显是连接作用的箭头，让受众觉得 AB 之间更亲密一些。组 3 的 BC 之间距离很接近，但 AB 之间通过线段连接，让受众觉得 AB 之间更亲密，属于一群、一类。

下面的一组案例中，因为有了组线和连接，即使离得很远，也让受众觉得是一个整体。

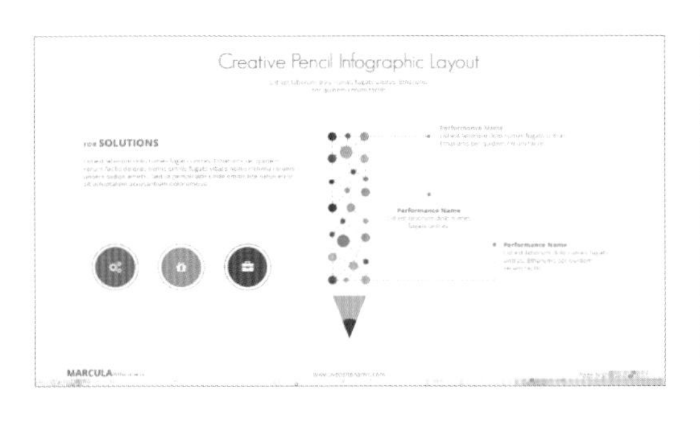

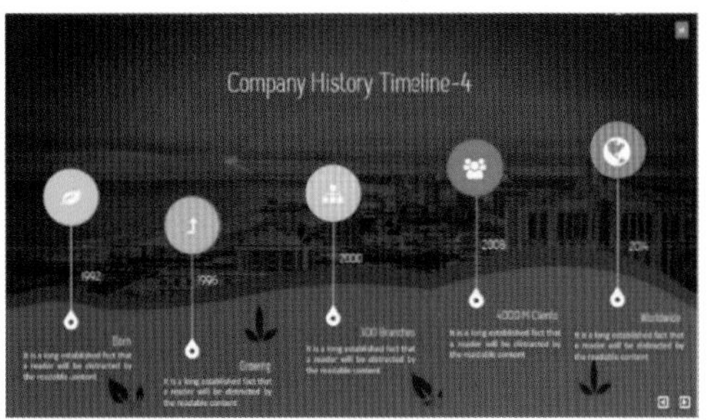

8.2 做齐思维：让页面整体有序

做齐，不仅让页面整体有序和阅读便利，还会让视觉轻松，更利于信息的表达。

【原理】

- 人类喜欢有序，并且很容易在没有头绪的时候烦躁和崩溃，视觉也一样。
- 观看视觉上的整齐事物，视觉焦点移动会非常省力。
- 整齐是元素之间视觉联系的纽带——主要是视觉焦点移动的纽带，有助于产生规律和整体感。
- 与整齐相对的是散乱。艺术的散乱很难驾驭，但是初学者就不要惦记了。

【做法】

- 注意各元素位置，不管距离多远，首尾有呼应。
- 要避免的问题：尽量不要混合使用多种对齐方式，尤其是居中对齐和整齐的方式；左右对齐是一种方式。

【要点】

- 做齐是非常安全、常见和有效。让视觉焦点有序，让零散的页面内容有序呈现的方式。
- 不同对齐方式有不同的特征，除非已经被显著的分区 / 分片划出。
- 对齐方式混搭不是很好驾驭——左对齐、右对齐是一类方式，顶端和底端对齐也是一类方式。
- 内容更多、更密、更重的地方重心较重，不用因素（视角）的重心感受趋同。比较容易驾驭。

亲密性思维与做齐思维的关联

假设亲密性思维是对元素的归类组合，将元素之间逻辑的理解差异在视觉上做出表现，那么，做齐思维就是在视觉上串起这些差异化元素组合之间的线，也就是让元素之间保持整体关联和有视觉上的差异的线索。

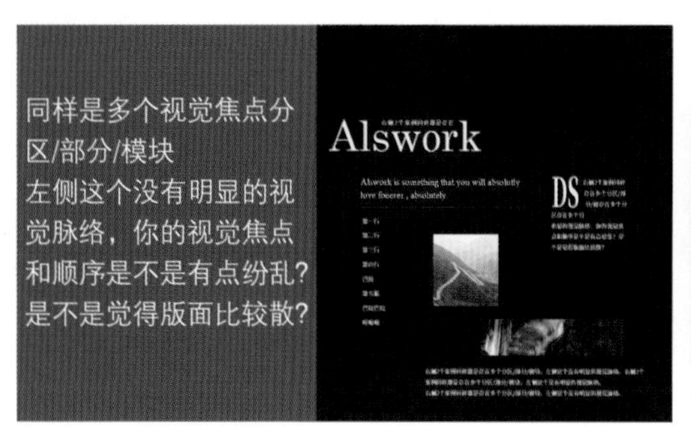

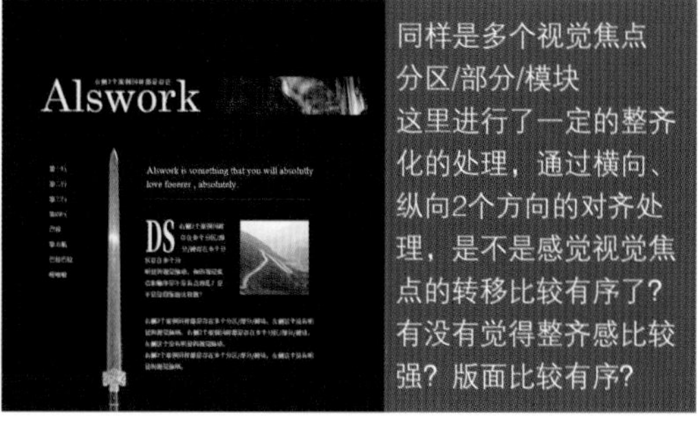

左边的案例，虽然在细节上已经处理整齐，但会发现这个案例的上、下、左、右视觉焦点是游离的、不确定的。上部 Black 看完以后，多半会看到 A 字母，然后再往下，自上而下，从左到右看；同时，视觉脉络不明显，需要找一找、捋一捋，视觉焦点的切换也不是很顺。

右边的案例，看过 Black 字母部分以后，视线很自然地顺着右对齐的脉络移到目录部分；然后从目录往右看，从上到下、内容标题到内容正文。由于对齐产生的视觉焦点延伸，所以视觉脉络比较清晰。

8.2.1 少量文本行的平衡感做齐

居中对齐，不是对齐，是对称。而对称的优点是平衡感比较强，但是对称是不整齐的；它不适合呈现大段的文字，因为每一行换行以后的起点都不同，就会导致视线的跳跃性太大，导致受众的视觉焦点移动不顺畅，阅读起来比较费劲，如下面的这张设计。

居中对齐不是对齐，是对称，对称的优点是平衡感比较强
对称是不整齐的，所以也不具备整齐的任何特征和效果
你可以看到每一行换行以后的起点都不同，所以阅读的时候，每到换行的时候，你去找下一行起点的位置都不一样
就经常导致视线的跳跃性太大，所以阅读会比较吃力
所以一般中长篇的文字都不太建议用居中对齐（对称）的方式
尤其是文本段落语义连贯性比较强的多行文本，更建议采用单侧对齐的方式（左对齐或右对齐）
只有不连贯的短句或者少量文本行之间，采用对称的方式不影响阅读
此外还要牢记
对称和整齐的混搭是非常容易混乱和不协调的
安全起见就别惦记了
绝对不要采用很多模板给你的标题对称，内容整齐的方式！

因此，一般中长篇的文字，不建议使用对称的方式，只有不连贯的、短句或者少量的文本行之间，对称的方式才不会影响阅读。

8.2.2 安全传统与新鲜感的做齐手法

左对齐是比较常见的对齐方式，既安全又传统；右对齐虽然相对少见一些，但更容易带来新鲜感，往往更容易设计出个性效果。

[左对齐比较常见和传统]

这是典型的左对齐的方式，你可以观察它和右对齐方式的不同
这是典型的左对齐的方式，你可以观察它和右对齐方式的不同
左对齐是比较安全的方式，也是比较传统的方式

[右对齐更容易显出与众不同和新鲜的调剂]

这是典型的右对齐齐的方式，你可以观察它和左对齐方式的不同
是不是感觉更少见、更有特点、但是又具备左对齐的大部分优点感觉呢
只有一个缺陷，就是右对齐在阅读上还是没有左对齐更便利
毕竟换行的基准是从右侧开始了，而阅读还是从左到右的

在阅读上，右对齐没有左对齐便利，因为右对齐每次换行后，开头的位置有可能不一样。

简单粗暴的简述（基础好的朋友可以无视它，主要是给基础不太好的朋友）

- 左对齐的方式铺设文本或内容，比较安全，同时也相对比较传统。
- 右对齐的方式也比较安全，而且经常会带来一点视觉上的调剂和新鲜。
- 居中对称要么用在少量的行数（1~3 行的文本），要么用在表意独立的短句之间（行数也不可过多）。
- 除非是在某个关系图或者修饰的内部，或是照搬优秀设计，在整齐风格的整体版面下最好不用对称。

8.2.3 顶端对齐和底端对齐

顶端对齐和底端对齐都是在横排上梳理阅读线索的一种整齐方式。特别是规则的外形进行底端对齐会显得比较稳，因为重心靠下。如下面的一组设计中，3 块矩形的内容长短不一，不能顶端和底端同时对齐。若是底端对齐会营造墓碑一样的视觉感受，因为下面比较重（重心靠下）。

[顶端对齐]
[底端对齐]

一般无需刻意关注，天然就会做齐，至少学过整齐大法以后，你肯定会注意尽可能的让不同元素在对齐上有呼应。

在规则的外形之间进行底端对齐的处理，容易显得重心靠下，会比较稳

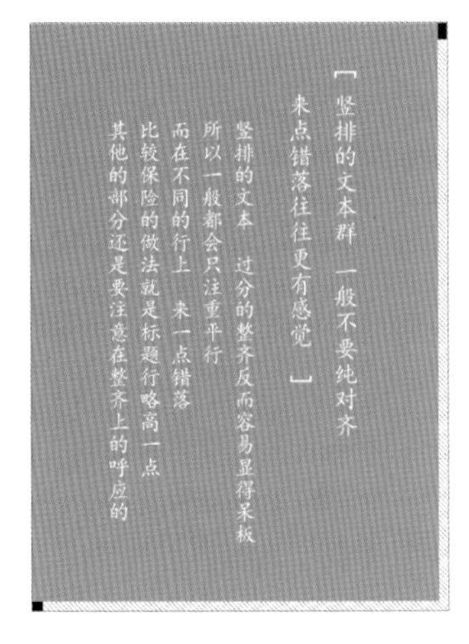

[竖排的文本 如果没有错落
你看呆板不呆板]
竖排文本的左对齐 就是视觉上的顶端对齐
你看呆板不呆板
此外绝对不要
对竖排文本用居中对称的方式
除非你能驾驭好

若是换成顶端的对齐，感觉会不太一样。

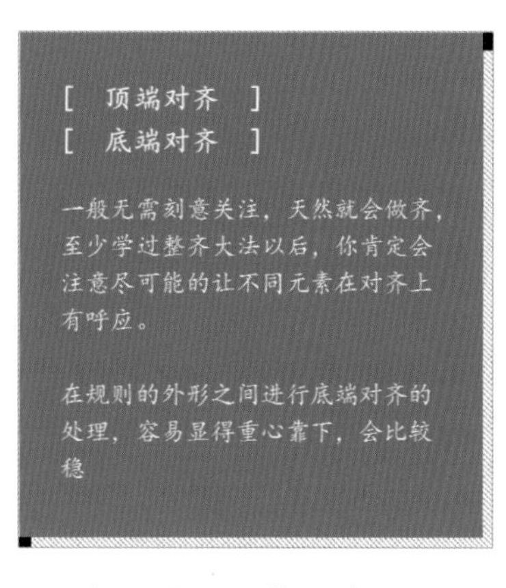

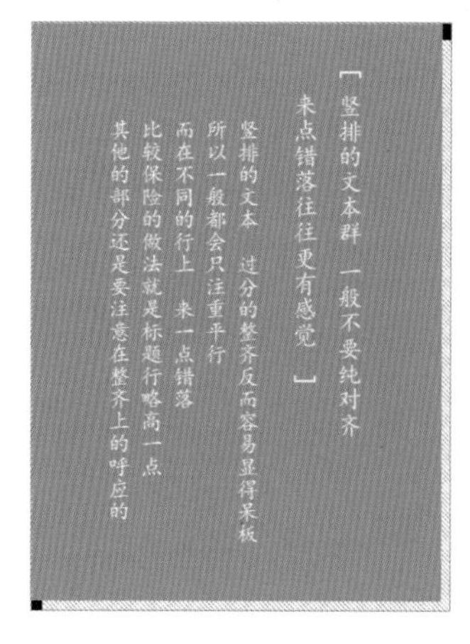

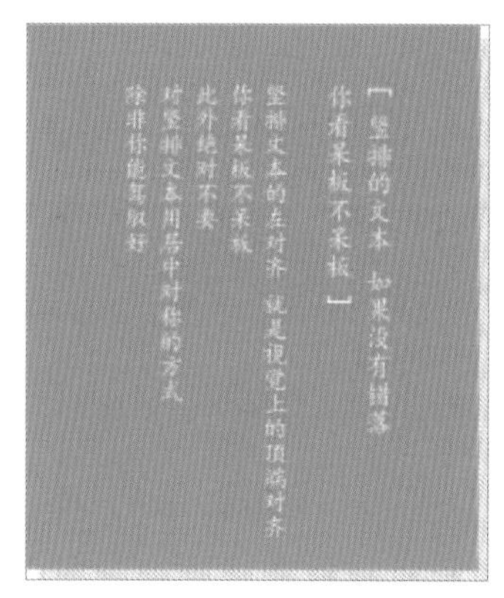

如果非要比较哪个更好，其实并不好判定，只是规则的外形底端对齐，会有重心靠下的特点。理解这个原理，在不同的场合下就能恰当选择对齐方式；若确实没有把握或是感觉别扭的时候，比较安全的选择是底部对齐：重心靠下。另外，有一个比较特殊的点需要补充：竖排的文本群或是多行文字竖排时，一般要带一点错落，如果特别整齐反而比较呆板。

要实现错落有致通常有两个方法：一是把不同行的文本拆分成单独的文本框，二是进行一些人为的、刻意的或是非自然的换行断句。

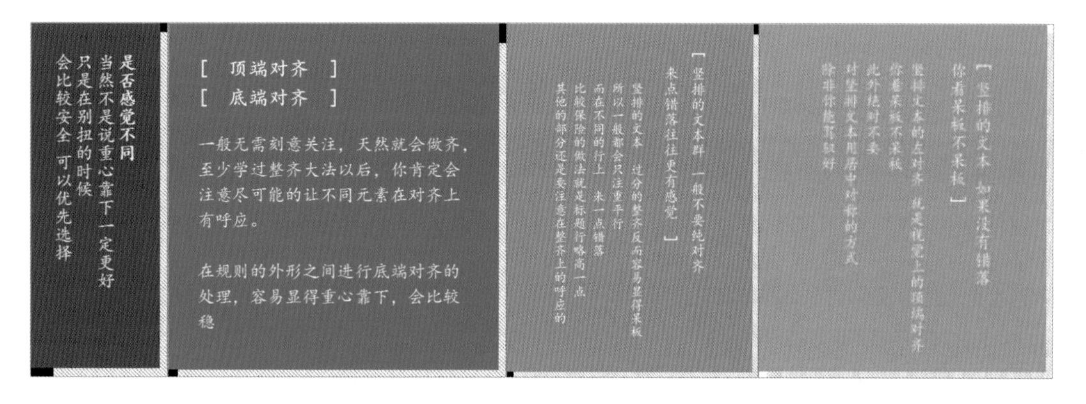

8.2.4 分散对齐的特点

分散对齐的特点是：文本不管多少，占满且平均地分布在文本框里，如果不同行的字数差距较大，会出现行之间不均匀、难看的空隙。因此，这种对齐方式使用相对较少。

这段文本为**两端对齐**，又叫**分散对齐**。分散对齐的原意是把文字段落各个行强制做的左右都对齐——即对称又整齐
但 这 种 对 齐 方 式 要 尽 量 避 免
除非各行的字数足够均匀，能够避免字之间出现显著不同的
难 看 的 空 隙

此时的分散/两端对齐是比较好的状态
因为不同的行字数差异不大，于是比较均匀
即分散或两端对齐足够规律整齐的状态

此时的分散对齐/两端对齐是目前相对而言最好的状态
行内文字数量均匀、行数少、关键是字体小，更易显匀称

从上面的三组案例对比中可以明显看出：最下面的一组整体显得很匀称，很规则，很整齐，因为行内的文字数量均匀，行数少，字体也小。

在一些要求既对称又整齐的版面中，分散对齐是很好的方式，比如下面的案例。

感受不同对齐方式的不同。

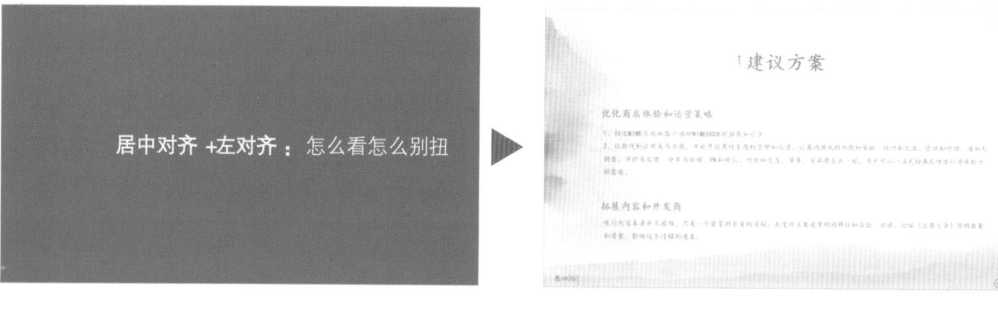

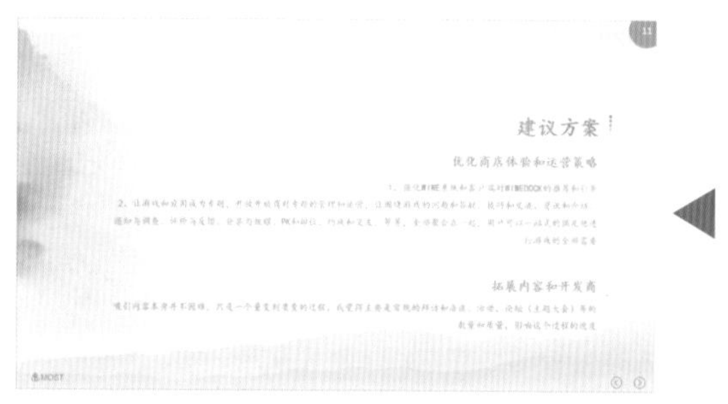

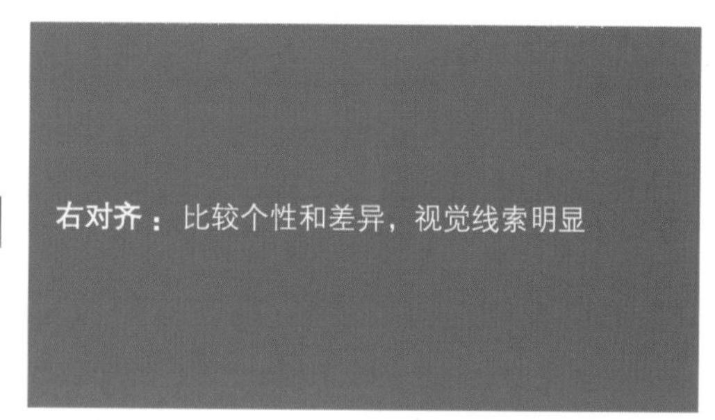

案例展示 02
ase presentation

相当多的时候，左对齐、右对齐没有那么大的差异，只是右对齐的方式会较为少见，会略微带点视觉上的新鲜感，如下面的这组幻灯片。

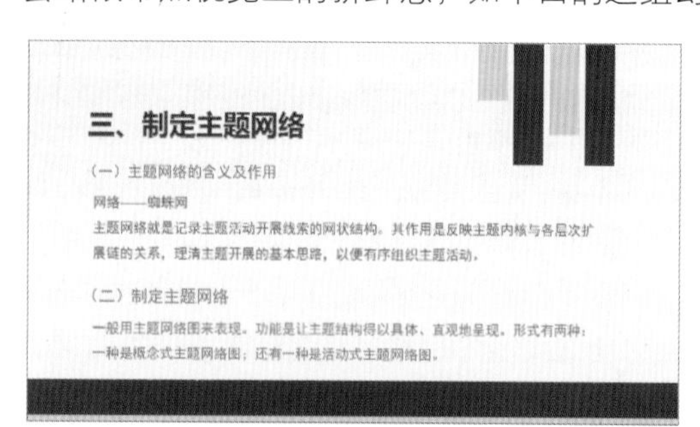

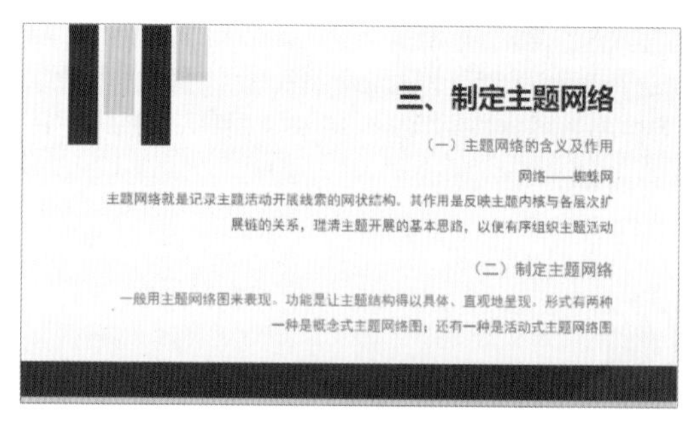

但在一些少数幻灯片中，左对齐和右对齐的效果差异会特别明显，如下面的这组幻灯片。

如果存在显著的画面分区，那么分区内外的对齐方式完全可以混搭，互不干扰。

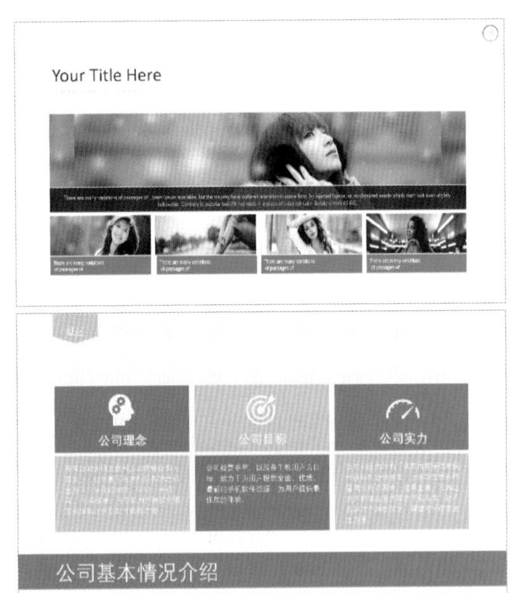

大多数关系图的构成细节内部是以对称为主，同时总体呈现为整齐，主要是因为构成关系图的元素有充分的子版面区域的界定。

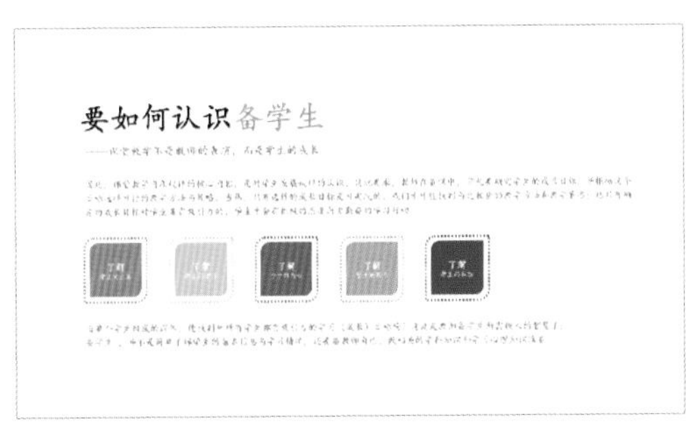

8.2.5 做齐与重心感受

在设计中，怎样处理做齐与重心感受？关键在内容的数量，特别是空白数量对重心的影响。最简单的处理方式：往什么方向对齐，一般在对齐的一侧留白会小一些，以保证内容数量的重心感受与空白关系的重心感受一致。如左对齐，左留白就比右留白小一点。右对齐就反过来，右留白比左留白小一点。

如下面六个案例形成的一组对比，可以感受重心一致与重心冲突。

重心一致组
重心靠左的时候 靠左的时候
左对齐哦左对齐
现在这样你会觉得别扭吗？会觉得别扭吗

重心冲突组
重心靠右的时候 靠右的时候
左对齐哦左对齐
这就别扭了吧？别扭不别扭？

重心冲突组
重心靠左的时候，现在也是左对齐，
也是右侧留白更大，但是左留白比
1号大一点
和1号比你感觉别扭不别扭？

重心一致组
依然是重心靠右的时候 重心靠右
你再看右对齐啊右对齐
现在这样是不是就没那么别扭了

重心冲突组
重心靠左的时候 靠左的时候
你再看右对齐啊右对齐
这就别扭了吧？别扭不别扭

重心冲突组
重心靠右的时候，现在也是右对齐，
也是左侧留白更大，但是右留白比
2号大一点，你和2号比你感觉别扭
不别扭

8.3 重复性思维：分离元素的统一感受

一致的视觉特征，会在视觉上建立同类 / 同属性的联想，是组织关系的一种手段，与亲密不同，即便位置很远甚至不在一个视觉瞬间也没关系。因为它的目的不在于划分逻辑上的部分，而在于树立多维的特征和属性。

当需要设计系列或多页作品时，“重复”变得尤为重要，它让一个或者多个视觉瞬间的不同因素变成一个有联系的整体。

【原理】

一致的视觉特征，视觉上会建立同类 / 同属性地联想，也是组织关系的手段。

在格式上的重复元素，反映在视觉上可以建立关联，它不一定代表内容在逻辑上的归属，也不一定用来标示内容的层次划分，更不一定代表同类型。但可以反映全部关联的可能。

【做法】

让同类 / 同性质的元素保持相同的格式；让类型或是性质接近的元素保持相近格式；在不同类元素中保持差异的格式。

只有在已经存在一定差异的元素之间重复地进行才有意义，这意味必须有一些差异的类型，也意味着差异的类型必须控制数量。

重复是基于实际逻辑的重复，而视觉感受逻辑应该与内容实际逻辑一致才叫辅助演讲。

8.3.1 单页幻灯片中的重复

很多专业的幻灯片设计中，重复思维都被广泛地应用在单页幻灯片中。既让幻灯片突出层次和结构，又让差异突显。下面我们来看一些重复的运用。

案例解析 01

ase resolution

多段文本中的常见重复主要体现在层次方面，如大标题、小标题、正文、导航、注释和其他修饰等设置细节里。

在多段文本中常见重复（纯文本）
小标题格式、正文格式（字体字号、是否加粗）、间距（小标题到正文，正文行间距）等进行重复

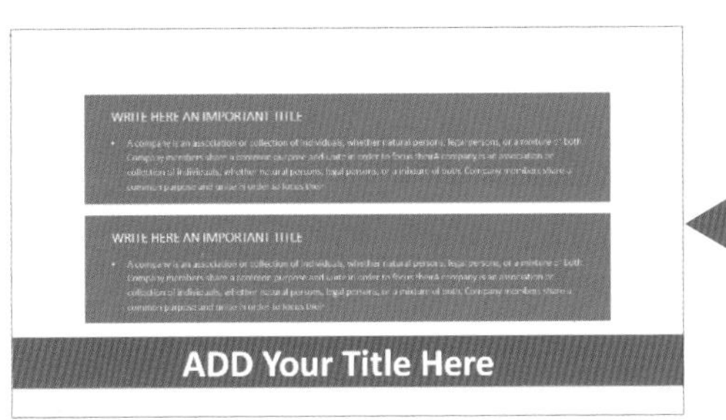

多段文本中常见重复（分区鲜明的）
小标题格式、正文格式（字体字号、是否加粗、是否有项目符号），还有衬底样式（形状、色彩）的重复

案例解析 02

ase resolution

各类专业设计的关系图都大量地利用重复来暗示和强调不同元素之间在属性 / 逻辑上的共同点。如下面的一组案例。

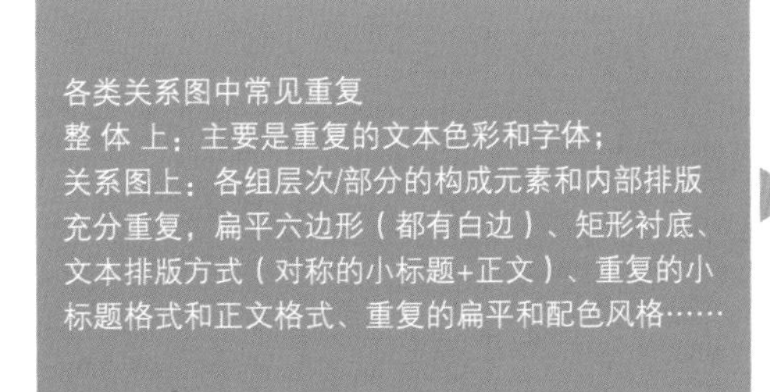

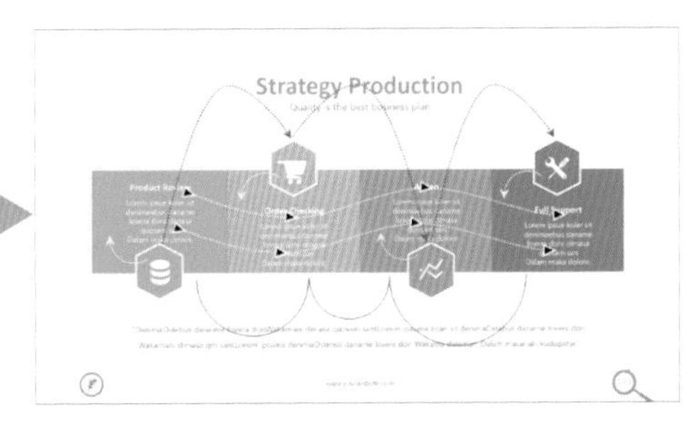

各类关系图中常见重复
虽然有很多差异，但依然随处重复：
都是圆形的白边；都是扁平的正圆；圆内内容均扁平纯白、且为居中；圆外文本均为同样的摆位关系（位置和角度）；同级别的圆大小一致，级别的文本也是一样的大小……

各类关系图中常见重复
重复的外形、色彩、间距、修饰；各组层次/部分的构成和摆位关系、字体、字号、层次、内容结构、不同层次的元素样式和排版，等等。几乎你见到的所有元素都是重复的

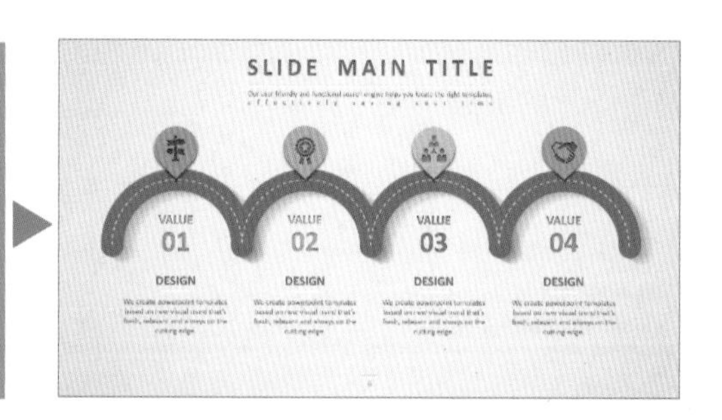

案例解析 03
Case resolution

图文混排中也常见重复
主要是重复的图片外形，这里当然还有重复的图片主题
文本的重复不再强调了，其实它们的字体都是重复的

RUSSIA VECTOR MAP

图文混排一样常见重复
重复主要在右侧文本或者说文本+关系图的部分，每一个部分小标题的格式、样式、排版（摆位、角度、间隔等）都是重复的格式，正文部分也是如此——其实就是文本层次的那些重复
数据关系图部分更是一样的构成元素，只是数值不同而已

案例解析 04
Case resolution

重复不仅发生在具体的设置，也发生在整体版面样式风格的选择上，不同的重复则重点产生不同的风格感受。如下面的一组案例。

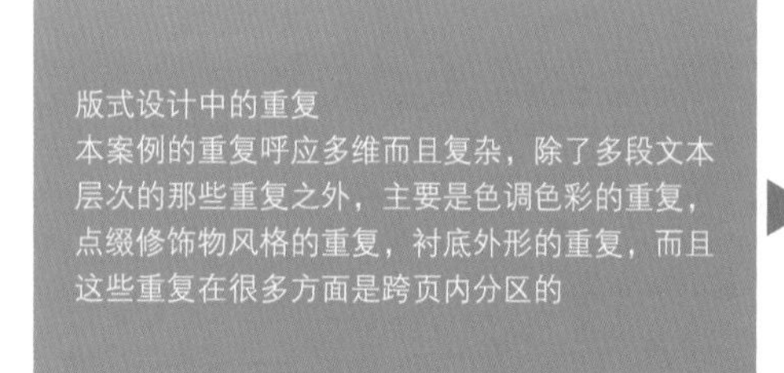

版式设计中的重复
本案例的重复呼应多维而且复杂，除了多段文本层次的那些重复之外，主要是色调色彩的重复，点缀修饰物风格的重复，衬底外形的重复，而且这些重复在很多方面是跨页内分区的

版式设计中的重复
本案例的重复较为简单，除了文本方面字体、字号、色彩等的重复，主要是拼接色块形状的重复，以及各个衬底内部排版的重复

版式设计中的重复
除了多段文本层次和段落的那些重复之外，主要是主打倾斜风格的版面，上下分区和文本拥有重复和呼应的外形和角度，重复的色彩或者色调（相近的色彩群），此外还有重复的修饰和重复的效果

版式设计中的重复
存在多维复杂的重复，最主要显风格的重复是大字的序号和小字的正文组合排版——可以注意到不同的分区，它们的组合排版方式并不一样——存在仅位置关系上的变化。——在重复和一致的基础上略微变化，既有灵活和不同，也能识别出一致性，是很显风格的处理

案例解析 05

ase resolution

除了上面的重复外，单页幻灯片中还可以用一些特殊的重复，这些重复没有固定的模式，完全靠大家的领悟，这里为大家展示一组案例。

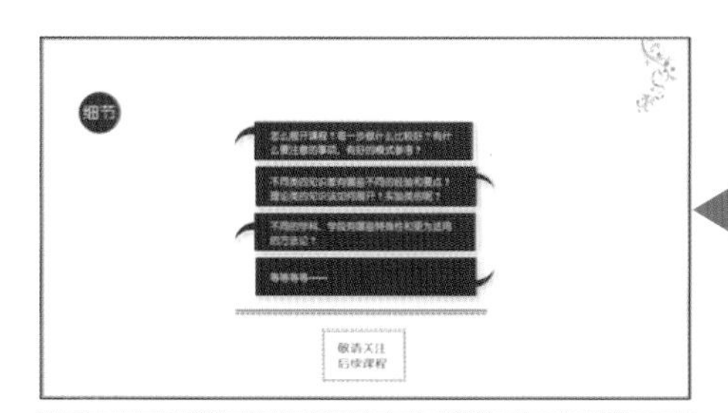

除了背景，只有一种主题色，很彻底的重复。
外形、样式、文本上的重复点也相对较少——虽然绝对数量也有5～6个点
这是典型的单纯和简约下的有差异的重复

黄蓝二色的重复其实并不代表同类和关联，只是为了统一整体页面的色调（重复出风格），以及实现相互间隔的撞色块处理

8.3.2 成套作品中的重复

与单页幻灯片不同，一个成套的作品，若是每一页都差不多就会很枯燥。因此，需要变化和不同，同时保持同样的视觉识别感受才能产生风格。

怎样做到呢？可以从两个方面入手：一是要有特别显著的趋同特征，有很多的跨页重复；二是有一些多样化和不同，避免枯燥。

一言以蔽之，要在重复中变化，在变化中趋同，让不同的视觉瞬间拥有相同的特征识别和感受，做好矛盾的统一。

下面通过三个案例进行体会。

公路主题的微立体风格的模板。

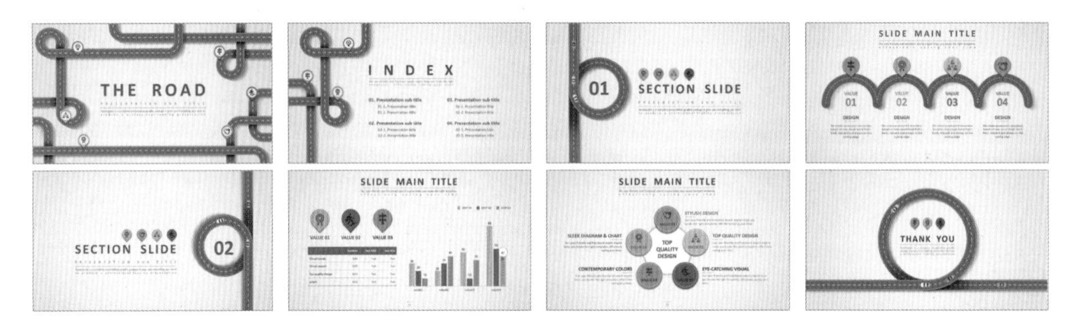

主要在重复中变化和变化中重复的风格元素。

1．色调：文本深蓝（偏灰色）。

2．背景：灰白渐变。

3．前景修饰物色彩■■■■■■，主色调均为纯色，色彩选择灰度高，是鲜明的风格色。

4．修饰效果（请忽视具体的外形）：基于内阴影的微立体图标，基于外阴影和渐变边框的微立体。

主要在重复中衍化差异的风格元素：

1．文本，包括各种标题和正文。

2．修饰效果（请忽视具体的外形）：基于内阴影的微立体图标，基于外阴影和渐变边框的微立体。

3．个性化的风格修饰物，它们本身构成复杂、重复和差异变化点都足够多。

黑白红三色扁平时尚画册风格模板。

主要重复中变化和变化中重复的风格元素：

- 黑白红的大色块撞色（其中白色多为背景）。
- 图片的主题和视觉感受一致，包括色彩风格也很接近。
- 页面中衬底和遮罩都是简单的几何图形，犀利地直来直去（包括斜线和多边形）
- 重复的修饰物（字母 F 和引号）。

如何让自己的作品拥有风格

1．选择有风格或是风格较好的模板套用，只需做到两点就能维持原有风格：一是尽可能让内容去适应风格，如尽可能选择版式类型丰富、关系图素材多或者素材很适合内容的模板等。二是引入模板之外的素材，要符合当前风格或是修改后的风格。

2．有能力的情况下，可以自主设计风格作品（需要灵感和一定的设计思维积累）。

案例解析 03
Case resolution

下面看一些典型的成套设计进一步感受风格。

以黑白黄为主题色，准确地说是黑黄两色为主要主题色彩，黄白两色主要是Logo的色彩，当然名片是灰底的，灰色是百搭
强烈冲突活力的扁平风格VI系统设计（没有任何拟物和立体效果设计）

科技或严谨风格的扁平风格VI系统设计，科技或者严谨主要来自蓝色调，当然也有排版的取向——整齐规矩
以蓝白灰为主的主题色彩，以两种已经存在呼应的标志Logo（字母P）为主要的风格修饰物

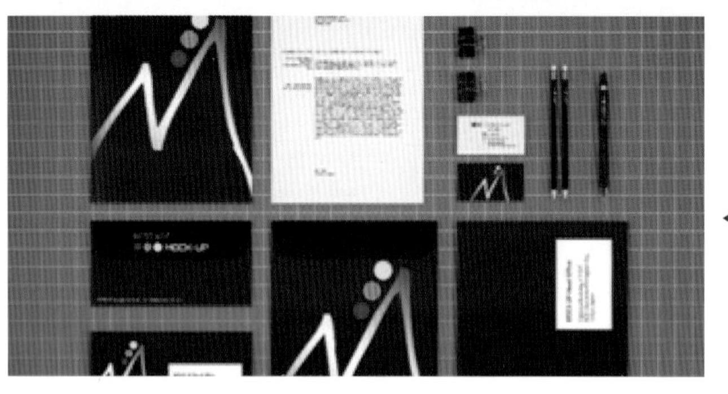

科技或严谨风格的扁平风格VI系统设计
以深蓝、白色（包括灰白渐变的银色和灰色都是相邻色）为前景和背景，红粉黄三色Logo（加或者不加mock-up）为主要风格修饰

黑白（包括灰）大气深沉的扁平风格VI系统设计
以黑白灰为前景和背景的主要风格色彩，主要风格修饰就是这个Logo的不同变化
极简单纯的设计，规矩整齐的排版，彰显大气

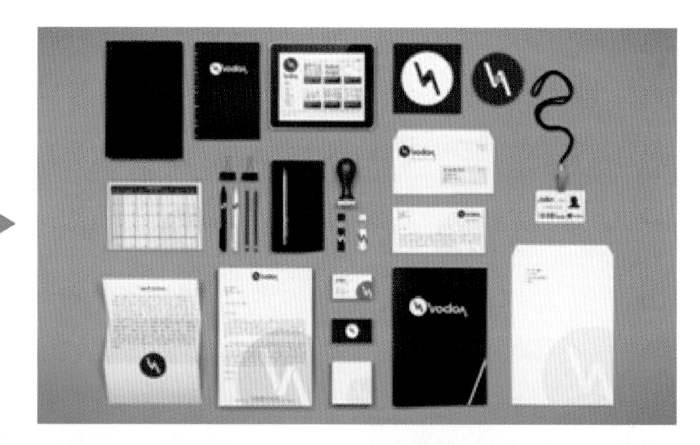

黑白（包括灰）红（深红）深色扁平简约风格
以黑灰色、白色、深红为前景和背景的主要风格色彩，主要风格修饰是红底白C（反C）的Logo，极简单纯的设计，规矩整齐的排版，彰显深沉的大气

如何自制作品风格：

1．确定风格元素

- 确定风格元素如何鲜明地呈现和反映风格——象征或者暗示意义越强，风格感越强，视觉特征感越强，风格越突出。
- 确定风格元素如何在变化中重复、在重复中变化。

2．将风格元素的重复和变化运用到不同的页面、版式、素材、内容和修饰中。

8.4 聚焦和对比：增强吸引力

一个视觉瞬间里，聚焦视觉的内容越少越是显著，越容易让视觉完成信息抓取，越有利于感受和回味，越容易让人有欣赏感，越会觉得有味道。另外，如果信息本身在逻辑上（无关视觉呈现）吸引力越强，越容易在瞬间抓住受众。

另外，对比地出现是为了打破单调，通过差异强调突出视觉层次、类别或要点，从而吸引读者的视觉焦点，有助于信息的组织。

但并不意味着对比越强就一定越好，较强的对比会让页面的组织性、层次感、活跃度和瞬间的视觉引力更强。倘若设计功底不足，很容易出现不耐看或是视觉负担较重；反之，强趋同和较弱的对比则相对安全一点（两者各有利弊，读者朋友一定要根据不同的实际需求选择）。

8.4.1 瞟一眼就能打动受众

以说服力为前提的演说型幻灯片，最理想的状态是瞟一眼就能打动受众，怎么才能做到呢？主要有如下四个关键点。

- 瞟一眼就被吸引

追求画面的视觉冲击力，至少要很美观。如果瞟一眼就不想看，还谈什么吸引。实现方法：逻辑 / 信息上被吸引——追求文案和内容本身的逻辑 / 信息冲击力，尽可能用有吸引力的文眼。

- 瞟一眼就能看清

它是前提，恨不得隔条街都能看清——至少核心文眼要能看清——所以一般要更显著一点。

- 瞟一眼就看完

它也是前提，至少核心文眼或要点要能看完——所以，至少核心文眼要精练。

● 瞟一眼就能理解

仍然是前提，虽然不完全明白视觉瞬间表达的全部意思，但至少能看清、看懂核心文眼、要点表达或暗示的意思，在逻辑上达成吸引和触动。

以说服为追求的演说型幻灯片，才有这种理想状态的说法。像教学、培训之类的解说型幻灯片，不太一样，它们主要是追求易于理解。

下面的一组案例都属于瞟一眼就能被吸引的设计。

8.4.2 聚焦

下面通过一系列的比较和试验，帮助大家直观理解聚焦的原理、效果和特征。

1. 内容越少，聚焦越强

一个视觉瞬间里面，信息量越大，人越是没有耐性看。内容少一些、文字少一些，越容易聚焦。在下面的一组案例中，右边的幻灯片相对于左边的幻灯片聚焦更强。

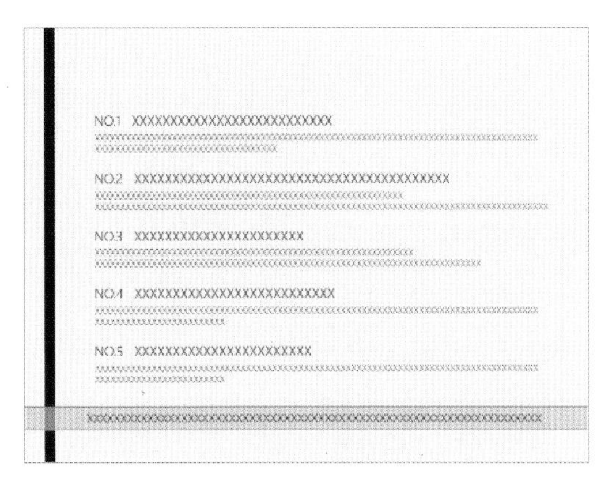

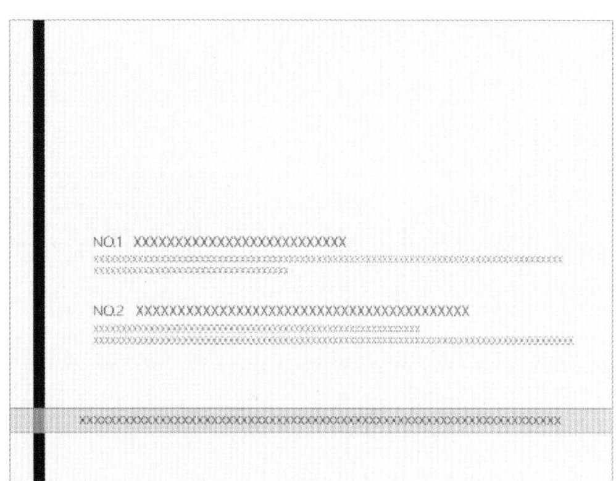

2．焦点越少，聚焦越强

焦点越多，越分散聚焦，即便是焦点有不同的差异和层级。

左边幻灯片中很多地方都很突出，但不能很好地聚焦，视觉焦点不停地切换和漂移。而右边幻灯片中焦点少，但内容量是一样的。只是把不重要的要点变成普通文案，这个时候顶部那块的聚焦就很明显。

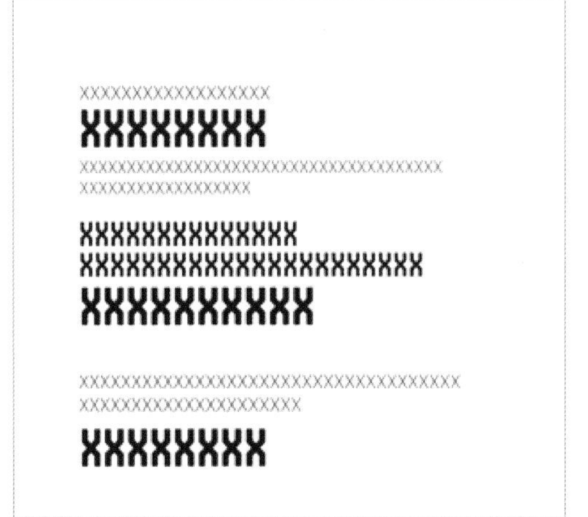

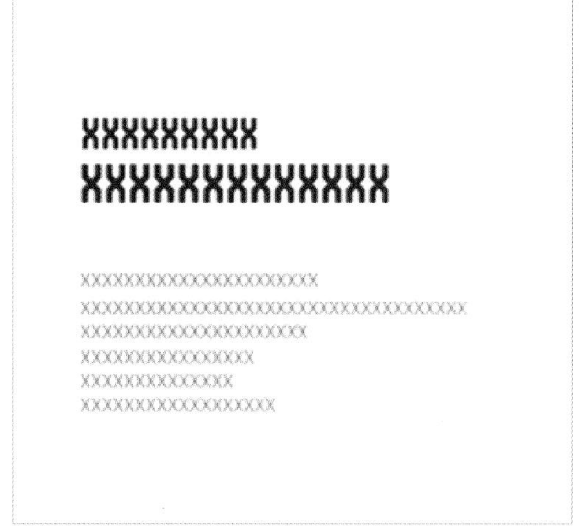

另外，像大字报这种极端，焦点极少，甚至内容都极少，视觉聚焦感比之前的都更为强烈。

像这种极端的焦点，大字报，焦点极少，甚至内容都极少，听众还能往哪聚焦，现在感受视觉聚焦感比之前的都更加强烈。

▶

你还能往哪聚焦

3．越是显著，聚焦越强

内容越是少量，整体越是显著，越容易聚焦。越是平淡，越不容易聚焦，即使平淡部分本身存在一点显著性。

如下面的一组案例，右边字体相对左边字体更大、更显著，整体上也更显著、聚焦更强。

越是显著 聚焦越强

越是显著 聚焦越强

8.4.3 对比强度选择

对比的强弱，是通过格式差异程度实现的，与重复完全相反。格式和样式在视觉上的差异越大，视觉上的冲突越是强烈，对比的程度就越强。越强的对比，越是容易产生较强的聚焦。

另外，对比强弱与格式差异数量有关。差异数量越多越会淹没差异。反之差异数量越少，差异看上去更加显著和突出，这与焦点越少，聚焦越强是一个逻辑。

下面进行逐一分解。

1．对比越强（局部），聚焦越强

一个视觉瞬间里（对中量或是大量内容的局部而言），对比越强的部位聚焦越强。

如下面一组案例中，同样的内容，2 号标题比 1 号更聚焦；3 号的注释比 1 号和 2 号都显著，因为 3 号的注释色彩更差异、更鲜艳和更显眼，与内容相邻、相近的灰色更显著一些。4 号相对于 3 号显著点更多一些。

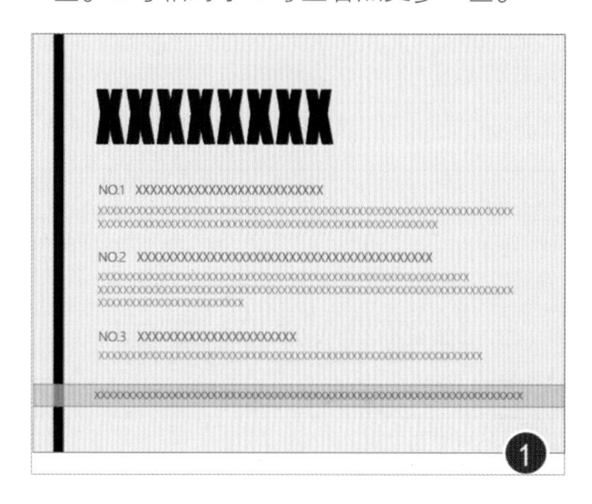

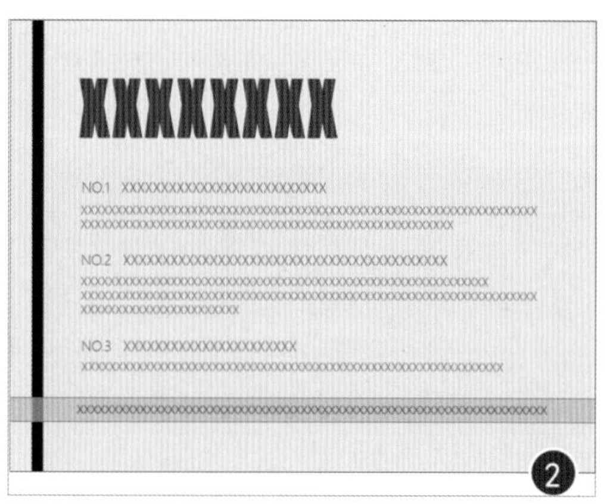

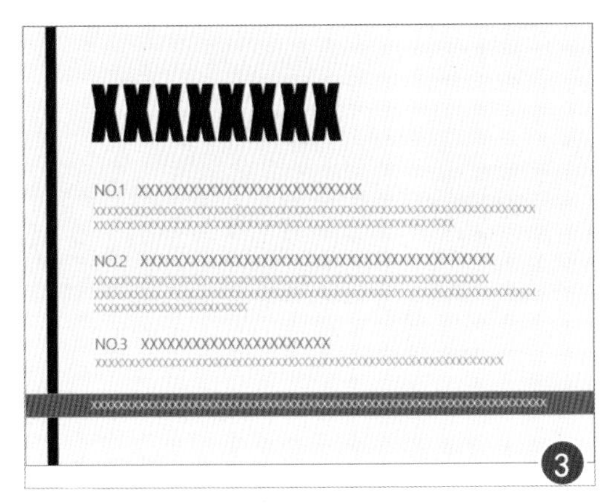

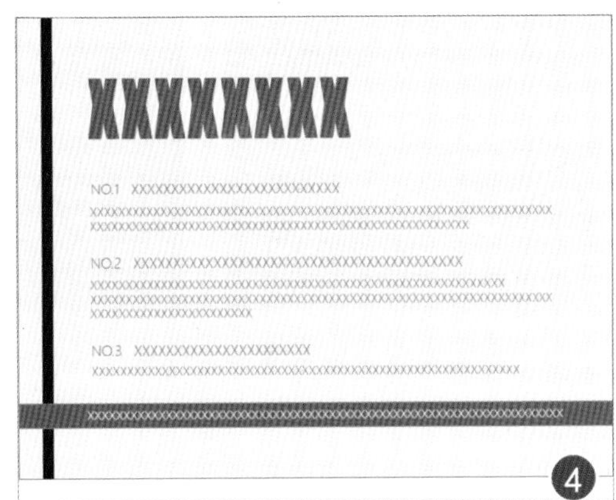

对比强度 / 差异程度的选择

对比的强弱，是通过格式的差异程度实现。格式 / 样式在视觉上的差异越大，视觉上的冲突越是强烈，对比的程度就越强。越强的对比，越容易产生较强的聚焦。

同时，对比的强弱，也与格式的差异数量有关，差异数量越多，越是淹没差异。差异的数量越少，差异更加显著和突出。

反之，越是趋同，越是重复，视觉越是平和轻松，但若平和到没有对比，也就不太会有聚焦。虽与对比点太多的结果一样，但要好一些。因为焦点和对比太多不仅不聚焦，而且还会非常乱、累和烦躁。

高度的趋同和重复会比较安全，但若一点差异也没有，也就过于平淡。至少要有 1~2 个重复的差异来构成层次和组织内容。可简单总结成如下几点。

- 越是对比，视觉的冲击越强。若能处理好，版面的冲击力会越强，反之非常容易混乱和低俗。
- 对比的程度越强——即格式的差异越大，视觉上的冲突越强烈，每一个强烈的显著差异，都会有较强的聚焦——假设其他因素都一样。
- 对比的数量越多，版面会更活跃；同时差异类型的数量越多，每一个聚焦都不会充分失去显著的焦点。
- 越是趋同（重复），视觉上越是平和轻松；如果没有显著而强烈的焦点，也就不会聚焦；如果一点差异也没有则过于平淡，至少也要有 1~2 处重复差异来组织层次。
- 趋同（重复 / 不显著的对比）不是很容易处理好，但即使处理不好也比较安全，不会太差。

2. 越是显著 / 对比越强，聚焦越强

1 号是原稿，内容太不显著，但它有足够显著的空间和余地。虽然 2 号和 3 号几乎一样，不过 3 号多用了一些对比颜色，在整体上比 2 号更聚焦视觉。

3．越是聚焦，越要雕琢

视觉越聚焦越需要雕琢视觉上已经聚焦的部分，不要浪费已经成为显著焦点的视觉资源。在这里大家可以效仿标题党（只是仿效不是真做），提取文眼，增加话题性和吸引力。

如下面的两组案例。

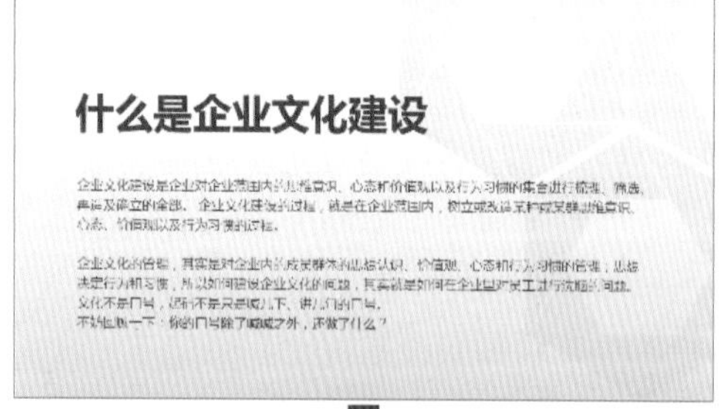

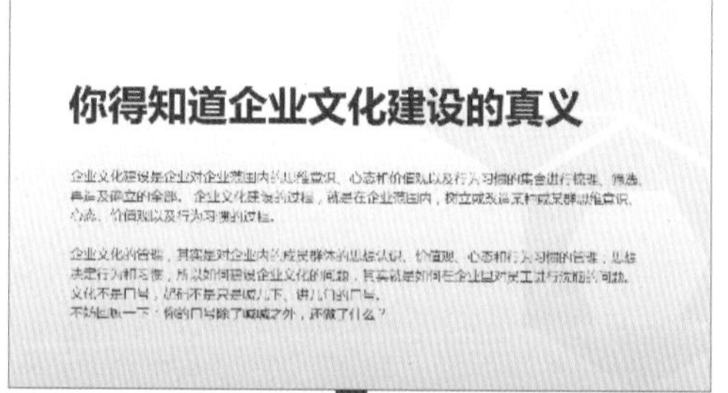

8.4.4 文不如表，表不如图

图形化对象先天较为容易产生聚焦，如下面的这组案例：它们是同样的内容，但右边图形化的幻灯片相对于左边的文本类幻灯片更聚焦。

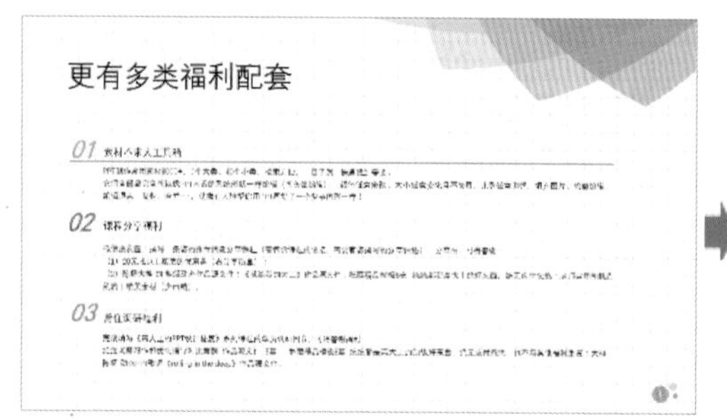

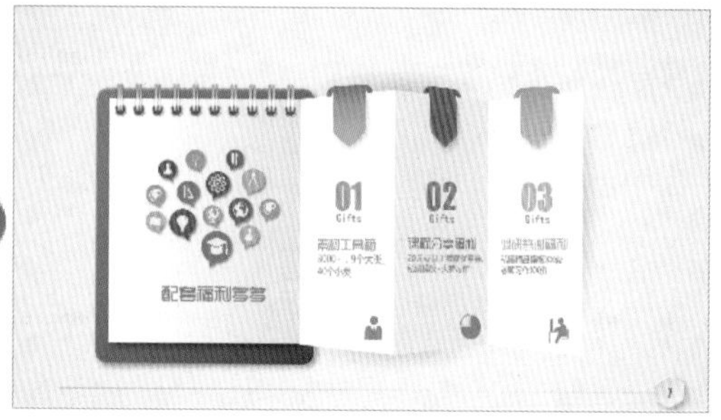

版本升级对用户留存度的影响

从2月20日产品上线以来，至今已2个多月，关于用户留存的数据，现汇报如下：

2月20日到3月18日，有关用户次日留存数据如下：平均值约为11.83%，其中最高值为3月8日的16.45%，最低数值为3月17日的6.53%（服务器故障）；7日留存，近1个月的平均值为1.39%，相对较低，与次日留存的差距也比较大，可以看到用户流失十分严重，其中峰值2.98%，最低值0.58%。

3月19日到4月17日，有关用户次日留存数据如下：平均值约为11.9%，其中最高值为4月8日的15.4%，最低数值为3月25日的8.76%；7日留存，近1个月的平均值为1.29%，与次日留存的差距仍然较大，用户流失严重没有改善，7日留存的峰值是2.71%，最低值0.33%。

4月18日，2.0版本安卓端全渠道上线，此后次日留存7日留存均有大幅改观：4月19日到4月28日，次日留存的平均值约为24.57%，峰值37.83%，最低数值10.46%；7日留存平均2.73%，峰值4.03%，最低值0.73%，相对次日留存仍然降幅较大，没有明显改善。

版本升级对用户留存度的影响

期间	次日留存			7日留存		
	峰值	最低值	均值	峰值	最低	均值
2.20-3.18	16.45%	6.53%	11.83%	2.98%	0.58%	1.39%
3.19-4.17	15.40%	8.76%	11.90%	2.71%	0.33%	1.29%
4.18-4.28	37.83%	10.46%	24.57%	4.03%	0.73%	2.73%

4月18日2.0版完成升级，留存数据整体上在升级后大幅改观

用户流失依然严重

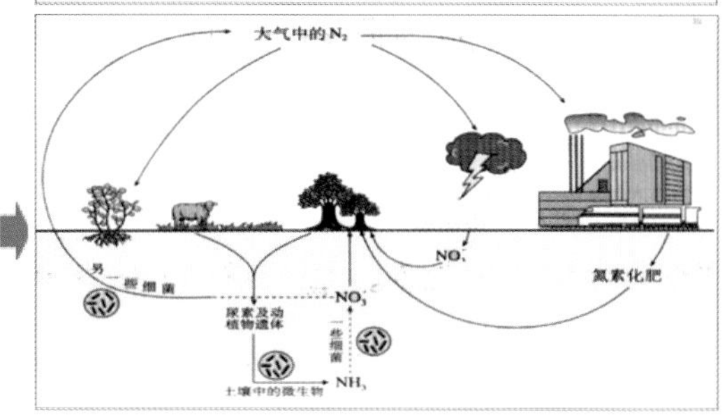

一些朋友可能会问：为什么图形化的对象先天比较容易产生聚焦？主要有以下两个原因：

- 大段文字内容图形化，往往已经进行过相当程度的精练。
- 即便是精练以后独立的焦点依然较多，但是关系图会自动串联这些分散的焦点，使焦点的移动非常顺畅，形成一个焦点群，在焦点群的层面上整体先有一个较强的聚焦。

8.5 顺势而为：驾驭不同版面的有力手段

顺势而为是驾驭不同版面状态的有力手段，特别有助于不同版面环境下的视觉设计，无论整体版面还是某个内容所需要排布的子版面或是内容区。简单总结如下几点。

（1）幻灯片的实际排版版面，存在多种的外形环境可能，如 16 ∶ 9、16 ∶ 10、4 ∶ 3、27 ∶ 19 或是 32 ∶ 14，等等。

（2）即使在一个幻灯片的不同页面里，每一块具体的内容也可能因为版面切分、内容分区等，存在一个很个性的排版空间。

（3）即使一个幻灯片里没有内容分区和版面切分产生的子版面和内容区，也有可能因为配图、大面积而且显著的修饰元素等，造成可排版空间的个性化。

（4）让不同的内容驾驭不同的可排版空间，只需顺着当前可排版空间的外形走势展开内容，是一个很自然、很和谐地选择。

（5）需要符合人类视觉感受的特点：人的视域，也就是横向长宽，而且长要比宽长很多。

另外，幻灯片的版面不仅有 16 ∶ 9、16 ∶ 10、4 ∶ 3，还有超宽屏的 32 ∶ 14、A4 的 21 ∶ 29。如下面的一组案例。

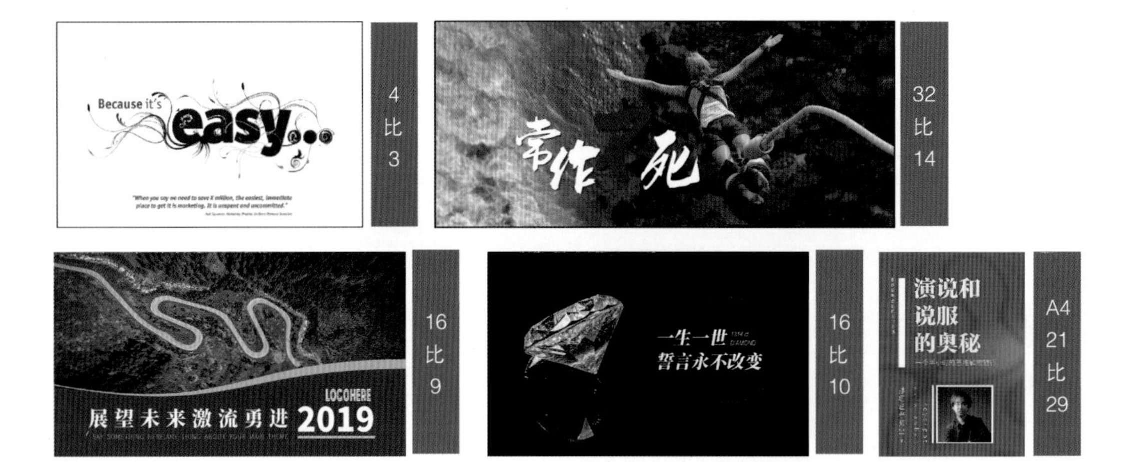

同时，同一幻灯片里每一块具体的内容，可能会因为版面的切分、内容的分区或是已占位的修饰物/配图等，存在一个比较个性的排版空间。怎么才能驾驭好它们呢？有一个很好的应对方法：顺势而为。

8.5.1 视域上的舒适点

符合人类视域的特点，会比较容易让受众在视觉上觉得舒适一些。在 PPT 设计中怎样才能做到呢？首先要了解掌握视觉上的“顺势而为”，也就是符合“人”的视觉特征和原理。

- 人眼睛的垂直视域约为 120 度，以视平线为准向上 59 度向下 70 度，在水平方向上单眼的视域大约是 166 度，双眼的水平视角最大可达 188 度，也就是“余光”范围；超过这些范围，受众很难聚焦，因为需要受众通过旋转眼珠或者转头聚焦。
- 垂直方向上，一般视线位于视平线 10 度位置，在视平线向下 30 度的范围是比较舒服的视域。
- 水平方向上，在两眼中间有 124 度的中心区域，双眼的视景在这个范围内重叠，形成有深度感觉的视景。

下面用一组示意图为大家直观展示。

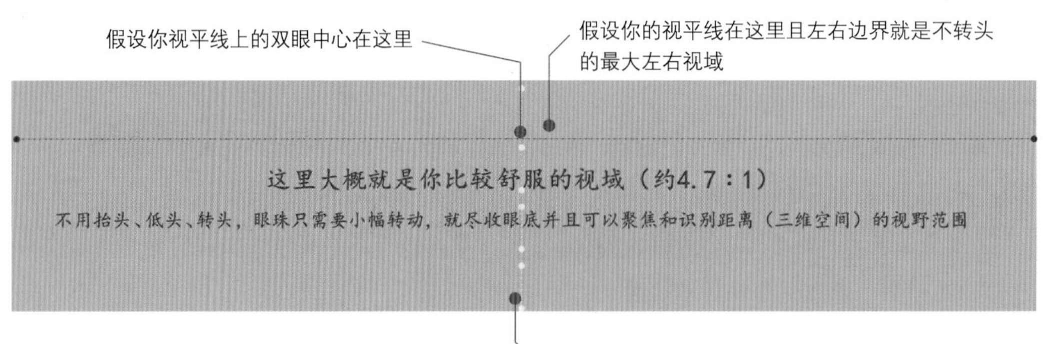

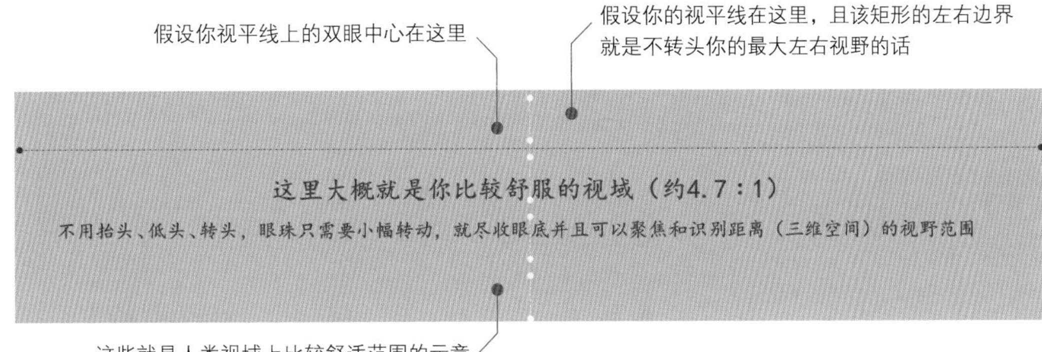

8.5.2 版面下的顺势而为

前面的案例基本上都是基于矩化外形的排版方式，其中有关整齐的平铺方式，都符合常规 4 ：3 和 16 ：9 版面的外形走势，内容和版面都是长方形走势，符合人类视域走势。因此，不需要特别考虑顺势而为。

因为在一个空白或者说基本等同于空白的矩形页面上铺设内容，很少把内容做满版面，大面积或者至少相当程度的留白是很基本的选择和处理，所以大部分情况下，都会处于版面“相当有空余”的状态。这种“相当有空余”的状态，处理的选择相当多，如下面的一组案例。

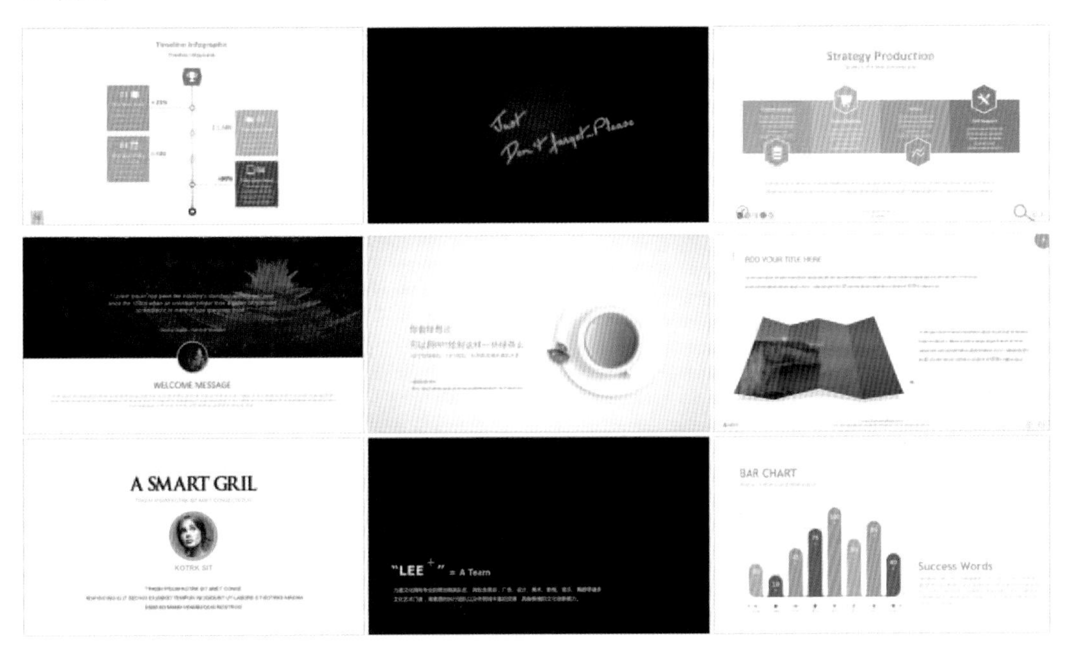

不过有一种情况较为特殊，已有显著前景的修饰、配图或是各种图形优先占位时，需让开前景占位，在空白区域把内容大致顺着主要可排版空间的基本走势展开。

1．较规则的剩余版面

当版面剩余的区域呈现规则或是较为规则时，可直接根据可排版空间的空白状态进行调整，处理的方法很多，不一定严格按照顺势而为。

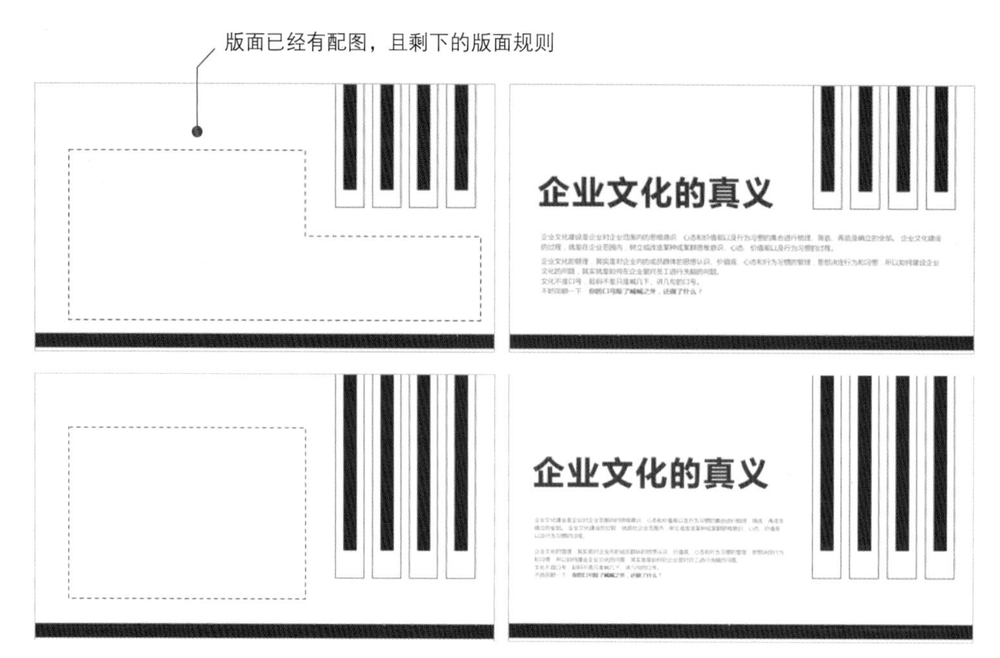

2．不规则剩余版面的顺势展开

若让开已有前景的占位后，剩余可排空间是非规则状态，只需把内容大致上顺着主要可排版空间的基本走势展开即可。

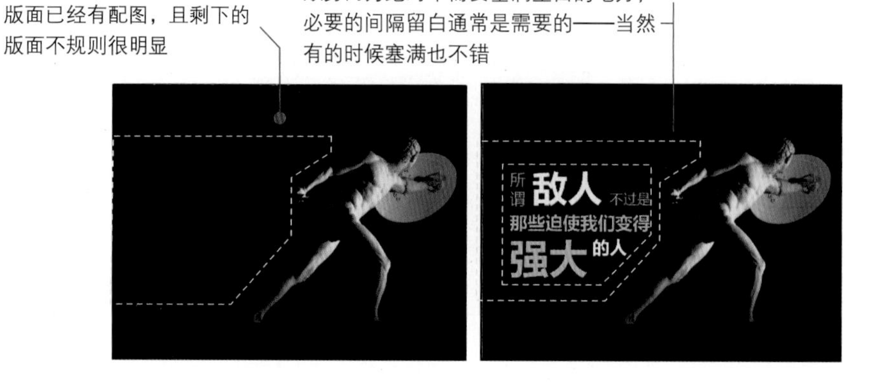

案例解析 02
ase resolution

版面已经有配图，且剩下的版面不规则很明显

不需要在每一个扣除前景后的空白区域都铺设内容，当然也不排除在每一个空白区域都铺设内容

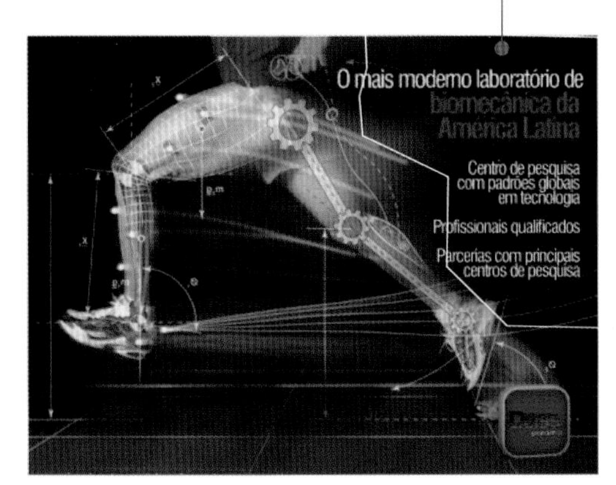

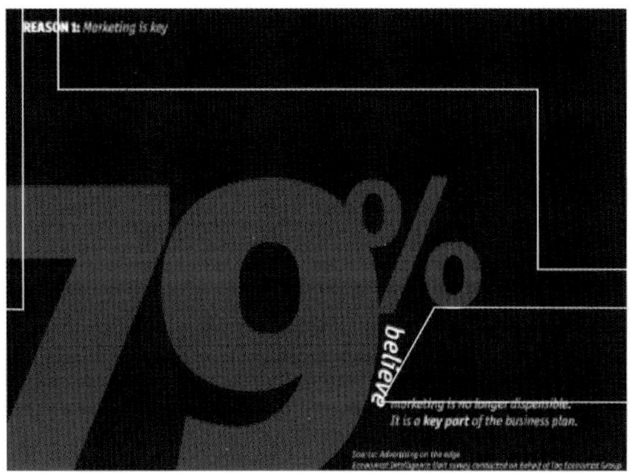

8.5.3 子版面下的顺势而为

在一个版面下常会有各种或大或小的子版面，且以矩形外形居多。在这些矩形的子版面中顺势而为，既可以整齐，也可以对称，因为矩形本身是既对称又整齐的外形走势。它与矩形的整体幻灯片版面排版很类似，只是可排版的空间没有那么充分。如下面的一组案例。

子版面下的顺势而为：矩形（或近似矩形）的子版面和正常完整的矩形版面排版类似

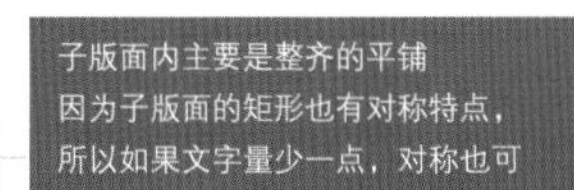

子版面内主要是对称的平铺
因为子版面很整齐，子版面内容在分区（子版面）内整齐平铺也可以

子版面内既有整齐的平铺，也有对称的平铺，同样它们都可以自由选择对称或者整齐

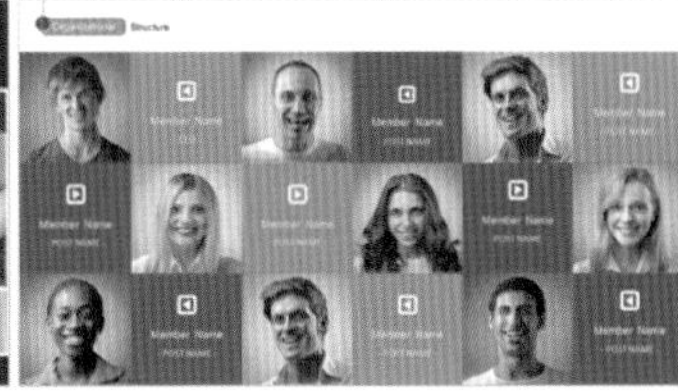

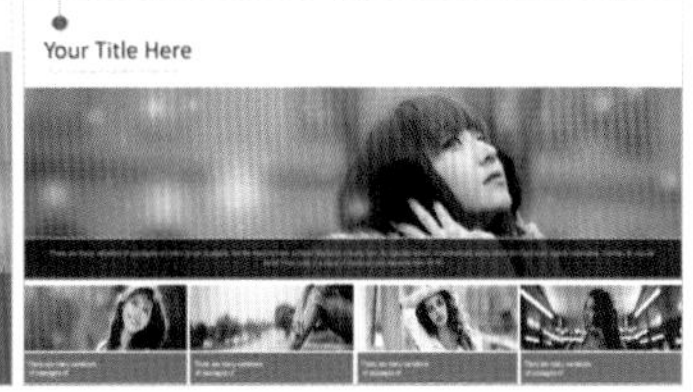

像角形和圆弧等走势比较个性的子版面，顺势而为往往更为恰当（将内容大致顺着可排版空间的基本走势展开），因为这些版面里常规整齐的方式和对称的方式都不会很搭。下面为大家解析几组案例。

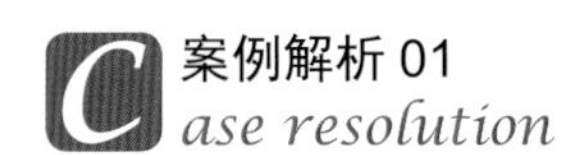

案例解析 01
ase resolution

案例解析 02
ase resolution

案例解析 03
ase resolution

在子版面（内容区）或者可排版的小空间里对称、整齐、倾斜的方式，很少有超过 1 个角的走势。

不要做过于细致（过度错落曲折）的顺势，
一般没有必要，太曲折也会非常难驾驭

这里其实最明显的顺势只有右上的角部，就算加上下方的水平，也只有2个折

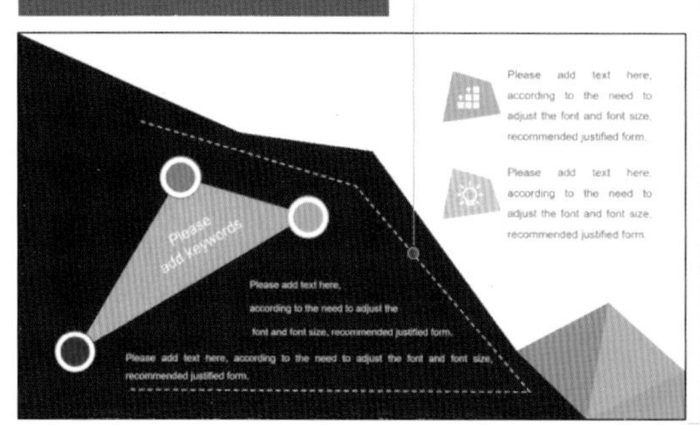

这样超过4个转折的顺势并不多见，也只有这么大片的整体顺势这么做才比较容易

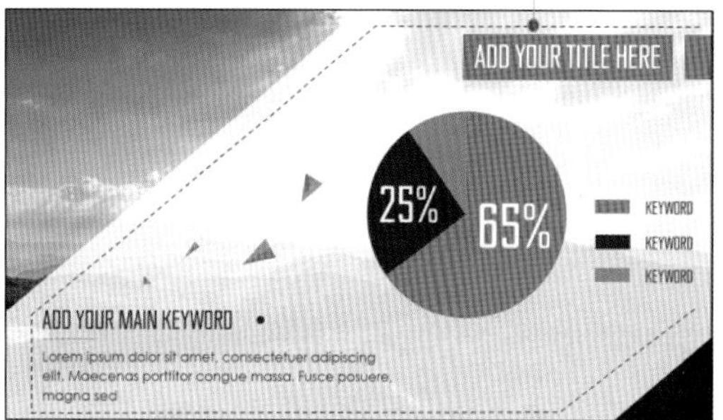

本章金句

本章内容是对前面所有设计技术的整体升华，帮助大家系统性地建立一套设计基本思维，让大家抓住 PPT 设计的“本”。随后用前面学习的思路“开枝散叶”，最终达到怎么设计都好看、怎么布局都美观、怎么分区都舒服、怎样风格都合意、怎么摆放都在理、怎么搭配都合适。

鉴赏下面的案例，对比案例，感受它们对设计的 5 个基本思维的运用。

BIG TIETLE IS
VERY IMPORTANT

Ways to get attention

To the mediocre

To the ones eager to succeed

JOHN williams

2020.08

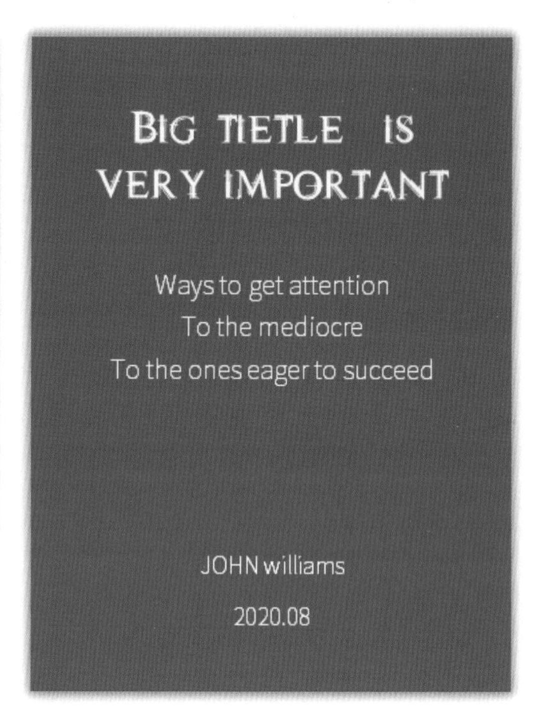

MY lovely Beauties!!

They always spoiled

Prepare Your Proposal—Pepsi Debuts Diamond Engagement Ring Made With Crystal Pepsi : For people about to pop the question, Pepsi has introduced an unusual new engagement ring. The beverage company has debuted the Pepsi Engagement Ring, made with one big difference: the diamond is infused with Crystal Pepsi. Timed to Valentine's Day, Pepsi has launched a social media contest asking fans to attached to a platinum band.

Easy to shy

Crystal Pepsi debuted in 1992, but was discontinued in the United States and Canada in 1994. Since runs creative, bold or bizarre proposal ideas with creative..

Now through March 6, the brand is asking fans on Twitter to tweet their most creative, bold or bizarre proposal ideas with the brand's social handle and creative.

Crystal Pepsi debuted in 1992, but was creative, bold or bizarre proposal ideas with discontinued in the United States and Canada in 1994. Since then, the brand has rereleased the product for

Such like stars

requires using a small piece of natural diamond that is placed in carbon under high pressure and temperature, then added to the process for creating a lab-grown diamond, which requires

requires using a small piece of natural diamond that is placed in carbon under high pressure and temperature, then added to the process for creating a lab-grown diamond, which requires using a small piece of natural diamond that is placed in carbon under high pressure and temperature.

Sometimes as evil

Now through March 6, the brand is asking fans on Twitter to tweet their creative, bold or bizarre proposal ideas with the brand's social and the hashtags #PepsiProposal and #Contest. The brand will announce the winner the week of March 16 to coincide with National Proposal Day on March 20.

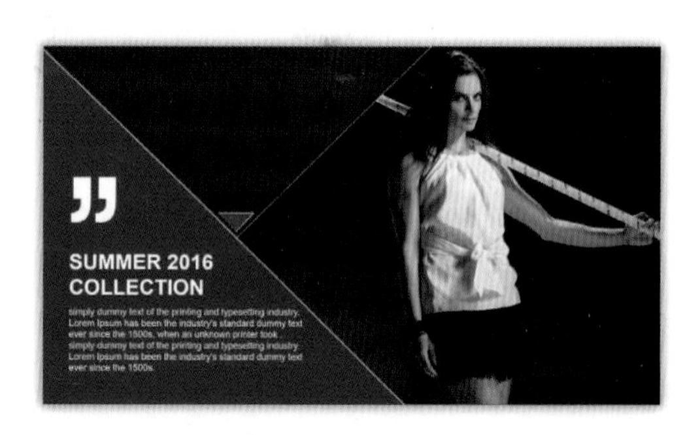